普通高等院校城乡规划专业系列规划教材

地理信息系统

DILI XINXI XITONG

许五弟　编　著

中国建材工业出版社

图书在版编目（CIP）数据

地理信息系统 / 许五弟编著 . —北京：中国建材
工业出版社，2015.11
普通高等院校城乡规划专业系列规划教材
ISBN 978-7-5160-1289-5

Ⅰ.①地…　Ⅱ.①许…　Ⅲ.①地理信息系统—高等学
校—教材　Ⅳ.①P208

中国版本图书馆 CIP 数据核字（2015）第 235866 号

内 容 简 介

地理信息系统技术是一门快速发展的高新技术，以地理空间信息为对象，着重地理信息的空间分析，同时该技术包含理论、方法、技术等方面的内容，从应用角度来看又是一门应用技术。本书适应高等院校城乡规划专业对地理信息系统教材以应用为核心的要求，主要包括以下内容：绪论、地理信息系统概念、地理数据组织、矢量数据分析、栅格数据分析、表数据分析、地形分析、水文分析、三维分析、空间分析、网络分析、线性参考、地理统计、地图制图、地理信息模型、应用案例及其他。

本书可作为普通高等院校城乡规划、建筑学、风景园林及相关专业教材，也可供建筑设计、规划设计、规划管理等领域的从业人员参考。本书配有电子课件，可登录我社网站免费下载。

地理信息系统

许五弟　编著

出版发行：中国建材工业出版社
地　　址：北京市海淀区三里河路 1 号
邮　　编：100044
经　　销：全国各地新华书店
印　　刷：北京鑫正大印刷有限公司
开　　本：787mm×1092mm　1/16
印　　张：19.5
字　　数：448 千字
版　　次：2015 年 11 月第 1 版
印　　次：2015 年 11 月第 1 次
定　　价：**48.80 元**

本社网址：www.jccbs.com.cn　　微信公众号：zgjcgycbs
本书如出现印装质量问题，由我社网络直销部负责调换。联系电话：(010) 88386906

前 言

PREFACE

地理信息系统技术是一门快速发展的高新技术，以地理空间信息为对象，着重地理信息的空间分析。城乡规划涉及大量的地理空间信息，在规划设计中需要对这些信息进行复杂的分析，因此该项技术在城乡规划中也得到广泛应用。另外，城乡规划管理以地理信息系统技术为核心，越来越多的城市、部门对于规划要求以地理数据库形式提交成果，因此城乡规划应用地理信息系统技术成为一种必然趋势。

技术以人为基础，要推动新技术应用，首先从人才培养开始。对于规划人才培养而言，地理信息系统技术通过教学、培训等方式传授，而作为教学的一个重要方面就是教材。地理信息系统技术包含理论、方法、技术等方面的内容，从应用角度来看又是一门应用技术，对规划专业而言，着重点是应用，因此，适应规划的地理信息系统教材应当以应用为核心。

地理信息系统技术应用广泛，对于规划专业而言，应当从基本的技术掌握开始，因此，本教材编写就是针对地理信息系统的基本应用功能的，在掌握这些功能和知识后，解决具体的专业问题就是知识技能的综合和创造性应用问题。

教材编写过程也是一个学习深入的过程。对于应用，可以不必知其所以然，而对于编写教材，需要向学生传递正确的概念、理论和知识，要保持无错误当然不可能，但是需要尽量减少错误。因此，编写教材是一项很费力气的工作，尤其对于技术类教材来说，首先要考虑

地理信息系统

章节安排适应教学需要，适于作为授课内容；其次在应用技术方面，需要通过操作验证，因此不仅仅是"写"的事务。

本教材是应邀针对规划专业编写的，但由于规划涉及的问题极其广泛，因此，在所列举的例子中，不仅限于规划问题，目的是扩展对地理信息系统应用领域的认识和了解，地理信息系统解决问题的思路，是把抽象问题变为具象问题，再变为地理数据和处理方式。

21世纪是信息世纪，信息用于制定对策决策。信息技术的学习和掌握成为教育的重要内容。地理信息系统是一个庞大的技术体系，不同的专业侧重不同部分。编者编写本教材时结合多年教学经验和应用实践，感到对于学生学习地理信息系统，需要了解和掌握地理信息系统的基本理论和技术方法，与专业结合，并增强技术实践。

学无止境。在本次教材编写前，对地理信息系统一些概念和应用没有深究，为了避免主观想象，在本教材编写过程中，编者对地理信息系统技术的一些细节进行操作验证和核实，在此过程中也学习到了一些新的知识和应用。

尽管如此，教材中可能存在不足及错误，期望在使用中对于发现的问题能够及时反馈，以备日后改正。

感谢中国建材工业出版社对于本教材的编写和出版支持。

编　者
2015 年 11 月

目 录

CONTENTS

地理信息系统

地理信息系统

地理信息系统

0
绪论

地理信息系统（Geographic Information System，简称为 GIS）技术是一门信息高新技术，它以计算机技术为基础，以制图和数据库技术为核心，用于地理信息的数据组织、管理、分析、建模。GIS 技术广泛地应用于环境、生态、规划、管理等行业和部门。GIS 技术的产生和发展是社会经济发展需要和技术发展相结合的结果。GIS 技术自产生以来，在许多行业和领域都发挥了重要的作用。

0.1 新兴的地理信息技术

快速地、自动化地图制图需要一种智能化、程序控制的信息技术系统，而资源环境精细化管理又需要对地理信息进行查询、计算和分析的技术，这种技术只能基于计算机。随着计算机技术的发展，计算速度、信息处理能力的增强，GIS 技术应运而生。

0.1.1 计算机技术应用发展

计算机技术是 20 世纪的重要发明，它使智能化得以实现，而随着计算机技术的不断发展和提高，应用方面和应用领域越来越广泛。计算机技术发展从数值计算到文字处理再到图形处理和数据库，是 GIS 技术产生和发展的基础。

1. 数值计算阶段

数值计算是计算机的技术基础，计算机在发明之初针对数值计算，此时，计算机数据以数字为核心，用于各种科学研究和应用技术、天气预报、卫星导弹发射等涉及大量和复杂数学运算方面的数据处理。计算是计算机的基本功能，即使到今天，数值计算仍然是计算机的核心任务。

对于一些非数值对象，通过编码变为数值对象，也成为数值计算的内容，使计算机的计算功能增强，由此，计算机的计算功能得到发展和提升。

2. 文字处理阶段

对于信息的记录、分析，仅仅有数值是不够的，还需要对数据进行解释。对于一个具体的数值有多种解释，可以进行质量、面积、体积、长度等度量方面的描述，而数值本身可能只有一种确定的含义，这时一个文字形的辅助表达，就对数据就有确定性解释。

把文字处理纳入计算机处理技术，不但使信息更加丰富，而且也扩大了计算机数据的范围，即计算机数据不再仅仅是针对数值，而且可以处理文字。

计算机对文字建立了一套处理准则和方式，在计算机中把文字作为字符串看待，字符串的操作有提取、连接等，还有数值和文字的相互转换等。因此，文字纳入数据，使计算机信息处理能力增强。

3. 图形处理阶段

计算机数据处理本质是把信息编为代码，代码一般是数值或文字，对数值和文字有一套专门的处理方法。把图形和图像也可以进行编码形成代码，对代码可以进行某种处理。例如，对于图形，用坐标表示点位，点位可作为线的转折点。对于坐标可以进行解析几何运算，包括平移、旋转、比例，这样就通过对数据（坐标）的运算实现对图形的运算。

对于图像，一般采用栅格矩阵表达，矩阵本身作为一种数值，可以有算术四则运算、邻域运算、关系运算等。图形图像处理由此被纳入计算机应用中，使计算机数据概念进一步扩充。同时，对于声音也在计算机中通过编码方式进行处理，计算机数据被进一步完善。

4. 数据库阶段

很多数据之间具有关联性，为了提高数据的处理效率，需要对数据进行规范性组织，并按组织体系建立处理规则，于是数据库技术就应运而生。在 20 世纪 70 年代，数据库技术进入应用，使计算机的应用更加广泛，不仅用于科研、计算，还用于管理。

数据库技术把数据按一定的规则组织，并根据对数据管理、更新、维护和应用的需要，建立了一套理论，形成了一定的方法，利用计算机程序体系实现了对数据的操作。

数据库技术的最先发展是以数据表为基础的关系数据库，对于地图图形数据还难以采用数据库技术。但是，地理信息的另一个重要方面是属性信息。按照关系数据组织理念，把地理属性信息组织成关系表，与数据库数据内容和需要自然吻合。这样，数据库技术为 GIS 技术的产生奠定了另一技术基础。

0.1.2 GIS 产生

计算机地图制图是社会经济发展对技术的一种需要，在计算机地图制图的基础上，通过计算机还可以提供关于制图的一些信息，如信息查询、信息分析甚至建立模型，这就奠定了 GIS 的理论基础。

1. 快速制图

计算机制图技术是计算机功能的延伸，而对制图的社会需要，促进计算机技术进一步发展。随着社会经济和技术的发展，社会管理也进入精细化，而精细化的管理需要大量的信息。例如，在森林火灾控制方面，要在火灾蔓延的同时，了解火灾发生的区域、范围、发展、变化、影响区域等。只有充分了解和掌握这些信息，才能制定针对性的、有效的应对方案；洪水淹没通常来势凶猛，灾情瞬息万变。在火灾、洪水淹没的地理空间区域，灾害范围会不断变化，在数小时甚至数分钟内，灾害区域就会极大扩展。在进行抢险救灾时，需要以地图形式了解灾害蔓延情况，这就需要快速的地图制图技术。以往的测绘—地图编制—印刷的地图生产方式远远不能满足快速制图需要。

GIS 的一个重要部分是地图图形，对图形有输入、管理、绘制的需要。而自动的、智能的、快速地图制图技术就成为 GIS 的一个技术基础。然而，地图制图仅仅是 GIS 的一个方面，因此，地图制图技术在当时是一种纯粹的制图技术而不是 GIS 技术。

2. 信息管理

从信息查询、分析角度，对于地图数据需要进行特定的组织。地图本身数据量大，为了适应其他应用需要形成了复杂的数据结构，因此，地图的计算机应用对计算机资源消耗极大。这也就决定了只有当计算机技术发展到相当阶段，才能满足 GIS 技术的应用需要。

计算机技术发展角度主要有两个方面，其一是大容量的存储能力，其二是图形理论、方法和程序。由此，计算机技术发展向计算机制图技术（以 cad 为代表）和信息管理技术（以数据库为代表）两个方向发展。这样，就为 GIS 技术的产生奠定了技术基础。

3. 图形和数据库结合形成 GIS

既然 GIS 包含图形和属性两个部分，需要在计算机上结合起来。二者的数据结合需要在技术层面上实现。计算机图形技术与数据库技术的结合，就产生了 GIS 技术。当然，这种产生并不是两种技术的简单拼合，而是以这两种技术的理论、方法为基础新建的一种新的技术体系。

GIS 是 20 世纪 60 年代初期发展起来的一门新兴学科，它是一种对地理信息数据的采集、存储、管理、分析、显示与应用的计算机技术系统。50 多年来，随着计算机技术的飞速发展和社会经济发展以及管理应用需要，GIS 技术得到应用和普及。另一方面，这种发展也促进了 GIS 技术的不断完善和提高。当前的 GIS 技术已经能够管理和处理海量数据。这一点从 GIS 的技术指标上就可以体现。在以前的 ArcInfo 中，一条线的坐标数被限制在一定数量坐标对之内，现在的 GIS 软件已经大大的突破了这个限制。ArcGIS 的个人数据库数据容量被限制在 2G 之内，而 SDE 数据库对数据容量由硬盘容量决定。

GIS 技术的应用和技术推动特点，不但决定着 GIS 技术必然要进一步发展，也决定着 GIS 技术的未来发展方向。

0.1.3 GIS 技术应用

现代信息技术应用中处处可以看到 GIS 技术的影子，各种导航系统就是以 GIS 技术为基础的。在抗震救灾中，GIS 技术在信息分析、灾情评估、救灾方案制定、救灾对策决策和组织指挥等方面都发挥了重要的作用。

1. 规划与设计

在规划与设计中利用 GIS 技术进行信息分析，为规划方案提供信息。规划应用 GIS 技术，不但提高规划的定量化，而且为后续的规划管理从数据角度奠定了基础。规划设计中对 GIS 技术应用已经非常重视，当前一些规划已经要求以地理数据库形式提交规划成果。

2. 对策与决策

对策与决策是从国家大事到个人日常小事都会经常涉及的问题，而信息是对策与决策的基础，"对症下药"是解决问题的基本要求，而要达到"对症"就要获得关于问题的各种信息。在游戏博弈、商业竞争、政治方针制定等方面，都需要充分的信息。GIS 在数据处理和分析的基础上，提供一些对策决策所需要的信息。

3. 预测和预报

预测和预报基于信息分析，通过在数据层面对预测和预报事物的历史状况以及发展趋势分析，可以对其未来的发展状况作出预测预报。基于 GIS 的预测预报以专题模型为基础，以地理空间为目标，通过建立专题模型，进行有关的预测预报，如对于森林火灾、泥石流、滑坡、病虫害发生等情况的预测预报。

4. 监测与监控

基于地理空间信息获取，利用 GIS 的信息分析功能可以对地理空间事物进行监测与监控，常见的有对道路交通状况的监测与监控，对洪水的监测，在城市建设中，有对建设项目进行实时监控。这种监控使用的是电子技术，但是对于数据的分析、处理需要应用 GIS 技术，而在城市天网系统的监测管理中 GIS 技术是不可或缺。

5. 管理与经营

对于涉及地理空间的管理与经营也需要使用 GIS 技术，尤其在物联网的情况下，现代化的农业生产如"精细农业"、森林资源管理等，都与 GIS 技术有关。

在各种涉及地理空间信息问题的管理中，GIS 技术都发挥了重要作用。城市的地下管线管理、土地资源管理、城市建设管理等，都用到 GIS 技术。

6. 方案与论证

对于有关涉及地理空间问题的方案设计和论证，GIS 技术不可或缺。例如，对于城市防洪排水方案编制提交的数据库，通过 GIS 技术，对于现状调查状况进行分析，评价设计方案的合理性。具体的，对于一条排水管道，依据提交的数据和暴雨模型，计算排水能力以及地面积水状况，并且针对特定的暴雨级别，确定积水量，进而确定排水能力需要，作为管线布设依据。

基于 GIS 技术的方案和论证，提高了方案分析评价的客观性和科学性。

7. 智慧城市

城市信息化从城市管理信息系统到数字城市进而到智慧城市，是一条信息化应用的路径，而城市作为地理空间组织体系，GIS 技术在这些过程都必不可少。城市的各项专业管理信息系统如管线管理系统中，以 GIS 为核心技术，而集成的城市管理信息系统、数字城市以及智慧城市都以 GIS 为核心技术。

GIS 已经成为当前城市、资源、生态、环境等管理的重要技术手段，并且在一些影视剧制作方面，也发挥了重要作用。在西游记电视连续剧的续集片头中，就指出了使用了 GIS 技术进行场景制作。

GIS 技术已经广泛应用于资源调查、环境评估、区域发展规划、公共设施管理、交通安全、物流等领域，成为一个跨学科、多方向的研究领域。

0.2 GIS 的技术特色

GIS 的广泛应用基于其技术特色，与一般的制图技术不同，GIS 技术在信息表达、数据组织、信息分析等方面，都有独特的技术特色，这种技术特色使其适应应用需要并且得到快速发展。

0.2.1 充分的信息表达

数据是信息的一种表达形式，为了适应数据的表达要求，需要按照数据的特性进行事物信息的抽象和分解，这种抽象和分解经常会造成信息的表现和关系分裂。例如，一条道路，不仅有其地理空间位置、分布和延展等信息，还有道路长度、宽度、路面材料等信息，从交通角度，还有车道数、限制行速等方面的信息。前者通过图形表达，后者可以用表格形式表达，但是在一般的图形技术中，并不充分考虑后者的表达，通常以图形注记形式反映一些简要信息，并且不考虑对信息的查询，需要读图者自己对图形进行观察了解，这就造成了信息表达的不充分现象。

信息向数据的抽象会造成信息的丢失，例如古代对于武术的拳谱套路用关键动作图画表达，武术动作经过这样的抽象，动作过程的转变等一些信息就表达不充分。

1. 地理问题表达信息化

数学分析是有效的数据处理方式，对于函数可以求导、积分，但地理问题不容易用通常的数学方式表达，因为通常的数学表达要求"光滑性"，比如对于函数，只有连续才可求导函数，而地理问题不具备此特征，是一种"病态数学"问题，因此在很长的一段时间内，地理问题被摈弃在数学问题之外。在 GIS 中，地图代数以及离散数学的差分求导方式，很好地解决了这一问题。在 GIS 中，把地理问题在图形数字化基础上进行提升，建立了专门的数据处理理论、方法和模型，使其对地理信息的处理能力极大增强。

2. 图形与属性关联

图形与属性的关联是 GIS 的又一技术特征。在通常的有关地理调查如土地利用调查中，不但要绘制地块图形，还要登记每个地块的属性，形成了图形和属性数据分离的状态，对于地块和属性的相互识别，在非 GIS 中，只能通过人工方式，即使把数据输入到计算机，这种情况仍未改变，如用图形软件表达图形，用表格处理软件表达数据表。这样极大限制了对地理信息的应用。

在 GIS 中，图形与属性通过程序建立连接和识别，可以通过属性记录查找相应的图形，也可以通过图形查询相应的记录。并且，以数据表方式表达的属性表，还可以像一般的表数据一样进行计算统计。

实际上，GIS 的属性表数据采用关系数据库数据表的组织方式，因此可以完全采用数据库技术于属性表数据。并且，由于图形与属性记录的关联，数据库信息应用扩展到了图形方面，这是一般图形技术所不具备的。

3. 图形片段与多维信息

在 GIS 中，图形信息也被极大扩展，通过分段技术，把一条线的整体从形态和结构上不改变，但可以划分为多个片段。利用片段，可以保证在原数据不改变的基础上，建立分段描述。对于管线系统，支管道与主管道有连接，在数据组织中，为了辨析其间的连接关系，基本的 GIS 表达通常需要把主管道按支管道接口分割成多个分段，虽然便于识别关系，也形成了数据分析和管理的问题。利用分段技术，不需要进行数据分割，通过程序建立主支管道的逻辑联系。这样，分段技术既满足了应用需要，也保证了基础数据的完整性和一致性，并且，由于分段是一种以基础数据为依据的逻辑结构，不需要独立进行图形信息存储，只需要针对基础数据指出分段位置加以记录即可。

分段这一技术特色，解决了在线路和图形连段之间的矛盾协调问题，极大扩展和提升了图形信息的应用范围和应用深度。

在 GIS 中，对于地图信息，除了用图形表达外，还把其他的非地理空间信息也进行了表达。这样，在 GIS 中地理事物信息得到较充分的表达。这就成为 GIS 的一种技术特色，这一技术特色为地理信息查询、分析、建模等奠定了技术基础。

4. 拓扑结构信息扩展

图形及其元素之间有一种空间位置关系，这种关系被归纳为相连、相邻、包含、构成几种，通过这些关系，可以获得不同图形之间、不同图形元素之间的关系。这种关系被称为拓扑几何关系。

在 GIS 中，运用拓扑关系进行图形数据组织和表达，从而在基本的图形信息基础上进行信息扩展，形成丰富的数据信息。在计算机拓扑图形中，凡是有同样坐标端点的不同线段，必然是相互连接的。这样，通过拓扑，首尾相连的几条线段闭合拓扑构成多边形，共用某条边的两个多边形相邻，一个图形可以处在一个多边形内部或外部等。

这种拓扑关系提供图形的拓扑关系查询及相关图形的信息，极大丰富了图形信息体系，也为图形关系分析建立基础。

0.2.2　专业问题地理空间几何化

空间关系本质是一种几何表现，地图以几何图形为基础，从地理角度，几何图形之间具有复杂的关系，因此需要并且可以通过几何运算来揭示这种关系和联系。这样，在 GIS 中，地理问题可被化为几何问题，通过几何问题进行地理问题研究、分析、应用。

1. 地理空间问题的几何性

地图是对地理空间问题的图形表达，本质上是把地理事物用几何图形表达。由于地图图形是实际地理事物形态的描绘，因此通常是非规则几何图形，更由于地图制图综合和地图投影缘故，不同的投影、不同的比例尺地图图形有变形。

从几何的另一个角度，对地理事物的空间度量也通过地图表达，如面积、长度等，为此在地图绘制中要保持某种几何精度。

例如，陡坡区域是一种地理事物特征的空间范围，从图形上可以看做若干多边形构成的图形，耕地是土地利用类型的地理空间分布范围，也可以看做多边形几何图形。由于在同一区域的这两个类型可能有空间重合，即几何上的图形叠加，因此可以提取几何交集，作为陡坡耕地类型，这是退耕还林的区域。

2. 用几何方法解决空间问题

对于地理空间问题，可以表达为几何图形，并分析图形间的几何关系。例如，火炮防护范围可以是一个以火炮位置为球心，以射程为半径的一个地面以上的半球体，无人侦察机的飞行路径可以表达为一条空间三维线，三维线和半球体的空间交会部分，可以作为侦查与防护的有效或危险几率计算依据。

对于地理问题，通过各种要素关系建立几何关系。从几何图形角度，地理信息的空间图形部分按要素划分，通过数据处理形成几何集合体，然后进行特定的几何状况分析和判断。这种分析基于属性或空间几何的特征。

3. 用逻辑思想构造几何关系

地理问题的几何化通过信息关系组织和构造，依据地理信息的图形和属性特征，每种属性都表达一定地理空间目标，不同的属性表达不同的目标，不同属性目标之间有一定的拓扑几何关系。例如，对于用地评价，用地划分为地块，地块具有土壤、植被、权属等多方面的信息，某种特定权属地块和某种特定土壤类型地块中的一些可能是同一地块，可能是相邻地块。由此把地理问题化为几何问题。

0.3　城乡规划与 GIS 技术

城乡规划专业和行业历来重视技术，对新技术也比较敏感，在 cad 技术出现后，规划成果从手绘图成果提交改变为 cad 计算机数据成果提交。GIS 技术已经被作为城乡规划的十门主干课程之一。规划设计行业和管理部门对 GIS 技术应用也极为重视。

0.3.1 规划技术转变

随着科学技术的发展，在规划中新技术的应用受到重视，另一方面，伴随新技术的普及，社会对于规划的成果也有了新的要求，这就促进了规划技术的转变。

1. 规划思想转变

随着社会经济的发展以及人类认识水平的提高，规划思想也随之发生转变，现代城乡规划提出了思想方法的转变，指出规划应当"由单向的封闭思想方法转向复合开放的思想方法，由最终理想状态的静态思想方法转向过程导控的动态思想方法，由刚性规划的思想方法转向弹性规划的思想方法，由指令性的思想方法转向引导性的思想方法"。

这种思想转变对规划的通常方法形成冲击，使规划工作向分析的广泛性、论证的严谨性、成果的弹性方向发展。这些转变在某种意义上，需要依靠新的技术方法来实现。

现代城乡规划，需要考虑更多因素，包括社会、自然、经济、文化等，在规划中要协调这些因素，即城市建设发展应当与环境、经济、生态、社会相适应，这种要求通过城市有序建设实现，而城市规划是有序建设的基础。

2. 规划新技术应用

规划对于新技术一直就有追求，从手绘晒兰图到 cad 技术应用，对于新的技术不断吸收，在 GIS 技术出现后，也应用到规划之中。

以 GIS、遥感等为代表的新的信息技术用于城乡规划，主要在于解决城乡规划中的信息获取和信息分析问题。通过信息分析，为规划方案制定提供充分的数据支持和方案分析。例如，通过对区域生态状况的分析，为生态规划提供区域生态信息，使规划和生态相一致。

3. 技术促进作用

规划需要建立在科学的研究和分析的基础上，尤其对于以地图数据为代表的地理空间信息的分析，而 GIS 技术为地理空间问题分析提供了强大的工具，在地理空间信息分析的基础上进行规划，可以提高规划成果的科学性。

城市发展涉及众多的复杂的因素，这些因素具有多维性、动态性、空间性，各种要素之间相互作用、制约与影响，并随着时间变化而变化和演化，要了解这个变化使规划建设适应这种变化，客观上决定了需要功能强大的技术和工具进行分析研究，这些技术和工具应能够处理地理空间问题，并且具有数学分析特征等。GIS 就是能够一定程度满足这种要求的高新技术。

规划应用 GIS 技术，也在一定程度上促进了规划技术水平的提高。

0.3.2 城乡规划管理

城乡规划管理是当代城市规划与城市建设实践结合的重要方面。GIS 在城市规划管理方面已经成为核心技术，包括用地审批、数字报建、违法建设查处等，因此规划需要适应管理的信息化要求。

1. 信息化管理的规划要求

城乡规划作为城市发展建设的基础，用来规范和控制城市建设，这个过程需要科学管理。城乡规划管理就是依据规划进行用地管理、建设管理等。现代的城乡规划管理已经实现了信息化，同时由于城乡规划的地理空间特征，这种管理需要采用 GIS 技术。从管理角度，规划还应当适应规划管理的要求，即在信息和数据的角度上，规划和管理能够实现连接和过渡。

规划管理的要求是提供规划的地理信息系统数据库，在此基础上，按照管理需要，进行功能开发，形成规划管理信息系统。

2. 以地理数据库提交规划成果

以 GIS 技术为核心的信息管理方法已经得到广泛应用。对于与城市管理，从专业性的规划管理信息系统到综合性的城市管理信息系统，再到数字城市和智慧城市，都是以 GIS 技术作为核心。而依 cad 数据提交的规划地理空间信息，在建立这些系统中，还需要进行数据格式转换，数据重整和添加管理有关的属性信息，这就形成了规划和管理的脱节。因此，以 GIS 数据形式提交规划地理空间信息，也将成为规划的技术要求，这也将促进 GIS 技术在规划行业的应用。事实上，一些规划单位已经把规划从技术方面向 GIS 技术转化，住建部 2013 年开展的城市防洪排水方案编制已经明确要求用地理数据库形式提交成果，并且附带组织开发了专门的基于 GIS 的软件，用于排水能力分析。

3. 适应管理的规划延伸

当前的规划管理信息系统建设中一个繁重的工作就是把 cad 数据转换为地理信息系统数据。这个转换过程还需要进行很多信息数据编辑和补充。根据规划与规划成果管理的关系，可以预见，未来的规划再转为 GIS 技术的基础上，需要为规划管理提供充分的信息。这将成为规划为管理服务的延伸方面。

0.3.3 GIS 技术对城市规划学科的促进作用

社会进步、技术发展、学科深化是一种三位一体的相互促进、协调发展的过程。社会进步提出技术需要，促进技术发展，技术发展和社会需要为学科改革和深化提出要求，反过来，学科发展为社会进步和技术发展又提出新的发展目标。

1. 网格化管理对规划的指导意义

在城市管理中，发展了一种基于 GIS 技术的"城市网格化"管理技术。网格化管理是一种先进优越的现代城市管理理论和技术。这种技术与规划有关的点是"万米网"，就是把城市划分为约 $10000m^2$ 的单元区域作为管理的的基本网格单元。这样就给规划一个启示，对于城市，规划可以考虑网格化管理特点，以万米网结构进行城市区域划分。

如果城乡规划采用 GIS 技术，从技术功能上，可以使规划更精细，另外，从管理角度，规划也可以进行一定延伸，即扩展对于管理方法和技术方面的规划。

2. 天际线分析对规划理论的实现

在规划中有一项内容是天际线，天际线的直接表现是在某一观测点观察形成的天际线形态。在 GIS 中，天际线可以用工具程序生成，同时生成天际线图和天际线障碍。其中天际线是计算天空的可见性，并选择性地生成表和极线图。所生成的表和图表示从观察点到天际线上每个折点的水平角和垂直角。

在天际线体系生成中，考虑了地球曲率影响，同时又生成天际线障碍，可作为天际线形态保护的规划依据。从天际线概念提出角度，应当考虑了这种应用问题，而 GIS 使其理念得以实现。

3. "千层饼"与 GIS 的图层叠加

"千层饼"方法是景观规划提出的一种方法，在规划时，把相关要素图层进行叠加，形成综合的景观图层。"千层饼"技术的 GIS 实现就是图层叠加方法。在 GIS 中，图层叠加形成要素重新划分的综合图层。规划应用方面经常要求进行多图层叠加，生成新的综合图层，再作为要素综合分析的基础。

GIS 的叠加分析功能是"千层饼"的技术实现，并且在数据库技术下具有更强的作用，除对于图形的叠加外，还列出了叠加的属性，更能方便用于景观分析。

思考题

1. 解释如下名词：地理信息、属性、属性表、地理信息系统。
2. 地理信息系统有哪些技术特征？
3. 地理信息系统技术对城乡规划的意义是什么？
4. 论述 GIS 技术与城乡规划的相互促进作用。

1
地理信息系统概念

作为对地理信息操作的计算机技术体系，GIS 有其自身的数据组织方式、信息分析手段和信息应用方式。GIS 有一些基本概念和术语，涉及地图投影、地理坐标、数据模型、数据组织以及软件体系。

1.1 地理信息系统定义

地理信息一般用地图描述，地图是描述客观世界的一种方式，它把不同的地理事物抽象为不同的图形类型，提供对客观世界地理事物的表述。在现代计算机技术下，把地图通过计算机技术来表达。计算机用数据表达信息，对于地理信息，也被抽象为计算机数据。

1.1.1 地理信息

地理信息指地理事物的信息。地理事物有多种信息，在 GIS 中，对于地理事物的信息通过数据进行表达。为了准确应用地理信息，信息表达需要在对地理事物信息抽象的基础上，表达地理事物的特征信息。

1. 地理事物

地理事物指具有地理空间位置和形态的事物。所谓地理空间位置和形态指地理事物在地理空间中占据一定的位置，有一定的空间分布和延展性。

在 GIS 中，对于客观事物是否作为地理事物看待，主要取决于对问题的看待方式和应用手段，若研究应用需要从地理空间角度看待的，就是地理事物，否则可不作为地理事物看待。比如对于土地资源，虽然一般作为典型的地理事物，但若仅仅从数量分类统计角度看待，就无需作为地理信息表达；候鸟迁徙是生物学研究问题，但是若从迁徙路径角度看待其空间活动特征，也作为地理事物看待。通常，从地理事物研究和应用角度，把河流、居民地、境界、土壤分布等都作为地理事物对待。

重大疾病，一般并不认为是地理事物，但若考虑病例的地理位置，研究其地理分布特征，则可以视为地理事物。河流具有地理事物特征，但是若作为水资源统计，则可以不作为地理事物看待。

2. 地理事物特征

事物的特征一般指某事物本身具有的、它事物不具备的、能够作为该事物辨识标识的方面，或者具有与它事物典型分辨的方面。地理事物的特征是从事物的地理角度看待的特征或主要强调的特征，这个特征包括两个方面，一方面是地理事物的地理空间特征，包括位置、形态、分布、结构等。这里结构指在地理空间分布的空间组织，如河流的放射状结构、羽状结构；城市商业分布的聚散性特征等。另一种是地理事物的非地理空间方面的特征，如河流水位、流量，土壤类型，树种等。

3. 地理事物空间特征

在 GIS 中，对于地理事物的空间特征极为关注，由此对空间特征有更细的认识，把地理事物的空间特征分解为空间位置、空间形态、空间分布、空间延展、空间联系、空间结构等。河流具有的弯曲或直线形态，植物群落的插花分布，洪水淹没的延展范围，植物与土壤类型的空间关系等都是地理事物的空间特征。

4. 地理事物信息

信息概念比较复杂，从理解角度，可以把信息看作客观事物特征和属性的标识与表现。相应的，把对地理事物特征和属性的描述称为地理信息。从地理空间角度，地理事物的描述一般采用地图方式，地图上把地理事物抽象为图形符号体系予以表达。

地面上的事物，占据一定的地理空间，通过位置、形状等一类图形方式来描述，称为地理事物的图形信息。地理事物还有非图形方面的信息，如城市名称、河流水量、地块作物种类等，称为属性信息。把图形信息与属性信息合称为地理信息。

5. 数据

在古代人们用结绳记事的方法来记录某些事情，这里，事情就是信息，结绳就是对信息进行记录。信息需要记录、传输、共享和存储，其中数据是较好的信息表达方式，尤其在计算机系统中。在计算机中，把数字、文字、图形图像以及声音等称为数据。

1.1.2 地理信息表达

地理信息表达有多种方法，在计算机中，一般用图形表达，即为地图；或者再结合用属性表达，并建立其间的连接，形成地理信息的数据体系。

1. 地图上的地理信息表达

在地图上地物用图形表达，属性用符号表达。对于点状事物，用点状符号来表达。点符号有不同的形状、大小、颜色等，用以反映事物的类别、量度等；对于线状事物，以线条的宽度、线型、结构等表达，反映线状事物的各种分类属性；面状事物用颜色、线条、纹理等进行填充，而用文字标注是地图中地物属性信息常用的一种表达方式。

由于地理实体的属性异常庞杂，这种符号方式对属性的表达反映极其有限。符号过多或过于复杂，会形成地图识读的干扰，而不多不复杂又不能充分反映地物个体属性。

由于地图对属性信息表达的限制，因此，在地图编绘时，通常根据观察角度和专业应用角度不同，只表达所需要的部分属性，形成专题图。也由此，一般地图信息不能充分满足专业应用需要。

2. GIS 中的地理信息表达

在 GIS 中，把地理事物的空间特征用图形来表达，把相应的属性信息用描述的方式来表达。由于图形与属性具有一定的对应性，因此针对图形中的每个图元（单位图形如一个点、一段线、一个多边形）有一条对应的属性描述。为了便于计算机表达，在属性描述中规定规则化描述，以适应计算机数据组织和处理需要，即规定描述的方面，进行简单的抽象。对于土地利用，可以规定描述面积、土壤类型、地形坡度、权属等方面。同时描述采用统一的简练的文字和数字，并且规定了文字长度。这样，属性描述可以组织成数据表。

在 GIS 中，用图形和属性表表达地理信息，这是对于地理信息表达中 GIS 别于其他的图形图像系统的重要特征。

3. 属性信息和属性表

在地图中，除标注和符号外，还有图例、插图、说明等。例如，对于道路图，用不同颜色、不同粗细、不同结构（实线、虚线等）的线符号来表达，作为道路分类和识别的标识，表示分车道高速公路、主街道、居住区街道、未铺面道路和小路的线符号等。

在地图上，河流和水体通常使用表示水的蓝色来绘制，而对于城市街道标有名称，并通常标有一些地址范围信息，用特殊的点符号和线符号来表示特殊要素，例如铁路线、机场、学校、医院和各种类型的事物。

在 GIS 中，属性采用表的方式来组织和表达，称为属性表。对于属性表采用以关系代数为基础的关系数据库系统进行组织管理，因此属性表有特定的关系模型要求，具体为：

（1）表包含行，一行为一条记录，记录一件事物所描述的各个方面情况。

（2）表中所有行具有相同的列，列头称为字段，记录所有事物的某方面情况，如性别、年龄等。

（3）每一列都具有一种类型，例如整型、小数型、字符型和日期型。

（4）在关系数据库中，这些概念还包括一系列可用于处理表及其数据元素的关系函数和操作符。即"结构化查询语言"或 SQL。

图 1-1 是一个图形属性表的例子。

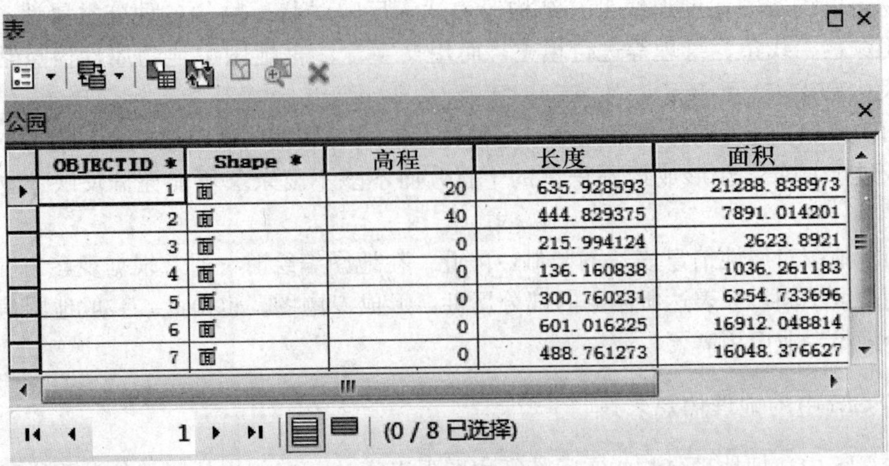

OBJECTID *	Shape *	高程	长度	面积
1	面	20	635.928593	21288.838973
2	面	40	444.829375	7891.014201
3	面	0	215.994124	2623.8921
4	面	0	136.160838	1036.261183
5	面	0	300.760231	6254.733696
6	面	0	601.016225	16912.048814
7	面	0	488.761273	16048.376627

图 1-1　图形属性表

1.1.3　地理信息表达特征

地理信息在表达时，鉴于人类认知和计算机数据表达特点，分为图形方面和属性方面。图形方面用空间点序列方式表达，而属性方面由于可以规范式表达，从计算机数据存取的方便性角度，采用表格形式。

1. 属性表中图形索引

在计算机中，对地理信息的数据表达十分复杂，因为要通过程序来识别、检索和存取数据，因此在数据组织时必须有充分的标识可用。由于图形的表达组织问题，因此需要有对图形中的每一个图元予以标识。在 ArcGIS 的前身 ArxInfo 中，属性表分为两类，一种是内部属性表，即把图形建立索引，用数据表方式记录每一个图元在图形中的起始位置，把图形记录规范化。而为应用建立的属性表称为外部属性表。通过这两类属性表的连接，可以建立图形与属性记录的相互识别。

现代地理信息数据常见的一种格式是 shp 格式，在用 shp 格式表达的地理信息中，把内部表和外部表合成，在属性表中有一个 shape 字段，是对图元进行的记录标识，如图 1-2 中的表视图的形状字段。需要说明的是，在见到的表中，并不真实显示如图中的形状，即形状字段不允许用户操作，因此记录内部化，只给出一般标识如 shape，shapeZ 等。

在 GIS 中，对于图形要素建立索引，把索引标记形成一张表，这张表为内部表，与其他属性进行连接。各要素以行的形式进行存储，要素属性以列的形式进行记录，“形状”列保存各要素的几何（点、线和多边形等），ObjectID 列保存各要素的唯一标识符（图 1-2）。

需要说明的是，图 1-2 形状字段是直观的表现，实际上，在文件系统中，属性表中这个字段是图形数据记录的一个入口标识，在地理数据库系统中，这个字段是数据本身。

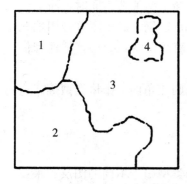

图 1-2　地理信息表达

2. 图形与属性连接

把图形和属性建立连接是 GIS 数据表达的一个特征，基于连接关系，图元与记录可以唯一相互识别，采用连接关系，属性表达的方面几乎无限制，即属性表字段数理论上不受限制，虽然数据表的字段数实际有限制，但通过连接关系可以进行无限扩展。

这种连接使 GIS 可以为应用提供所需的信息而不是在传统的地图表达中用符号、标注手段和图面空间大小形成的限制。由于地理信息的一个实体的两个方面，所以把不同表达的两个方面通过链接，形成地理信息体系（图 1-3）。

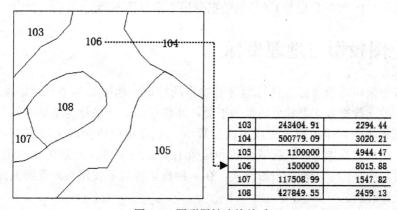

图 1-3　图形属性连接关系

1.1.4　地理信息体系

在地图中，不同类型的地理事物，用不同的图形方式（点、线、面、注记、符号）表达。在 GIS 中，这个类别分为图层。地理信息脱胎于地图，由此地理信息表达也同地图一样，分为不同的图层。

1. 数据分类体系

在 GIS 中，点的图形数据包括点号、xyz 坐标，可以像数据表一样规范表达，而线数据和面数据，用线段来表达，在数据记录中记录其折点坐标。由于不同线的折点坐标数量多寡相差极大，若要规范表达，会形成极大的存储空间浪费。同时，面虽然同线一样用折点坐标序列表达，但对于面的操作与线有一定区别，面制图符号用填充方式，因此有一些相应的操作程序。由此，为了便于程序简洁，在 GIS 中，把地理信息的图形部分分为点、线、面等不同类型。

从数据结构上，地理信息图形部分还有多面体、不规则三角网、栅格类型等。这些构成地理信息图形部分的数据分类体系。

2. 图层专题分类体系

图层的划分有主观和客观两个方面，客观上，不同的类型归于不同的图层。水系一般包括河流、井、泉、湖泊等，其中在 GIS 的数据分层中，井、泉一般被抽象为点类型，用点图层表达；河流、泉溪被抽象为线图层；大的湖泊、水库属于面图层。主观上，为了便于信息识别和应用，对于客观上可以作为同一图层的数据，分成不同的图层，如道路、河流作为不同的线图层。

需要强调一点，对于把水系分成点、线、面图层表达是 GIS 的一个不得已方法，因为这些属于不同的数据结构类型，这样划分使数据操纵程序简单化。在 GIS 中，因为强调对地理信息分析，需要清晰的数据表达；但是对于要素分析，同类要素处于不同图层，分析难度就增大。

在 CAD 中，由于不着重图形信息分析问题，对于数据不像在 GIS 中的情况进行图层分层。这里 GIS 数据分层与 CAD 的数据分层含义有所不同。

1.2 地图投影与地理坐标

地面事物采用球面坐标系进行地理事物空间标识，地图是一个平面，表达地球表面事物采用数学投影方式把球面转换为平面，并建立以大地坐标为基础的地图坐标体。球面是不可展曲面，即在球面展成平面过程中，不可避免地会产生压挤或裂缝变形，产生误差。变形与投影方式、区域形状和位置有关。为了将误差限制在一定范围，在地图制图过程中采用了不同的投影方式，在一种投影环境下使用另外投影的图形数据，需要进行投影转换。

1.2.1 关于地图投影

地球表面是一个曲面，地图是一个平面，用平面表达曲面上的事物，为了保持一定的数学几何关系，采用投影方式把地表曲面投影到地图平面上。地图投影涉及地球体的规范表达，地理坐标和投影方式等。

1. 地球椭球体

地球并不是一个标准的球体，而是表面高低起伏、形态不规则的几何体，但是由于这种起伏和形状不规则相对较小，因此地球被近似的看作为球体。虽然这个近似度相当高，但是从测量和地图表达的角度，仍然不能满足应用要求，即误差很大。为此，把地球体用一个最近似的、能够用标准几何体进行描述的方式进行抽象，这就是旋转椭球体，其数学方程为：

$$\frac{x^2}{a^2} + \frac{y^2}{a^2} + \frac{z^2}{b^2} = 1 \tag{1-1}$$

旋转椭球体与实际地球体有一定差别，这个差别主要是实际地球表面与旋转椭球体表面的差别，如果记录下这个差别，实际地球就可以通过椭球体表达（图1-4）。在旋转椭球体上建立坐标系，称为大地坐标系。对于不规则的地球表面，通过测量地面实际点位在旋转椭球体的差值，来记录地面点位坐标，称为大地大坐标。

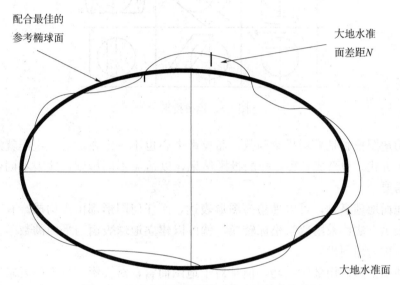

图1-4 地球表面与旋转椭球体表面关系示意图

2. 大地坐标系

对于球面坐标系一般用经纬网表达，一个地面点可以用经纬度和地面高程表示，这样就形成大地坐标系。大地坐标是大地测量中以参考椭球面为基准面的坐标。地面点 P 的位置用大地经度 L、大地纬度 B 和大地高程 H 表示。其中大地经度 L 为过 P 点的子午面与起始子午面间的夹角。起始子午线由格林威治子午线起算，向东为正，向西为负。大地纬度 B 指在 P 点的子午面上，P 点的法线与赤道面的夹角。由赤道起算，向北为正，向南为负。

在大地坐标系中，两点间的方位是用大地方位角来表示。例如 P 点至 R 点的大地方位角 A，就是 P 点的子午面与过 P 点法线及 R 点所作平面间的夹角，由子午面顺时针方向量起算。

大地坐标是大地测量的基本坐标系，它是大地测量计算、地球形状大小研究和地图编制等的基础，是以地球椭球赤道面和大地起始子午面为起算面并依地球椭球面为参考面而建立的地球椭球面坐标系。

3. 地图投影

直观来看，地图投影就是以一个可展平面与椭球体接触，假设在球心有一个点光源，对于地面点设为透光点，则透光点位投影到可展曲面。可展曲面有圆形、锥形、平面，放置有正轴、横轴、斜轴，关系有相切、相隔等，形成不同的投影方式（图1-5）。

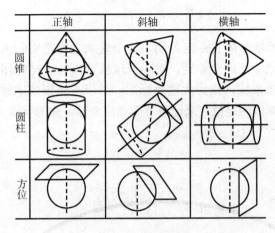

	正轴	斜轴	横轴
圆锥			
圆柱			
方位			

图1-5 地图投影

实际的地图投影是采用投影函数，而投影中心也不一定在球心，这样就形成各种各样的投影方式，也形成各种各样的投影结果，以适应不同精度、地表不同位置、不同应用的需要。

对于地面地理事物，可以抽象为图形表达，而任何图形都由点构成。有了地表点位的坐标表示方法，采用数学坐标转换，就可以建立地球表面与平面的数学关系，这个坐标转换称为地图投影。

虽然地图投影使用数学技巧，但是对于地图而言，对投影有特定的要求，因为对于通过地图反映地表事物，要求能够进行一定程度的度量，因此必须保持地图平面与地球表面的某种一致性，这种一致性一般是角度不变和面积不变两类。

地图通过投影生成和绘制，用大地坐标表达地表事物的形状、结构、分布等状况通常采用标准的坐标系统，通过地图进行地面量算。

1.2.2 高斯-克吕格投影

我国的主要比例尺地图投影为高斯投影，高斯投影又称高斯-克吕格投影，这种投影是在墨卡托投影基础上进行的一种改进，这种投影的变形较小，在大比例尺地图上满足精确量测需要。

1. 高斯投影特征

高斯投影是一种圆柱投影，从投影类别上称为横轴墨卡托投影，即用一个圆柱面做投影接收面，轴线与地球轴垂直，与特定子午线相切，相切经线称为中央经线，在中央经线上没有投影变形，随着离开中央经线越远，变形越大，为了限制变形在一定的范围内，投影只取中央经线一定范围，超出这个范围则移动中央经线形成另一个投影带。这种投影建立的地图具有很高的地理精度，是我国基本比例尺地图的主要投影类型。高斯投影示意图如图1-6所示。

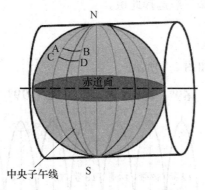

图 1-6　高斯投影示意图

高斯-克吕格投影的坐标系将地球按经度分带，带宽为 3°或 6°，每个区域中央经线上比例尺为 1.0，在我国范围投影纵坐标轴西移 500000m，以保证投影带内横坐标不出现负值。第 1 带的中央子午线是东经 3°。有些地点还将区域编号乘以一百万添加到 500000 东移假定值中。

2. 高斯投影分带

由于高斯投影具有离开中央经线越远精度越低的特征，因此在投影带确定中，分为 6°带和 3°带两种分带类型。在我国基本比例尺地形图中，1∶50000 到 1∶25000 比例尺地图采用 6°分带，1∶10000 比例尺地图采用 3°带投影。

在使用高斯投影时，以下为关键参数，需要选择或填写。

（1）中央经线参数选择。

中央经线指一个投影带中位于中间的经线，在高斯投影中，当确定了这条经线，坐标体系就确定了。在高斯 6°带投影中，每带宽度跨经度 6°，全球分为 60 个投影带，东西经各 30 个带，没有 0°带。东经第 1 带范围从本初子午线到东经 6°，中央经线为东经 3°。高斯投影带带号与中央经线的计算公式为：

$$带号 = 经线度数 / 6 \tag{1-2}$$

计算结果上入为整数，如第 19 带范围为 108°～114°，除以 6，商用 n 表示，范围为 $18 < n \leqslant 19$，对小数用上入法取整时，结果为 19。

6°带的中央经线计算公式为：

$$中央经线 = 带号 \times 6 - 3 \tag{1-3}$$

对于 3°分带，本初子午线为 0°带中央经线，第 1 带范围为 1°30′～4°30′，中央经线为 3°，与 6°分带时的中央经线重合，第 2 带范围从 4°30′～7°30′，中央经线为 6°，是 6°分带的两邻带分带线。3°带的带号与中央经线的计算公式是：

$$中央经线 = 带号 \times 3 \tag{1-4}$$

$$带号 = （经线度数 - 1.5）/3 \tag{1-5}$$

结果用上入法取整。

当 3°带的中央经线与 6°带重合时，3°带地图坐标与 6°带相应的地图坐标完全一致。

（2）中央经线上比例尺：用数值 1。

（3）西偏：为了避免投影横轴出现负值情况，高斯投影特别把纵轴从中央经线向西移动 500000m，因此西偏一般选择此值。

（4）北偏：0。

（5）坐标单位：m。

两种分带的关系表示如图 1-7 所示。

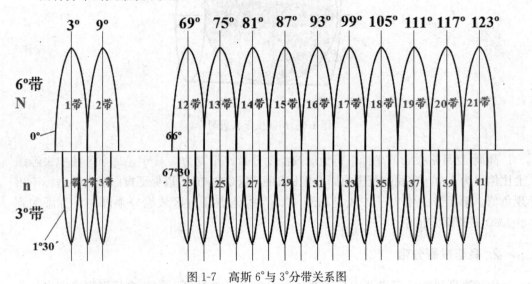

图 1-7 高斯 6°与 3°分带关系图

1.2.3 地图投影和坐标选择

在 GIS 中，要建立一个新的图层，首先需要确定图层的坐标体系。虽然也可以用任意坐标，但是任意坐标图层在邻图拼接和某些应用功能方面受到限制。

1. 高斯投影横轴坐标值

高斯投影横轴坐标有两种表示方法，一种是地理投影坐标，另一种把投影带号附加在横轴坐标前，例如，有一点位于第 19 投影带，投影坐标为（234678，4242345），加上带号成为（19234678，4242345）。

虽然通过后一种坐标可以直接获得分带位置，但是这个带号仅作为标识意义，作为坐标，尤其作为坐标的数值使用会引起问题。例如，作为数字，在一个投影带不可能出现不带带号的横坐标值为 999999 或 0 的情况，因此，这种坐标无法自动过渡到前一个带或后一个带。

另外，需要注意的是，在测量上，高斯投影坐标的 x 轴为纵轴，在数字地图中，一般仍然以 x 轴为横轴。

2. 投影带号选择

在 ArcGIS 中，高斯投影选择列出与我国地图有关的类型有：Beijing 1954，Xian 1980 两种（2000 坐标系暂未纳入）。两种下列出的可供选择的带号，其中有如下类型的选择（以北京 1954 为例）：

Beijing 1954 3 Degree GK CM 114E. prj

Beijing 1954 GK Zone 19N. prj

Beijing 1954 GK Zone 19. prj

这些选择的第一种针对3°带，后两种针对6°带。可以按前公式计算中央经线确定相应的带。对于6°带，带N的类型为使用不带带号的横坐标系统，不带N则在横轴坐标加带号。

另外，对于3°带选择，只要中央经线与6°带相同，也可以作为6°带投影选择。在投影选择外，还可以进行投影的自定义，即定义高斯投影的中央经线，中央经线的比例，西移值等。

1.2.4 投影及投影转换

在应用中经常面临多幅投影不同的地图，要进行地图拼接，拼接经常要考虑投影转换，这种转换可能是不同的投影类型之间，甚至同一投影下的不同形态的转换。

1. 投影转换原理

不同的投影，变形特征和变形分布不同，坐标系统也不同，对于同一区域不同投影类型的地图要合并使用必须进行投影转换。另外，从计算机数据处理角度，地图拼合必须是同一坐标系统，也需要通过投影转换到同一坐标系。投影转换与投影一样，实质都是坐标变换。由于投影坐标由投影函数决定，所以投影变换实际是对投影函数施加的变换。

2. 高斯相邻跨带图的拼接

当工作区域的地图出现跨带现象时，由于跨带邻图坐标（主要是横坐标）不连续，不能用坐标进行直接拼接，在一般的应用中通过手工方式进行拼接，即把跨带邻图按图边线粘贴在一起，进行数字化。这种方式会形成如下问题：

（1）整体图幅精度降低

邻接图不属于同一坐标系统，投影的非线性造成以某幅图的坐标系为依据，邻接图幅的量测精度不一致，整个图幅精度降低。

（2）出现图边的分离或叠合现象

标准分幅图以经纬线为边界，经过高斯投影，经纬线不再保持直线，相邻带图幅的经向图边背凸相对，图边拼接形成分离或叠加。

在精度要求较高的情况下，上述现象不符合应用要求。

3. GIS下的投影转换拼接

在GIS中，可以通过投影转换方式进行投影换带，使跨带相邻图幅处于同一坐标系统，通过坐标实现图幅拼接。

高斯投影分带宽度基于投影精度要求，而跨带拼接使分带加宽，加宽部分的投影精度较规定宽度内低。对于整体经差不大的区域，可以不使用标准中央经线，选用合适的中央经线使图幅完全位于一个高斯带内，以保证量算精度。另外，对于高斯投影，投影带宽度不能大于经差9°。

1.3 地理信息与信息分析

GIS技术应用最为重要的一面是分析功能，分析以数据为基础，提取数据中的信息，作为对信息反映对象的认识和了解。

1.3.1 信息分析问题

信息分析顾名思义就是对信息进行的分析，由于信息以数据为载体，因此信息分析又转化为对数据的处理，对数据处理获得的结果仍然表现为数据，但是其中包含特定的信息，这些信息一般正是应用需要的特定信息。

1. 信息与数据

信息以数据为载体，进行存储、传输、表达。由此可以认为，信息存在于数据之中。在信息的数据表达中，对信息进行了抽象，使之适应数据表达的特征要求，这种抽象，有意无意间形成了信息的损失和理解的变异。在应用中需要的是信息，得到的是数据，这样，就需要通过对数据的分析获取信息。

在古代，前人用图画、文字、符号等来记录某种获得的知识、认识，在考古时，需要对这些图画、文字、符号（相当于数据）进行分析解译，例如，进行多种资料的对比等，获取其中的信息。

信息需要表达、存储、传递，其中最好的表达是数据，把信息抽象为数据，但是，信息含义的广泛性，导致数据表达的不充分，另一方面，人脑对数据的联想性又导致仁者见仁智者见智的情况。

虽然文字是信息表达的最好方式，但是，对文字的认识和理解是另外的问题，如甲骨文、象形文字，一般人不认识这种文字，也就难以获取其中包含的信息。

2. 信息的作用

GIS不同于一般的图形处理体系，它着重于地理信息分析，即通过地图进行地理事物、行为、现象、特征等分析，以期发现地理事物的空间分布、结构、关联、演化等规律或特征，用于规划设计、监测监控、预测预报、对策决策等方面。

例如，应用GIS技术，在地形、暴雨、河流水文信息的基础上，进行洪水淹没状况分析，确定淹没区、淹没范围水深、淹没区的居民地和设施，抗洪抢险的人员组织、物资分布和数量，进入抢险区域的优化路径，负责人姓名和电话号码。

通过地形进行水文地理状况分析，提供防洪、修建水流设施方面的数据和信息生成抢险组织指挥方案。

3. 隐性信息

数据中表达的信息如果是简单、清晰、直接的，可称为显性信息，而复杂的、模糊的、间接的信息，称为隐性信息，例如在等高线形式表达的地形中，坡度、坡向等都是隐性信息。显性信息由于其显见性，容易被大众化认识理解，而隐性信息则需要通过一定的数据分析获取。由于其隐藏性以及获取的复杂性（需要特别的数据处理过程），因此这类信息更加珍贵，具有更重要的应用意义。

隐藏信息需要揭示，需要显化，才能够为通常使用。数据处理是揭示隐形信息的基本途径。可以认为，一切数据处理，都是某种程度的揭示隐形信息。

1.3.2 地理信息分析

通过分析才能获得直观的具体的信息，这也就意味着，在进行分析之前，这些信息是存在着的，但是是一种隐藏的状态。例如，地形高程点、等高线隐藏着地形坡度、水文流域、点位观察遮蔽等状况的信息，但是这些信息在等高线、高程点中很难识别和提取，通过对等高线的分析，可以得到具体的坡度、水文流域等。这一点隐含一个道理：信息分析本质是对数据进行处理得到的某种结果。

1. 什么是分析

分析是什么？英文分析单词是 analyst，从字面上讲，分析就是解析、解剖。对一件事物的解析、解剖就是分析。那么，为什么要进行分析？从系统论观点，系统由部分构成，每个部分都有其自身的功能、作用和特征，并且部分之间还有复杂的关系和联系，通过解析，了解这些功能、作用和特征，这是分析的第一个原因和含义。虽然系统有整体和部分的组织关系，但是这个关系是错综复杂的，不是简单的堆积，因此需要调查、考察、试验、估计、评判来把部分从整体中分离出来，就是说，分析是复杂的过程，这是分析的另一个含义。

那么为什么要解析、解剖？简要的答案是要了解内部的更深更细的东西。对于一个事物，作为整体包含部分，每一部分在某一方面起作用的有一个中心因素，这个因素制约、控制、引导和决定事物在这一方面的特征。另一方面，整体和部分之间的关系、联系，也是分析的对象。通过分析了解这个核心因素以及因素之间的关系，在此基础上，可以干预这个核心因素，使事物向需要的方向发展。

赌石的猜测是一种分析，锯开是一种解剖，发现和得到宝石是在排除石头的各种杂质和干扰因素后，获取期望的东西。当然，赌石赌错，是知识、经验的不足。这个事例是分析本质的缩影。

2. 信息分析

信息分析顾名思义就是以信息为对象进行的分析，分析的结果是信息、数据。人类是通过信息认识客观世界，信息是事物本质的描述和抽象。因为信息和事物的这种关系，可以通过对事物的信息分析来了解、认识事物，并从信息角度来影响、改造、改变和干扰事物的形态、特征、变化。

上述哲学化的论述有点抽象，那么从比较具体的事例来表述，以地形为例，对于地形，它本身包含了坡度、坡向、水流、特定位置可见性等这样的信息，但是这些信息在地形中并不是直接的、明确的表现出来，因为对这些具体信息来说，是隐含在地形之中，要具体了解某方面，需要解析，即提取某一类特定的信息。

对于信息分析，本质上是数据处理，通过对数据的某种处理，生成另一种数据，而这另一种数据含有特定的信息。

3. 关于 GIS 的信息分析

管线碰撞涉及三维缓冲问题，但在 ArcGIS10.0 以前版本，没有三维缓冲功能，然而可以通过软件存在的有关功能，实现管线碰撞分析。

从这个事例可以有如下几点认识：

（1）GIS 提供了强大的数据处理功能，这些处理功能是信息分析的基础，对于一些没有直接解决工具的问题，仍然可以通过其他方法来解决；

（2）熟能生巧，只要熟练掌握 GIS 技术，并且有深刻的专业基础，就能用 GIS 在专业方面发挥很大作用；

（3）虽然 ArcGIS 不断进行新的功能开发，但是由于 GIS 技术应用的广泛性，因此对于专业问题很难有合适的直接的工具，但可以通过已有的工具解决复杂的问题。

ArcGIS 的数据处理和分析有很多的工具条，从地理信息分析角度，这些是重要的工具资源。由于每一种工具都能用来生产一种"产品"，因此，了解和使用工具会产生很大的"效益"。

对于地理信息，通过信息分析，为特定应用提供具体的、显性的信息，作为地理环境条件的认识、环境改造以及事物发展控制的依据。

GIS 最重要的特征就是对于地理信息进行分析，这是因为，地理问题十分复杂，并且具有地理空间特征，而社会经济的发展对地理问题的认识需要具体和有一定的深度，分析是实现这一要求的一种重要方法和途径。

1.4 GIS 软件

GIS 软件很多，功能不尽相同，其中较为常见的软件为 ArcGIS、mapinfo，还有一种开放的软件 QGIS。国产软件有 mapGIS，supermap 等。其中 ArcGIS 软件由美国资源环境公司（ESRI）开发。其最早的版本为 ArcInfo，是一套命令行系统，在 Window 系统出现后，开发了适应 Window 系统的数据浏览软件 ArcView。ArcView 起初作为 ArcInfo 数据的浏览查询系统，推出后应用效果较好，于是添加了数据输入等功能，使之成为一个独立的桌面地理信息系统。在 ArcView 的成功后，ESRI 公司把 ArcInfo 提升为视窗系统，开发了 ArcGIS 系统，分为 ArcMap、ArcCatolog、ArcScene、ArcToolbox、ArcGlobe 几个模块，当前版本为 10.2，并把 CityEngine 纳入。

1.4.1 ArcMap 模块

ArcMap 是 ArcGIS 中使用的主要功能模块，用于地图数据输入、编辑、分析等。在 ArcMap 中，可以显示和浏览研究区域的地理信息数据集，可以为图形要素设置符号，还可以创建用于打印或发布的地图布局。ArcMap 也是用于创建和编辑数据集的应用程序。

1. 地图数据输入编辑

ArcMap 是地理信息的数据输入编辑浏览和分析环境，是 ArcGIS 的主模块，在其中可以通过多种方式，把模拟的、其他格式的地图图形数据输入或转变为图形数据，并把数据表、文本文件转变为属性表数据。同时，ArcMap 还是一个数据编辑环境，提供了多种编辑工具，能够方便快速的编辑图形和属性数据。

2. 地图浏览和制图

在 ArcMap 中，地理信息被表示为地图中的图层和其他元素的集合。常见的地图元素包括含有给定范围的地图图层的数据框，以及比例尺、指北针、标题、描述性文本和符号图例等。在 ArcMap 中可以进行制作，作为输出模拟图。

对于地图浏览和制图，ArcMap 提供了两种视图，一种是数据视图，作为一般的地理信息查询、分析等；另一种是地图视图，用于输出地图制作。

3. 地理信息分析

地理信息分析是 GIS 的重要功能，提供分析提供应用需要的信息。在 ArcMap 中，可以对地理信息数据进行分析。ArcGIS 提供了众多的信息分析和处理工具条，这些工具为地理信息分析提供了强大的技术和功能支持。一个 GIS 软件功能是否强大，就在于其提供的数据处理和分析功能的多少。

1.4.2 ArcScene 模块

地理信息具有三维属性，因此从三维角度进行显示、分析是十分必要的，为此，ArcGIS 提供了一个三维显示和分析环境，其中一个称为 ArcScene。

1. 三维制作

在 ArcScene 中可以制作三维地图。对于图层，一般以三维地形为基础，对其他二维图层设置借用地形的高程，形成三维图，并可以进行三维符号设置。

ArcScene 的三维制作通常依据二维或三维数据。对于二维数据，可以通过拉伸形成三维。拉伸具有广泛的用途，可以把点拉伸为一个圆球，可以把线拉伸为一面墙。利用三维制作功能，可以制作出十分逼真的三维图形。

三维制作不仅提供视觉观察效果，还是数据加工的一种方式，对于多边形，拉伸成为块体后，可以输出成为多面体地图。

2. 三维分析

在 ArcGIS10 以前的版本中，ArcScene 没有三维分析功能，现在加入了三维分析功能。由于三维环境的直观性，三维分析结果可以直接观察。例如，对于坡向分析结果，进行三维显示，坡向方向一目了然。

3. 动画制作

对于三维形态，可以制作动画，动画可以输出成一般的媒体文件。ArcScene 提供了较为完善的三维动画制作功能。

三维动画制作有两种模式，一种是动作记录方式，即把场景导航的过程实时记录下来。场景导航就是提供导航工具，对场景进行放大、缩小、平移、旋转等。另一种方式是记录关键帧，然后进行精细制作，包括设置帧的开始显示时间，显示长度等。

4. 三维显示

三维显示有多种方式，不仅具备一般的三维浏览、放大缩小等，还可以制作适于红蓝偏振光三维眼镜观察的真三维效果，同时提供左右视觉图像的三维立体合成功能。

ArcScene 是一种 3D 数据制作、浏览和分析环境，在 ArcScene 中可以导航 3D 要素和栅格数据并与之交互场景。ArcScene 基于 OpenGL，支持复杂的 3D 线符号系统以及纹理制图，也支持表面创建和 TIN 显示，所有数据均加载到内存，允许相对快速的导航、平移和缩放功能。

特别需要强调的是，ArcScene 的三维与一般三维的一个最大不同是完整地保留了图形的属性信息，可以进行属性查询。

1.4.3 ArcCatlog 模块

ArcCatlog 是 ArcGIS 的数据管理器，功能基本同于计算机操作系统的文件管理器，主要用于 ArcGIS 的数据管理。在 ArcCatlog 用于建立和删除地图图层。

1. 地理数据组织管理

地图数据与一般的数据在组织结构上有所区别，因此在管理方面也不相同，为此，ArcGIS 有一个专门进行地理数据组织管理的模块为 ArcCatlog，在该模块中可以建立新的图层、建立地理数据库以及建立网络数据集。

在 10.0 以前的版本中，只能在 ArcCatlog 中建立新的图层，以后的版本把部分 ArcCatlog 功能集成到 ArcMap 和 ArcScene 中，即提供了一种通过其他模块使用 ArcCatlog 功能的途径，便于操作。

2. 与系统资源管理器的区别

ArcCatlog 虽然有与系统资源管理器的相似功能，但是对于地理数据，二者还是有区别的。由于地理信息数据的复杂性，因此对于数据删除，只能使用 ArcCatlog 功能进行删除，即直接在 ArcCatlog 中删除或通过其他途径使用 ArcCatlog 的删除功能。

在操作系统下删除不干净，即如果在操作系统下删除 GIS 数据文件，在 ArcGIS 的其他模块仍能列出被删除数据，但不能打开。原因在于 GIS 数据信息在数据管理文件中有记录，一般在 info 文件中，在 ArcGIS 中列数据目录来自于此处。用 ArcCatlog 可以管理一般的非 GIS 数据，即可以一定尺度当资源管理器使用。

1.4.4 ArcGlobe 模块

ArcGlobe 是 ArcGIS 的另一个三维制作和显示模块，其显示类似于谷歌地图，是在一个地球体三维环境中定位和制作三维地图。其与 ArcScene 的区别在于对于数据坐标系统的要求。即进行三维制作的图层坐标必须是大地坐标，也基于此，三维显示具有确定的地球表面空间位置定位性。

1. ArcGlobe 的功能

在 ArcGlobe 中可以使用多种格式的地理数据，包括矢量数据（建筑物、地块、公路、电线、消防栓以及土壤）和栅格数据（数字高程模型、卫星影像、数字化正射影像以及航片）。同时可以管理和浏览大型数据库（千兆），将二维表示法突出成三维，创建三维飞行动画，执行诸如叠加分析、视域分析以及缓冲区分析。

在三维环境中使用 GIS 工具和功能，应用不同数据图层效果，如透明度、照明、阴影以及深度优先级，同时查看多个透视图。ArcGlobe 与 ArcScene 的区别见表 1-1。

表 1-1　ArcGlobe 与 ArcScene 的区别

描　　述	ArcGlobe	ArcScene
3D 分析工具条	否	是
缓存机制展示大量数据	是	否
Terrain 数据	是	否
Tin 作为高程数据	是	是
显示 Tin	否	是
动态山影效果	否	是
注记的显示（Annotation）	是	否
立体视觉	否	是
复杂三维符号（如 3D 简单线符号）	否	是
三维模型数据	是	是
动画效果中的沿路径移动图层	否	是
无空间参考的数据	否	是
VRML 支持	可导入	可导入/导出
代表符号	图层栅格化后可支持	不支持

2. ArcGlobe 应用

ArcGlobe 中栅格化的 3D 图层是将矢量数据（例如道路线或宗地面）显示为栅格图层的结果。数据被渲染为平面图像，就如同数据在 ArcMap 中使用，随后将其置于 3D 视图中。也可以针对图像高程使用另一个表面或恒定高度将其显示为浮动图层，但在大多数情况下，还要将图像叠加在地球表面。

使用此方法有多种原因，需要栅格化要素图层将遵循为 ArcMap 定义的制图符号系统，通过多个细节层次更好地将栅格图层叠加到表面，表面数据必须进行栅格化才能叠加，这样它的内部便可与地形相匹配，通常栅格图层渲染速度比矢量图层的渲染速度要快，使用金字塔方案显示栅格，这样可以合理地使用超大矢量数据源。

栅格化矢量图层以与常规图像文件相同的方式形成缓存，因此随着时间推移，图层渲染速度将有所提高。仍然可以采用与矢量图层相同的方式使用栅格化矢量图层。可以选择并识别要素、更改符号系统、设置标注属性等。

ArcGlobe 还可以合并以及栅格化图层组，这样可以将组中所有图层渲染为单个栅格。此操作对于背景数据尤为有用并且能够显著降低图层组的显示成本。

1.4.5 CityEngine 模块

CityEngine 可翻译为城市引擎，是另一个三维制作和显示模块，其最初是一个为游戏场景开发的软件，被 ESRI 公司收购，成为 ArcGIS 的一个三维扩充模块。

1. 城市引擎基本概念

CityEngine 是三维城市建模的一个模块，应用于数字城市、城市规划、轨道交通、电力、建筑、国防、仿真、游戏开发和电影制作等领域。

CityEngine 区别于 ArcScene 和 ArcGlobe 的方面是，它提供了全新的三维建模技术，即使用程序规则建模，使得可以用二维数据快速、批量、自动的创建三维模型，并实现了"所见即所得"的规划设计。这样，减少了项目投资成本，也缩短了三维 GIS 系统的建设周期，一些三维城市的效果如图 1-8 所示。

图 1-8 城市引擎的三维城市示意图

另外，它可以与 ArcGIS 深度集成，可以直接使用 GIS 数据来驱动模型的批量生成，这样保证三维数据精度、空间位置和属性信息的一致性。同时，还提供如同二维数据更新的机制，可以快速完成三维模型数据和属性的更新，提升了可操作性和效率（图 1-9）。

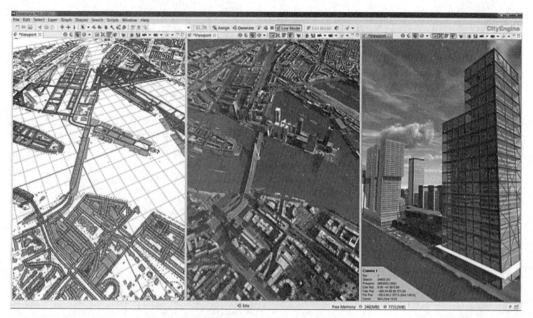

图 1-9　城市引擎

2. 城市引擎基本功能

城市引擎的基本功能之一是基于规则批量建模，可以直接拖放规则文件到需要建模的 GIS 数据，模型将自动批量生成。这种方式代替了繁琐的逐一建模过程，极大提高了建模速度。这也是模块收购的重要原因。其可视化的规则编辑器，对建模规则进行定义和扩展；智能的立面建模工具，通过图形化的方式实现对建筑立面的建模；地形修整工具，实现基于地形的三维建模；集成 Python 环境，定制自动化的工作流程。

基本功能的另一个方面是动态城市规划设计，通过属性参数面板调整道路宽度、房屋高度、房顶类型、贴图风格等属性，或与模型直接交互实现城市动态的规划与设计，并得到即时的设计结果。属性参数面板，通过数值来控制模型外观；智能编辑工具，实现对街道网络和地块的联动编辑；输出自定义统计报表，城市容积率、建筑面积等；标准行业 3D 格式输出，如 3ds、obj、dae。

另外，具有三维数据编辑与更新，CityEngine 完全支持 Esri 的 File GDB 数据的导入、导出，同时也支持 Multipatch 模型数据导入 CityEngine 直接进行三维编辑和属性更新，数据更新省去了中间环节，实现从地理数据库中来到地理数据库去。

CityEngine 在当前的唯一不足是不提供对地理信息的查询。

GIS 技术已经成为城乡规划的重要技术。但当前规划中应用 GIS 的特征是初级的、片段性的。具体表现为采用 GIS 的某一分析功能进行数据处理，如地形分析、网络分析、水文分析等。但是没有市区区划、土地利用规划等专业功能。

原因在于当前的 GIS 软件基本是通用软件，如 ArcGIS、ArcVIEW、mapinfo、mapgis 等。对于规划，需要 GIS 专用软件，或者是具有规划专业功能的通用软件。表面看来，没有多少工具用来解决规划问题，但是可以按照规划的特征，建立规划的地理信息处理方法、过程和步骤。

思考题

1. 什么是地理信息，什么是地理数据？
2. 高斯投影的分带和参数有哪些？
3. 当前应用广泛的 GIS 软件有哪些主要模块，各模块的主要功能是什么？
4. 什么是地理信息分析，信息分析有什么作用？
5. 既然 ArcGIS 功能这么强大，为什么在城乡规划应用中还感到功能不足？

2

地理数据组织

地理信息用数据表达，称为地理数据。地理数据的基本类型有矢量数据和栅格数据，在 GIS 中，数据按性质和特征划分为图层，图层是 GIS 数据的基本组织方式。对于应用，涉及多个关联的图层，为了提高数据管理和应用效率，把图层及相关数据组织成数据库，这种保存地理信息的数据库称为地理数据库。

2.1 矢量数据

矢量数据是 GIS 采用的一种主要数据类型。矢量数据按照数据结构特征以及要素的专业特征。划分为不同的图层。

2.1.1 什么是矢量数据

矢量又称为向量，是指既有大小又有方向的量。在力学中，矢量用来表达力的大小和方向，在物理学中称作矢量，在数学中称作向量。在数学直角坐标系中，通常用点位的坐标对表示图形。

1. 矢量数据逻辑结构

矢量数据是计算机中以矢量结构存贮的内部数据，它是跟踪式数字化仪的直接产物。在矢量数据结构中，点数据可直接用坐标值描述；线数据可用均匀或不均匀间隔的顺序坐标链来描述；面状数据（或多边形数据）可用边界线来描述。

点用一个坐标对 (x, y) 或 (x, y, z) 来表示；线作为点之间的连线，用一系列坐标对来表达线的转折位置，在程序中依据点连接成线；多边形与线的区别是多边形是首尾相连的线，因此与线的表达方式相同，也用一系列转折位置的坐标表示，同时，其最后一个坐标与首点坐标相同。这样，用点、线、多边形构成的图形称为矢量图。矢量数据是记录图形坐标特征点位置的数据。

虽然线和面在数据形式上直观上看不出差别，实质上在数据内部，还是有区别的。对于多边形，要表达一个内部点，这个内部点作为多边形位置识别的标识，也作为多边形符号绘制的定位点。对于线，不存在内点问题。

矢量数据的组织形式较为复杂，以弧段为基本逻辑单元，而每一弧段以两个或两个以上相交结点所限制，并为两个相邻多边形属性所描述。在计算机中，使用矢量数据具有存储量小，数据项之间拓扑关系可从点坐标链中提取某些特征而获得的优点。主要缺点是数据编辑、更新和处理软件较复杂。

2. 矢量数据类型

在 GIS 中，矢量数据被划分为图层，分别为点、线、面层，其中还有一种由面构成的体类型，称为多面体。GIS 中图层划分与一般的矢量制图软件如 CAD 有所不同，从数据文件角度，前者是独立的文件体系，即使在数据库中，也是作为不同的要素出现；后者只是一种类别逻辑划分，一般不成为单独的文件。之所以这样划分，主要是基于 GIS 对矢量数据的应用和处理要求。对不同类型的数据分层，便于搜索查询程序的简化。

同样基于查询和信息分析需要，GIS 的矢量图层一般并不是一个文件，而是多个文件，多的可达到 20 多个，如 ArcInfo 的 coverage 图层。

3. 矢量数据特征

在矢量数据中，把一个单独的图形对象称为一个图元，一个图元一般代表一个地物对象，如一段路段，一个位置点，一块土地单元等（图 2-1）。

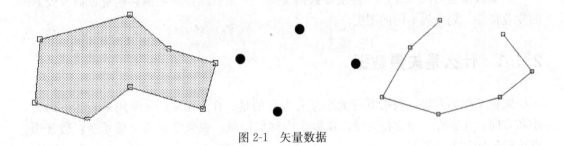

图 2-1 矢量数据

矢量数据以坐标序列存储数据，因此 GIS 数据本身不存在通常的地图比例尺，但在地图输出制图中要考虑比例尺问题。

4. 矢量数据的优缺点

矢量数据具有对象表达的直接性，即单个图元被具体的精确地表达出来，不像栅格数据，地理对象不能清晰表达；其二是属性表的灵活连接，扩展了信息体系，提供了应用能力；再次是由于要素的清晰辨析，适应地图制作；另外，相对于栅格数据，矢量数据占据的存储空间小。

矢量数据的不足是难以表达具有连续性特征的数据，例如地形用等高线、高程点表达，难以从中提取坡度、流域等信息；另外，在执行矢量数据的信息分析时耗费时间更长。

2.1.2 矢量数据拓扑结构

拓扑是一个数学概念，在图论中研究图形之间的连接、包含、连通等关系。在 GIS 中引用这个概念构建图元空间关系、派生信息、减少数据输入工作量，同时扩大系统信息含量并保持相关信息逻辑一致。

1. 图形拓扑

智能的人对于空间关系能够很好辨识，当站在山上俯瞰风景时，可以轻易辨认出纵横交错的街道和相邻的房屋。但是对于计算机，必须提供其充分的信息，对于两条线，其端点坐标相同，表明线段相连，但是对于计算机而言并不能自动识别这类关系，程序上可以以坐标相同为基础搜索相连关系，然而对于地理信息，这类关系经常用到，因此把其组织成一种信息关系，计算机所使用的用来标识这些关系的数学逻辑就是拓扑。

对于图形，尤其是地图，图形之间的关系是应用的一个重点，通常需要通过一个图元了解相关的其他图元，这种相关有相连关系、包含关系和构成关系，统称为拓扑关系。

需要说明的是，常使用的 shp 数据格式不用拓扑结构，地理数据库和以前 ArcInfo 的 coverage（ArcGIS 中仍能使用）采用拓扑结构。因此用 coverage 说明拓扑结构。

拓扑明确定义地理数据中相连或相邻要素之间的空间关系。实际操作中的原则相当简单，空间关系以列表的形式表达，例如，面由构成它边界的弧段的列表定义。创建和存储拓扑关系具有许多优势。数据可以高效地存储，因而大型数据集可以得到快速处理。拓扑还为分析功能提供便利，例如通过网络中的连接线建立流向模型、将具有相似特征相邻面合并、识别相邻要素以及叠加地理要素。

拓扑结构支持三个主要的拓扑概念（图 2-2），包括连通性，指弧段在结点处彼此相连；区域定义，指围绕区域连接的弧段定义一个面；邻接，指弧段具有方向以及左右两侧。

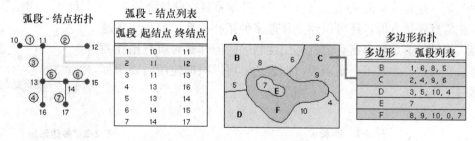

图 2-2　图形拓扑

在地理数据库中，拓扑是定义点要素、线要素以及多边形要素共享重叠几何的方式的排列布置。例如，街道中心线与人口普查区块共享公共几何，相邻的土壤多边形共享公共边界。

计算机绘图依据坐标对及其连接关系绘制线段，在坐标序列中，存储了线段的信息，使线段能被正确绘制。对于查询，也需要为查询程序提供需要的信息。没有这类信息，就不能获取需要的结果。例如，对于一个多边形图的一个图斑，其相邻的图斑是哪些？计算机搜索通过遍历，当然可以搜索出，但是，搜索是耗时耗力的过程。因此，若能在数据中存储这些信息，搜索就便捷的多。但是要把每一个多边形的邻边都记录下来，数据就太多，而相邻查询并不是处处都需要。这时，拓扑关系的应用就是协调这类问题的最好途径。

2. 拓扑关系

图形之间存在一定的关系，从刚性几何角度，图形有相似、全等、大小等几何对比关系。除此之外，图形还有构成和位置关系：多边形由线构成，线由点构成；A区域与B相邻，C点在D区域内等。图形间的这类关系称为拓扑关系，归纳成相连、相邻、包含、构成图形关系。

从空间信息角度看待图形，拓扑关系应用更广泛，如两城市是否（有道路）相连，某区域是否包含一种特定的事物。拓扑关系与联系是了解、研究和分析客观事物空间效应、相互影响和空间结构、分布规律的基础。

拓扑关系作为一种图形间关系的描述模型，是图形空间关系数据化表达的依据。在地图上，空间关系以图形直观方式提供，在计算机中，图形关系只能通过数据之间的关系体现。数据作为操作对象，借助于拓扑关系，通过程序建立图形数据间的空间关系。

3. 拓扑数据结构

多边形由线段闭合形成，线段包含端点与中间点，点、线、面构成图形（图2-3），并且可能各有特定的地理特征含义。在空间数据记录时，分实体类型记录图形数据，图形代表地物的关系被分离，同时形成数据冗余（同一数据多次存储）。拓扑结构就是根据地物之间的图形关系记录和存储数据，降低数据冗余，增加地物图形关系信息。

图形拓扑关系用图形文件或属性表记录，用链表（表2-1）记录线段，多边形表（表2-2）记录多边形构成链，链属性表（表2-3）含链面关系。这样线与面关系信息被体现且数据重复存储量降低。

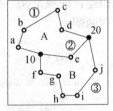

在信息表达方面，还可以建立其他多种拓扑关系。关系信息越完善，提供的信息越丰富，信息应用性越强。但并非对所有拓扑关系都需要表达，尤其不一定需要数据表达，可以根据应用需要用程序临时生成。

图2-3 图形结构

表2-1 链表

链 号	起端点号	顶点序列	终端点号
1	20	d c b a	10
2	10	e	20
3	10	f g h i j	20

表2-2 多边形表

多边形	链段序列
A	1 2
B	2 3

表 2-3　链拓扑关系表

链段	起端	终端	左面	右面
1	20	10	A	0
2	10	20	A	B
3	10	20	B	0

4. 拓扑关系应用

采用拓扑结构有几个优点，一是减少了数据的重复输入和存储冗余。对于多边形图，拓扑结构实现边共用，不必重复输入和存储，当线同时具备线和面边界双重属性时，可以通过线生成面。二是消除了图形输入编辑矛盾。一条线多次输入，不能确保完全重合，而对一条线的修改，必然与重合线有差异，拓扑关系避免了这一点。三是增加了图形关系信息。不足之点是数据结构复杂，程序开发难度加大。

拓扑结构的应用包括信息派生。一是图形关系信息派生，作为属性，表 2-1 就是通过链-面拓扑关系生成的属性表。一是图形构成信息派生，如用线层生成面层（图 2-3），同时也会发现，悬挂线不形成多边形。由于拓扑结构具有良好的图论定义，因此在 GIS 中拓扑结构通过程序自动生成。

需要说明的是，拓扑关系并不是表达空间信息的最好模型，对象模型是正在研究的重要模型。另外有些软件（如 ArcView，mapinfo）并不建立拓扑结构，但在内部使用拓扑方式进行信息查询和分析。区别是保存拓扑数据或临时生成拓扑关系，这是信息处理的策略区别，是在信息存储与运行效率之间的一种选择。

2.1.3　矢量数据体系

在 GIS 中，把矢量数据分为要素类和要素数据集，这是 GIS 中对于矢量数据的一种组织方式。

1. 要素类

要素类是一些地理要素的集合，这些地理要素在公共区域共享相同的几何类型（例如，点、线或多边形）和相同的属性字段。街道、井点、宗地、土壤类型和人口普查区域都是要素类。

从数据存储文件系统而言，要素类就是把图形分为多边形要素类、线要素类和点要素类，对于一个多边形图层，可以包含多个多边形要素类，这些多边形具有相同的属性字段。从某种意义上可以说，要素类就是一个数据文件的数据体系。

在要素数据集中，相关的要素类通常被分组在一起。如果要使用拓扑来管理要素共享几何的方式、构建公共事业图层的几何网络、构建用于布设路径和优化的网络数据集或构建地形（TIN 数据结构），需要对要素数据集中的要素类加以组织。

ArcGIS 中，具有相同几何类型（例如，点、线或面）、相同属性和相同空间参考的地理要素的集合。可以使用地理数据库、shapefile、coverage 或其他数据格式存储要素类。使用要素类可将同类要素组合为一个单元以便于数据存储。例如，可将高速公路、主要道路和次要道路组合为一个名为"道路"的线要素类。在地理数据库中，要素类还可以存储注记和尺寸注记。

要素类是同一类型要素的逻辑集合，在信息表达方面，依据数据结构，划分为点图层、线图层、面图层和注记图层，如图 2-4 所示。

图 2-4　图层

2. 要素数据集

要素数据集是共用一个通用坐标系的相关要素类的集合。要素数据集用于按空间或主题整合相关要素类。它们的主要用途是，将相关要素类编排成一个公用数据集，用以构建拓扑、网络数据集、地形数据集或几何网络。

对于一个应用，可能包含多种要素类，如多边形、点、线等，这些要素类分别描述区域的不同方面，如一个研究区域的等高线要素类、土地利用要素类等。这些就构成了这个区域的一个要素数据集。

2.2　栅格数据

栅格数据代表对地理实体的另一种认知模式。对于一幅地图，可以纵横划分为方格，每一个方格作为一个均质单元，用代码表达单元的地理信息。这样的地理信息表达方式称为栅格数据。

2.2.1　栅格数据概念

栅格是以一系列大小相等的单元来定义空间的空间数据模型，其中的数据按单元的行与列排列，整个模型由单个或多个波段（图层）构成，从矩阵的观点，就是由多个矩阵构成。每个栅格单元都有一个属性值，该值以代码形式代表地物类型。

1. 栅格数据结构

栅格数据结构与矢量数据结构不同，前者是矩阵排序，本身就包含坐标，即只要有左下角位置坐标、栅格行列数和栅格大小，就能正确进行栅格定位，而后者是明确存储坐标。栅格数据中具有相同值的单元组表示同一类型的地理要素（图2-5）。

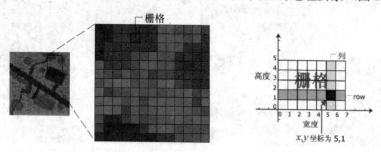

图 2-5　栅格数据示意图

栅格数据结构是以规则像元阵列表示空间对象，而以阵列中每个像元值数据表示空间对象的属性特征。

2. 栅格数据性质

在 GIS 中的栅格数据与图像数据本质相同，是一种以矩阵为基础的数据，在应用方面有一些特别的性质。栅格数据有几种类型，有专题数据（也称为离散数据），例如表示土地利用或土壤数据等要素的栅格数据；连续数据表示温度、高程或光谱数据（例如，卫星影像或航空摄影）等现象；图片则包括扫描的地图或绘图以及建筑物照片。

专题和连续栅格除作为地图数据图层与地图中的其他地理数据一起显示之外，也经常作为数据源在 GIS 空间分析模块中运用于空间分析。图片栅格通常用作表格中的属性，可同地理数据一同显示，并可传达有关地图要素的附加信息。

栅格数据的栅格大小可以选择，栅格越大，反映的目标越概况，数据量也相对较小，栅格越小，反映的目标越精细，但数据量也相应增大（图2-6）。具体应用依据需要决定栅格大小。

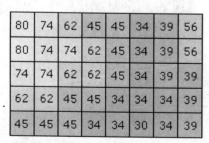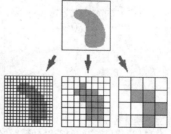

图 2-6　栅格数据分辨率示意图

在 GIS 应用规划阶段，确定适当单元的大小与确定要获取哪些数据集一样重要。通过对栅格数据集进行重新采样随时可使单元大小增大；但却不能通过对栅格重新采样来使单元大小减小而获取更详细的内容。对于应用，一般采用这样一种准则，即在单元大小最小且准确度最高情况下保存数据的副本，同时重新采样数据以匹配单元大小最大且精度最低的情况。这可提高分析处理速度（图2-7）。

比例 1 : 20000
栅格尺寸 : 1.5 m

比例 1 : 20000
栅格尺寸 : 15.24 cm

图 2-7　不同分辨率的栅格图

在指定单元大小时，应考虑输入数据的空间分辨率；要执行的应用程序和分析；结果数据库大小（对比磁盘容量）；所需的响应时间等。

3. 栅格数据的存储

鉴于栅格数据的规则性，数据存储时直接存储栅格值，并按照逐行结构进行存储，如图 2-8 所示。实际上，为了提高存储资源利用，一般采用压缩格式进行数据存储。在栅格编码中，压缩格式实际是一种编码格式，有行程码和四叉树码。

行程码是通过记录每行的连续相同值及其数量的格式保存数据，如图 2-8 所示，第一行连续 4 个 1，记为 1，4，2，2，4，1，3，1，对于栅格数据，一般连续值很多，因此行程码能够对数据进行大量压缩。

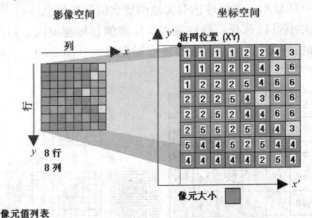

图 2-8　栅格数据存储

四叉树码是把栅格数据按照纵横分为 4 块的方式进行编码，当一个块的值都相同时，则建立分块位置和值，当块值不同时，做下一级四分，依此类推。

对于压缩数据，按照压缩模式编写程序，可以进行数据还原。例如，按照两位一组、前值后数的方式，可以解码。需要注意的是，常用的 jpg 压缩格式是一种有损压缩，会造成信息损失。

2.2.2　栅格数据特征

栅格数据具有和矢量数据不同的特征，它是以矩阵表达的数据，采用矩阵代数进行数据处理。

1. 栅格数据结构特点

栅格结构数据有如下特点：

（1）离散的量化栅格值表示空间对象

空间被划分为规则栅格，形成离散化的空间"块"，但是坐标是连续的，即在地理空间中，坐标是一种几何坐标系而不是行列坐标系。

（2）位置隐含，属性明显

矢量数据空间图形有明显的位置，即空间位置、分布等，栅格数据中，多个邻接栅格构成某一定量实体，要获得该定量实体，需要标识其中的每一个栅格；栅格数据的栅格值表示的是实体的属性，属性以数字代码形式表达。

（3）数据结构简单，易与遥感数据结合，但数据量大

矩阵行列表达数据结构，与遥感图像在数据结构形式上一致。但另一方面，栅格分辨率与数据量成平方关系，而对于矢量图的哪怕一个点，在栅格中也表达成图形范围的栅格覆盖。

（4）几何和属性偏差

栅格的形状规整型必然与不规则的地理实体在形状上产生偏差，同样的原因，一个栅格可能是不同地理实体的混合，而单一属性难以反映之。

（5）面向位置的数据结构，难以建立空间对象之间的关系

栅格是空间位置的排列，对象的栅格化也形成对象的碎化，由此，空间对象的相邻、包含等关系无法确认。

2. 栅格金字塔

由于栅格数据量一般比较大，因此在显示时采用了一种数据组织策略，就是金字塔数据结构，其用意是，对于大范围的显示，使用较粗的栅格，显示越精细，栅格越精细，这样，提高了显示速度，同时满足了观察需要。因为对于大范围，精细的栅格对于观察意义不大，即不能显示出精细结构，反而耗费大量的系统资源，延长显示时间，利用金字塔技术，对于不同的显示，采用不同的栅格精度。当然，最高的显示精度就是原本的栅格。

栅格金字塔类似于一种四叉树编码方式，其不同之点是按规定的大小分级，值用每块的统计值。

金字塔形成是对原栅格进行抽样形成新的栅格图层，不同的抽样精度，数据量大小有很大区别，由此，金字塔可用于改善显示性能。它们是原始栅格数据集的缩减采样版本，可包含多个缩减采样图层。金字塔的各个连续图层均以 2：1 的比例进行缩减采样。图 2-9 为栅格数据集创建的两级金字塔示例。

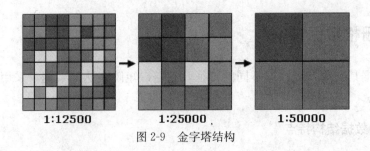

1:12500　　　　1:25000　　　　1:50000

图 2-9　金字塔结构

3. 栅格 NoData 值

从地理信息角度，栅格数据不仅表达了地物的地理信息特征，还要表达地理空间范围。对地理事物而言，其范围一般不规则，对于矩阵而言，形状是一个矩形，二者的差异就形成矩阵表达地理信息的特点，即对于表达空间区域范围之外的表示问题。

对于空间地理范围，一般是一个不规则图形划分为栅格和用矩阵表达，为了便于表达，矩阵为矩形形状，因此一般并不与研究地理范围完全重合。把在矩阵中处于研究范围外的栅格单元给予一个特征值，称为 NoData，具体值一般为 -9999 或 -65536。在运算程序中，对 NoData 数据进行排除。

NoData 与 0 不同，0 是有效数值，比如，海拔高程为 0。因为输入位置可以包含非数值的 NoData 值，这使得对它们的处理方法存在分歧。NoData 表示单元位置的相关信息不足，无法为其指定值。有两种方法可使表达式运算能够处理包含 NoData 的位置，一种是对于该特定的单元位置，始终返回 NoData；另一种是忽略 NoData 并使用该特定单元位置的可用值进行计算。

在 ArcSDE 和文件地理数据库中，如果原始栅格数据包含 NoData 像元，则会在加载栅格时动态生成位掩码，并将其存储于数据库中。系统会读取位掩码，并在检索时提取 NoData 区域。

4. 栅格数据优缺点

栅格数据的优点是能够存储连续变化特征的信息，这一点弥补了矢量数据的不足，由于数据组织的规范性，在信息分析的方法和能力方面要远远高于矢量数据。当然，栅格数据的缺点也是明显的，就是数据量巨大，另外，属性数据针对栅格分类而不是目标对象，也就决定了栅格数据不能分辨具体的地理对象，制图方法也比较单调。

2.2.3　栅格数据类型

栅格数据有两种类型，一种是连续栅格，一种是离散栅格，两种栅格类型具有各自的特征和应用。

1. 连续栅格

以栅格形式表达的地形面，栅格值表示地形高程，高程值一般包含小数，称为连续栅格。连续栅格数据集或表面可由具有浮点值的栅格（称为浮点栅格数据集）表示，或偶尔由整数值表示。数据集中每个单元的值均取决于固定点（如海平面）、罗盘方向或指定测量系统中各位置与现象之间的距离（如在机场附近的不同地点监控到的噪音，以分贝为单位）。连续表面的示例包括高程、坡向、坡度、核电站的辐射水平以及盐沼向内陆深入时含盐浓度的变化。

浮点型栅格数据集没有与其关联的属性表，原因在于大多数（即使不是全部）单元值均是唯一的，连续数据的特性排除了其他关联属性。连续数据最好通过比率值和间隔值表示。

将离散数据与连续数据合并时常常产生没有意义的结果，例如，将土地利用（离散数据）添加到高程（连续数据）。得到的栅格数据集中的值 104 可能是将土地使用类型中的单户住宅类型（值为 4）与高程（值为 100）相加后得出。

2. 离散数据

离散数据（有时也称为专题数据、类别数据或不连续数据）通常用于表示要素（矢量）和栅格数据存储系统中的对象。离散对象具有可定义的已知边界：它易于精确定义对象的起始位置和结束位置。一个湖泊是周围景观内的离散对象。湖泊与陆地的相交处可以清晰地界定。离散对象的其他例子还包括建筑物、道路和宗地。

离散数据的取值是整数值，可以为负数。从整数角度，统计上相同值的栅格可能较多，因此离散栅格有属性表。

离散数据有时被称作分类数据，通常表示对象。这些对象通常属于一个类（例如土壤类型）、一个类别（例如土地利用类型）或一个组（例如某种类型的空间分布）。类别对象具有可定义的已知边界。

整数值通常与离散栅格数据集中的每个单元关联。大多数整数栅格数据集具有包含附加属性信息的表。离散数据最好使用序数值或标称值表示。例如，在土地覆被栅格中，可使用值 1 表示林地，值 2 表示市区用地，等等。这将假定会使用各值所表示的内容填充整个像元。离散栅格有多种用法，如表示土地利用、行政边界或所有权的栅格等（图 2-10）。

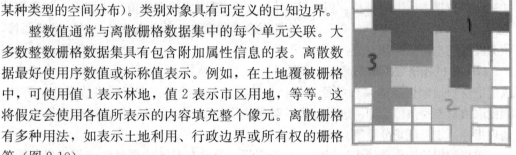

图 2-10 离散栅格

3. 栅格波段

栅格波段是直接从遥感图像引用过来的一个概念，由于栅格数据在数据形式上与遥感图像没有区别，同时，在 GIS 中把图像数据完全作为栅格数据处理，因此自然引用了波段概念。

在遥感图像中，一个电磁波波段形成该波段的图像，多个波段形成多幅图像，由于这些图像处于相同的位置，因此组合为一幅图像，实际上是分为多个波段的多个矩阵。其中从视觉观察角度，单个波段为灰度，三个波段合成彩色图像，更多的波段有特定的电磁波信息编码含义。在 GIS 中，栅格数据也可以按照波段进行合成。

2.2.4 栅格属性表

在 GIS 中，栅格数据的属性表记录栅格分类值，栅格属性表与矢量属性有明显的不同，这是一种统计属性。

1. 栅格属性表

属性记录用于记录图元的属性，对于栅格数据，记录栅格单元的属性。不像矢量数据的情况，一个独立的图斑对应一条属性记录，栅格数据的属性表记录相同值的栅格数，即它是一种分类属性，记录栅格值和同类值的栅格单元数量。如图 2-11 所示，对于类型 3，有两个不相邻的部分，但是在属性表中，只有一条记录，记录内容为两块的合并值。

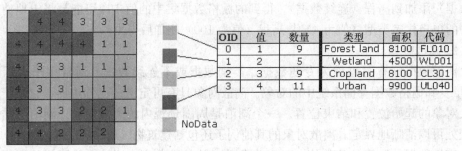

OID	值	数量	类型	面积	代码
0	1	9	Forest land	8100	FL010
1	2	5	Wetland	4500	WL001
2	3	9	Crop land	8100	CL301
3	4	11	Urban	9900	UL040

NoData

图 2-11　栅格数据属性

2. 图像栅格

图像数据本质上是栅格，但是从取值上，一般图像数据取值为正整数，并且取值范围固定，为 0～255 或 0～65535，并且值表达的意义为颜色灰度值，对于遥感图像，值为波段能量的一种映射值。

GIS 中的栅格数据取值理论上无限制，可以是整数、小数，可以有负值。栅格数据取值反映地理信息的某种特征指标，如地形高程，坡度。由于栅格数据的矩阵性，因此取值只能是数值，即使进行分类，类别也需要表达成数值。因此，栅格值可能是地理指标，也可能是分类值。

栅格数据的操作和使用环境没有图像广泛，因此在 GIS 中要经常进行栅格与图像之间的转换。这种转换主要是数据格式方面的，同时，有一种数值映射关系。如把地形栅格数据转换为 JPG 格式的图像，尽管地形栅格数值有正有负，有整数有小数，转换后的图像数据一定在 0～255 之间并且为整数。显然，这样转换的结果通常能够从色彩方面表达栅格形态，但数值及其含义已经发生变化，同时，转换的图像的空间位置特征也不能体现。一般在转换中，同时生成一个 world file，是图像显示的空间坐标匹配转换参数文件。

贴合 GIS 的栅格特征，在图像格式方面，有几种特定的格式能够完整表达栅格数值，一种是 img，一种是 geotiff。这两种格式还能够保证栅格地理空间坐标。

3. world file

一般图像坐标原点为（0，0），遥感图像和 GIS 栅格数据转换的图像，需要保持图像对应的地理空间位置。对于图像的地理空间位置配准，需要进行参数存储，作为图像显示定位的程序参数。图像变形参数一般包括：比例、位置、旋转。由这三个参数构成一种图像线性校正方程。

图像坐标转换一般依据控制点建立函数关系，控制点包含两个坐标系（一般为地图图像坐标和大地坐标）的坐标值，因此通过控制点可以确定坐标，还可以确定两个坐标的关系（原点位置、方向和坐标单位）。因此可以通过控制点进行坐标转换。

在采用扫描图像矢量化时，图像坐标到地图坐标转换可以用（2-1）公式计算

$$X_{map} = AX_{image} + BY_{image} + C$$
$$Y_{map} = DX_{image} + EY_{image} + F \tag{2-1}$$

式中　A，E——横纵轴坐标单位比例值；

　　　B，D——角度旋转量；

　　　C，F——坐标平移量；

　　X_{map}，Y_{map}——大地控制点坐标；

X_{image}，Y_{image}——图像控制点坐标。

这 6 个参数通过 3 个控制点数据就可以唯一解出。对于非直角坐标系如大地球面坐标系，坐标转换原理与上相同，区别仅仅是坐标单位尺度与坐标位置有关且非线性，需要建立非线性函数进行坐标转换。

对于一般的线性图像坐标配准参数，现在用一种 World file 文件存储参数。该文件是一种文本文件，以

A，E

B，D

C，F

格式记录转换参数。文件命名规则为：

（1）文件名同于图像名。

（2）扩展名用原图像扩展名的 1 和 3 位置字符加一个 w。例如：对于图像文件 myimg. tif，相应的 world file 为 myimg. tfw。同时，该文件要与对应的图像文件在相同的磁盘位置。

2.3　数据分层

在 GIS 中，数据按照类型、性质和应用分为不同数据层，这种分层像由数据结构决定，也取决于应用需要。通过数据分层，便于数据组织、管理和应用。

2.3.1　数据分层体系

在 GIS 中，对于地图图层数据除制图之外，还需要进行查询和分析，在数据组织方面要满足信息检索需求，因此 GIS 数据按照类型、形态分为不同图层，便于数据组织管理。按照特征不同，有不同的分层方式。

1. 逻辑专题

地理信息从应用角度分为一系列逻辑图层或专题数据，这样的分层缘由在于分析与建模方面。虽然从形态上，道路和河流都是线数据，但是在应用上，河流用于水文

分析，道路用于规划、管理。按逻辑应用可以划分的专题图层如街道图层，用街道中心线表示；土地利用区域图层，表示植被、居民区、商业区等的；行政区域图层，表示形状区划状况；水系图层，表达水体与河流，可按点线面在进行类型划分；宗地图层，表示土地所有权的宗地多边形；三维地形图层，用于表示高程和地形的表面；遥感图像图层，为感兴趣区域的航空影像或卫星图像（图 2-12）。

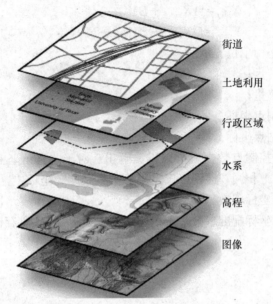

街道
土地利用
行政区域
水系
高程
图像

图 2-12　逻辑专题图层

　　栅格数据集从结构上是一类，但是从数据形态和应用特征方面，可分为数字高程模型，栅格化的其他图层，图像数据等。

2. 数据层划分

　　从数据层面的分层主要考虑数据的组织、管理和检索。在地图中，地理元素即通过这一系列的地图图层表达。地图图层是地理信息（例如交通、水和高程）的专题制图表达。地图图层使用符号、颜色和文本来描绘有关各个地理元素的重要的说明性信息。地图图层借助以下元素传达信息：

　　（1）离散要素，例如点集合、线集合与面集合。

　　（2）地图符号、颜色和标注，用于帮助描述地图中的对象。

　　（3）覆盖地图范围的航空摄影或卫星影像。

　　（4）连续表面（例如高程），它可通过多种方式来表达，例如通过等值线与高程点集合或晕渲地貌。

　　数据分层后，对于应用，还要考虑数据的组织，这种组织包括布局和空间关系。

3. 地图布局与组成

　　分层的应用形态和要素形态的组织体系形成地图，地图一般是多种要素或多个分层的综合体。对于地图数据组织，除地图框架外，地图还通过在页面上排布一系列的综合地图元素来呈现其他信息。常见的地图元素包括指北针、比例尺、符号图例及其他图形元素。这些元素会定义每个地图符号的含义并提供地图内容的相关信息，这些对于解读地图大有帮助。

地图只需以系统、直观的方式来描绘海量信息即可传达出更多的内容。这样有助于每一位地图浏览者查看并理解其工作所需的相关内容。

4. 地图中的空间关系

通过地图来表示地理关系能使其便于地图浏览者进行解释和分析。基于位置的关系称为空间关系。以下是一些示例：

（1）地理要素相互连接，例如，高新大道与科技大道相连。

（2）地理要素彼此相邻（毗连），例如，城市公园与大学相邻。

（3）某地理要素包含在某一区域内，例如，建筑物覆盖区包含在宗地边界内。

（4）地理要素互相叠加，例如，铁路与高速公路交叉。

（5）地理要素互相接近（邻近），例如，医院靠近超市。

（6）要素几何相同，例如，城市公园与历史古迹多边形相同。

（7）地理要素的海拔不同，例如，电视塔在山顶之上（海拔较高）。

（8）某一要素沿着另一要素，例如，公交线路沿着街道网络。

在地图中，这样的关系并不会明确地表示出来。而是需要地图浏览者自身通过从地图元素（例如街道、等值线、建筑物、湖泊、铁路及其他要素）的相对位置和形状中获取信息来解释这些关系。在 GIS 中，可通过应用丰富的数据类型和行为（例如拓扑和网络）以及对地理对象应用一组综合性的空间运算符（例如缓冲区和面叠加）来对此类关系进行建模。数据图层划分见表 2-4。

表 2-4　图层数据

文　档	关　键　属　性	共享形式
地图文档	地图名称、摘要、描述等 地图图层列表 地理数据库 地理处理工具 影像服务 每个图层的属性	地图文档（MXD） 包含相关数据的地图包（MPK）
图层	图层名称、摘要、描述等 特性（名称、元数据、地图比例、数据源、透明度等） 特性：可见字段、别名、显示表达式、只读与更新等 符号系统 标注 编辑属性 要素的附件 识别和弹出窗口属性 时间感知属性	图层文件（LYR） 包含相关数据的图层包（LPK） 地图文档/包中的一个图层

5. 数据连接修复

由于地图的分层性和综合性，应用中经常需要关联多个图层，在 GIS 中，数据应用组织采用地图文档方式。地图文档就是关于应用涉及图层和状态的组织文件，作为应用显示数据的组织管理文件，记录包含的图层、符号等信息，对于图层还有数据存储位置等。打开地图文档，按照其中提供的数据路径加载数据。但是当数据位置发生变化时，就无法找到包含的数据，这时数据失联。

系统提供了数据连接修复功能，对于失联数据，设置其所在路径，数据得到关联恢复。为了避免数据失联情况，在地图文档存储时，采用相对路径，把地图文档和数据存储在相同位置。

2.3.2 地理信息应用问题

应用是 GIS 的生命所在，地理信息应用包括研究、规划设计、评价、预测等，按照地理信息的特征和应用特征，主要强调信息层面的应用。

1. 用于传递和了解信息

地图表达地表信息，把地理事物抽象为图形，用一种有组织的数据形式存储、显示和传递地理信息，这是地图的最初和最基本观念。

在应用中可以查看地图，可以将地图上的位置与实际地理位置建立关联，并从每幅地图所包含的大量内容中获取和了解关键信息，作为对于地理环境的认识和作为某些方面的应用。

在 GIS 中，基于电子化和程序化手段，使这类应用更简单、更方便，并且增强了应用深度。例如，把查询的内容强调显示，进行复杂的关联查询等。

2. 用于研究各种现象

地理现象作为地理事物的一种表面现象，反映地理事物和要素之间的相互作用和机制，这些内部的相互作用和机理，是人类认识的主要对象。通过地图可以作为发现和研究某些现象的信息依据，例如可以通过地图分析某城市的人口的地理空间分布、结构等特征；分析羚羊在冬夏两季栖息地之间的迁徙情况等。

由于很多地理事物的状态具有动态性，在 GIS 中可以表达这些动态现象，并且可以生成报告和图像以反映某些时间范围内的多种特征和变化。

3. 通过分析获得新信息

地理事物间的千丝万缕的联系，形成一种复杂的信息结构，在 GIS 中将强大的可视化功能与稳定的分析和建模系统相结合，从而为应用提供了挖掘和了解更深层次的内在信息的基础。GIS 中的分析模型用于生成模型结果，生成的结果可作为新获得的地图图层添加到地图显示中。

正如可以通过各个地图图层获得丰富的要素信息一样，可以通过地图获得大量分析结果。实际上，可以通过 GIS 地图来访问分析模型并将分析结果显示为新的地图图层，新图层可具有相同类型的要素报告、可视化和动画等功能。

4. 获得状态报告

在网络技术高度发达的情况下，GIS 应用已经进入网络系统，在网络上，地图可用于显示状态并确保有关人员及时了解最新发生的事件。GIS 信息具有动态性，并且对于很多图层，GIS 信息经常更新。动态地图是人们通过普通图像了解最新信息的有效方式。

5. 编译地理信息

可使用地图对要素和其他数据进行编译和编辑，这些要素和数据在地理数据库中进行管理和维护。可供编辑的最佳 GIS 地图会提供要添加到地图中的特定类型要素以及相关编辑工具和属性特性。

可通过 GIS 将这些编辑属性作为图层设计的一部分进行定义和共享。

6. 展示构想、概念、计划和设计方案

GIS 的显示功能是一个优越的信息展示系统，可以有各种显示方式，这有助于展示各种应用构想、计划和设计方案。结合交互式要素报告的有效图层显示是可视化、展示和了解多种不同方案的重要途径。

2.4 地理数据库

数据库是规范的数据组织方式，对于地理数据，由于图形组织结构的复杂性，用数据库技术组织和管理数据是一种新的技术。

2.4.1 地理信息的数据库组织

数据库是数据组织、管理、应用的技术体系，对于地理数据用数据库进行组织管理和应用。数据库数据组织基于数据模型，地理数据库通常使用文件系统，以后发展成为关系数据库系统。

1. 数据结构

计算机数据通过程序操作，要使程序能够方便操作数据，并且程序要简明、容易编写，就需要对数据按照一定的规则进行组织，这个规则就是数据模型。数据模型构成了数据格式。数据模型决定着数据存储的空间应用效率和数据存取程序编写。不同的数据模型对应不同的程序，因此，不同的软件使用的数据格式不同。

一般的计算机数据类型比较复杂，例如地理数据有图形、属性表，因此采用的数据模型有多种模式，从数据结构上，有层次模型，树状模型，网状模型和关系模型（图 2-13）。其中，关系模型是比较成熟、应用广泛的数据模型，以关系模型为基础的关系数据库有完整的关系代数支持，对于数据的组织管理和存取都遵从这种模式。

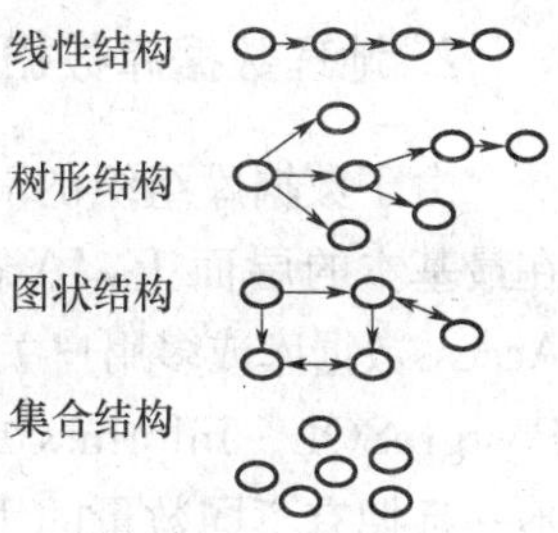

这些模型的核心要点是对数据的组织方式，使数据便于识别和检索。但是对于图形数据，由于不符合关系模式，因此难以直接应用关系模型。长期以来，GIS 图形应用文件系

图 2-13　数据结构

统，属性表应用关系模型，由于图形和属性的连接关系，导致对于属性数据只能在单个表的基础上应用关系代数。

2. 图形数据模型

对于表格之类的数据，结构相对比较简单，采用关系模式；对于图形数据，尤其是作为需要查询、分析应用的地理信息图形数据，数据模型就要复杂得多。虽然关系模型应用广泛，但对数据的特殊要求，使地理信息图形数据比较难以适应。

地理信息数据模型是基于这样一种数据组合要求，对于一个矢量图层，用坐标序列表达每一个图元，不同的图元，坐标序列长短（即坐标对数量的多少）不一样，因此难以用定长的规则化关系模型表达，同时为了减少存储消耗，需要进行数据连续存储。

关于数据存储的概念是这样的，对于定长数据，可以规定存储长度（关系数据表数据就是这样的），从而每一条数据的起始和终结位置都是确定的，可以简单的程序实现。但是对于非定长数据，如果按定长进行存储空间分配，只能采用最长的一条数据作为存储单位，这样会形成短的数据的存储空间浪费。例如对于线图元的坐标序列，在一个线图层的最长序列为 200，短的序列只有几个，定长 200，短序列形成空余存储单元。

按每个图元坐标对数据存储，则每个图元的数据起始位置就不定，需要特别标记。

2.4.2 ArcGIS 的地理数据库

数据库是数据组织的一种高效方式，对于表格一类的关系数据，采用关系数据模型，关系数据模型有一套数据操作模式，称为关系代数。地理信息数据在关系表达方面获得重大突破，因此地理信息数据已经完全采用关系模型表达，形成地理数据库，称为 GeoDatabase。ArcGIS 应用这种数据库管理数据。

1. 地理数据的文件组织方式

地理信息的图形部分以往用文件方式存储，一般一个要素图层形成一个文件，而基于地理数据之间的关联性，数据文件一般分为多个，以 shape 地理数据为例，图形是一个文件，属性是另一个文件，还有图形属性关联文件、投影文件等。

以独立文件方式存储数据，数据之间的分析处理就比较复杂，从广义角度，数据的文件组织也叫做数据库，称为图形数据库系统，这是 GIS 常用的一种数据组织方式。

2. 地理数据库数据组织

由于数据库组织的高性能，因此 GIS 技术一直追求地理信息的数据库组织方式。在最基本的层面上，ArcGIS 地理数据库是存储在通用文件系统文件夹、Microsoft Access 数据库或多用户关系数据库管理系统（DBMS）如 Oracle、Microsoft SQL Server、PostgreSQL、Informix 或 IBM DB2 中的各种类型地理数据集的集合。地理数据库大小不一且拥有不同数量的用户，可以小到只是基于文件构建的小型单用户数据库，也可以大到成为可由许多用户访问的大型工作组、部门及企业地理数据库。

但地理数据库不只是数据集的集合；术语"地理数据库"在 ArcGIS 中有多个含义，地理数据库是 ArcGIS 的原生数据结构，并且是用于编辑和数据管理的主要数据格式。当 ArcGIS 使用多个 GIS 文件格式的地理信息时，会使用地理数据库功能，它是地理信息的物理存储，主要使用数据库管理系统或文件系统。通过 ArcGIS 或通过使用 SQL 的数据库管理系统，可以访问和使用数据集集合。

地理数据库具有全面的信息模型，用于表示和管理地理信息。此全面信息模型以一系列用于保存要素类、栅格数据集和属性表的方式来实现。此外，高级 GIS 数据对象可添加 GIS 行为，用于管理空间完整性的规则，以及用于处理核心要素、栅格数据和属性的大量空间关系的工具。

地理数据库软件逻辑提供 GIS 中使用的通用应用程序逻辑，用于访问和处理各种文件中以及各种格式的所有地理数据。该逻辑支持处理地理数据库，包括处理 shapefile、计算机辅助绘图（CAD）文件、不规则三角网（TIN）、格网、CAD 数据、影像、地理标记语言（GML）文件和大量其他 GIS 数据源；地理数据库具有用于管理 GIS 数据工作流的事务模型。

3. 地理空间数据库体系

数据库是数据的集成，用表方式表达数据，行列之间具有"关系"特征，称为"关系表"，关系表之间有关联，把关联表组织起来形成的数据集称为关系数据库。

GIS 中，数据采用文件方式造成数据和信息不一致现象。例如，水系分为点（泉、井）、线（河流）、面（湖泊、水库等）图层表达，使水系之间的联系被分割，如河流流入湖泊的要素关系成为图层之间的关系。

ArcGIS 的地理数据库，把图形数据完全用关系数据库进行表达，可以对图形应用关系代数操作，使数据与要素一致。这是数据库技术的一次飞跃，也是 GIS 的一个重要发展历程。矢量图及属性表，栅格数据，表数据，文档数据，图片。通过有机组织，对于地理数据实现了完整的关系数据模型的地理数据库系统，其数据组织示意如图 2-14 所示。

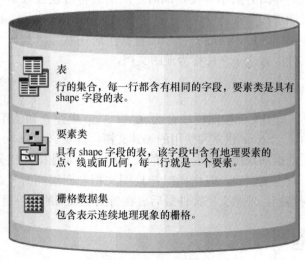

表
行的集合，每一行都含有相同的字段，要素类是具有 shape 字段的表。

要素类
具有 shape 字段的表，该字段中含有地理要素的点、线或面几何，每一行就是一个要素。

栅格数据集
包含表示连续地理现象的栅格。

图 2-14　地理数据库示意

2.5 地图数据应用组织

地图图层存储地理数据，对于应用，还有一些应用信息，这些信息有制图符号、图层及属性表之间的关联、制图图例等。这些信息不是地理信息，因此不作为数据存储在具体的图层中，需要另外的方式存储。在 GIS 中，采用地图文档来存储这些信息。

2.5.1 地图文档

地图文档作为地图数据的应用组织方式，用来组织图层的应用逻辑体系，存储非地理信息的应用内容。在 GIS 应用中，通常需要构造一个针对应用的地图文档，作为地理信息显示、组织、应用的基础。

1. 制图信息与图层信息

CAD 是以图形信息为表达对象，因此在图形数据中保存图元符号信息，而 GIS 以地理事物为表达对象，因此在图层数据中并不保留制图信息，亦即把图层信息与制图信息分开。尽管在图层属性表中有图元分类，但是并不与任何符号相联系，只有进行关联设置后，才具有符号信息，然而这些符号信息并不是存在图层之中，而是在图层之外。即如果把这个图层在一个新的地图文档中加载，其在原来地图文档中的全部制图信息丢失。

对于 GIS 应用，涉及不同的图层数据，如对于退耕还林规划，要用到坡度图层、用地类型图层、行政区划图层等，在应用界面加载这些图层，如果不对图层做特别的符号设置，则显示的是简单的图形。

2. 地图文档保存制图信息

地图文档是操作数据的一种组织体系。通常使用 GIS 涉及多个图层，若每次使用时都要把图层加载到界面有点不方便，同时，图层的符号设置数据并不存储在图层文件中，因此新加载图层都要重新设置符号。鉴于此，ArcGIS 提供一种数据组织管理机制，把一个应用使用的图层，图层的符号设置甚至应用状态（如放大、选择等）状态信息都存在一个文件中，这个文件称为地图文档。

3. 地图文档作用

在 ArcGIS 中，地图文件按照模块分为在 ArcMap 中建立和使用的后缀为 mxd 的平面地图文档，由 ArcScene 建立和使用的 sxd 文档，以及 ArcGlobe 的 3dd 文档。

由于地图图层数据和地图文档是独立的文件体系，而地图文档是图层的应用组织方式，因此在进行数据复制时，应当同时把地图文档和图层同时复制。另外，一般地图文档存储用相对路径，地图文档文件最后放在与图层数据的同一目录位置。

2.5.2 地图包

通过地图包（.mpk）可方便地与其他用户共享完整的地图文档。地图包中包含一个地图文档以及它所包含的打包到一个方便的可移植文件中的图层所引用的数据。使用地图包可在工作组中的同事之间、组织中的各部门之间或通过网络与任何其他 AGIS 用户方便地共享地图。地图包还有其他用途，如能够创建包含地图中所用数据的当前状态快照的特定地图的存档。

1. 地图包的用意

对于一个应用，其数据可能是数据目录下的一部分，在非云系统数据存储状态，当把数据在另外的计算机上使用，需要进行数据选择复制，这样比较琐碎。为此，在 GIS 中使用一种地图包功能，将图层、数据、工具、模型等多种资源进行打包、分发，为应用提供了一个良好的数据共享途径。

地图包的创建提供了多种功能，可以在 ArcMap、ArcToolBox 下进行；可以对图层进行打包，也可以对整个地图文档进行打包。

2. 打包工具

"打包"工具集提供了一些用于合并、打包和共享图层及地图文档的工具。地图文档和图层文件是用于引用可能驻留在本地磁盘、局域网或企业级地理数据库中的数据的容器。可使用打包工具集中的工具将所有数据源合并到单个文件夹位置或压缩文件中。借助这些工具，可轻松地与其他用户一起组织和共享数据与地图。

可通过使用标准文件传输技术，轻松地与其他用户共享数据包；也可通过使用共享包工具将数据包发布到，轻松地与其他用户共享数据包。打包工具见表 2-5。

表 2-5　打包工具

工　具	描　　　　述
合并图层	通过复制所有数据和引用的数据源将一个或多个图层合并到单个文件夹中
合并地图	将地图文档和所有引用的数据源合并到一个指定的输出文件夹中
打包图层	对一个或多个图层以及所有引用的数据源进行打包可创建经过压缩的单个包文件
打包地图	对地图文档以及所有引用的数据源进行打包可创建经过压缩的单个包文件
提取包	将图层包或地图包中的内容提取到指定文件夹。按照输入包的内容更新输出文件夹中的内容
共享包	通过将图层包或地图包发布到网络来对其进行共享

思考题

1. 地理数据有哪些结构形式？
2. 栅格数据精度与数据量是一种什么关系？
3. 在 GIS 中的数据分层与 CAD 的数据分层有什么区别，为什么要进行数据分层？
4. 什么是地理数据库，有什么特点？
5. 地图文档的作用是什么？

3

矢量数据分析

基于矢量数据的特征，可以用来做多种分析，包括缓冲分析、叠加分析、重分类、融合、邻近分析等。矢量分析从数据上用于矢量数据组织，从应用上确定地理要素之间的空间关系。

3.1 缓冲分析与叠加分析

缓冲分析和叠加分析是矢量分析最常用到的分析类型，主要解决地理事物的环境范围划分和特定对象提取问题。地理事物具有环境效应，即在其空间区域的一定范围，对环境有影响或受环境影响，通过缓冲分析可以确定这个影响区域，这是研究地物或地理现象的周边影响的一种方法。

3.1.1 缓冲分析

地理事物一般具有一定的边界效应，了解这个边界范围内的其他地理事物或把这个范围作为该地理事物的限制或者扩展范围。在 GIS 中，通过缓冲分析方法把这个范围划分出来，作为后继的其他分析或应用。

1. 缓冲问题

从计算机图形学角度，对于图形的缓冲分析就是建立一个与图形对象有特定距离的多边形。对于点对象，缓冲形成一个以点为中心的圆，对于线一般是狭长多边形，对于面形成比面大或者小的多边形。

缓冲分析可以形成一个新的图层，该图层作为缓冲对象的作用范围。在城乡规划中，按照规定，高压线下 10m 范围为禁建区，对此，以高压线为对象，以 10m 距离围绕高压线形成一个多边形，作为高压线危险区，在规划中作为禁建带。

缓冲分析还有多环缓冲，就是围绕一个对象，按照不同的多个距离建立多个缓冲带，缓冲带生成后，可能出现不同对象缓冲带的空间叠加等。这些就是缓冲应用会遇到的情况，而缓冲方法对这些情况也提供处理方法。

缓冲分析对象不同，缓冲实现参数也有差别，对于多边形选项时，可以以正负距离作为缓冲距离。当缓冲项同时包含正数和负数时，可以在同一图层中收缩某些面而增大其他面（图 3-1）。另外的一些选项如 ROUND、FLAT、FULL、LEFT 和 RIGHT 选项仅适用于线数据。

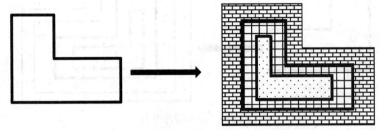

图 3-1　缓冲分析

2. 缓冲距离

缓冲区可能出现重合情况，这时在进行缓冲时，可以选择是否融合及用来融合的字段对重合状况进行处理。

由于不同的对象的缓冲区性质差异，融合形成的缓冲多边形有利于识别不同的缓冲带。缓冲融合与多边形融合（dissolve）的差别是，后者是针对相邻多边形，前者是多边形有叠加的情况。缓冲融合状况如图 3-2 所示。

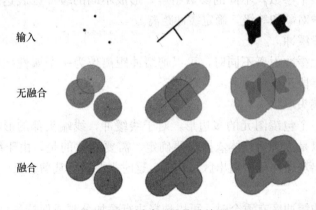

图 3-2　缓冲区重叠及处理

3. 缓冲分析类型

缓冲分析针对不同类型的图层，缓冲结果不同。

（1）点、线缓冲

点的缓冲区是以点为圆心生成一个圆形，线缓冲是距离线一定距离的带状多边形。

（2）面的缓冲

面的缓冲有单边和双边两种，单边有向内、向外缓冲的选择，双边为同时进行内外缓冲，其中，向内缓冲形成比原面小的多边形。

（3）多环缓冲

多环缓冲本质上是一次实现距离不同的多个缓冲区，因此也可以通过多次缓冲实现。具体实现是在输入要素周围的指定距离内创建多个缓冲区。使用缓冲距离值可随意合并和融合这些缓冲区，以便创建非重叠缓冲区（图 3-3）。

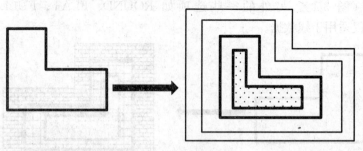

图 3-3 多环缓冲分析

分类缓冲就是不同的对象，缓冲距离不同，这种缓冲距离作为一个属性字段，在进行缓冲时选择使用该字段作为缓冲距离值。

4. 缓冲分析案例

在生态保护规划中，有核心区、保护区，通过缓冲形成保护区的不同级别。可以用多环缓冲方法。

（1）确定缓冲距离

缓冲分析有多个参数，不同的参数组合，形成不同的缓冲区表达效果。对于生态保护区，按照保护对象和等级，确定缓冲距离。

（2）属性字段缓冲

对于每个图元缓冲距离不同时，可以把缓冲距离作为一个属性字段，在进行缓冲分析时，选择该字段建立缓冲。

（3）缓冲的端头形状

缓冲结果是一个包绕图元的多边形，对于线缓冲，线端头部的形状可以选择，可以是圆头，也可以是方头，具体依据需要确定。需要注意的是，由于缓冲区比图元范围大，因此可能出现缓冲范围超出区域范围，这时需要进行裁剪。

（4）是否融合

当不同图元的缓冲区有重合时，可以选择进行叠加分割或保持各自状况。

3.1.2 叠加分析

叠加分析是一种常用的数据分析方法，即把多个不同的多边形图层合并成一个单一图层。这种叠加的数据处理是：把输入图层的各部分按照几何穿插关系重新划分，形成包含各输入要素的独立单元。另外，叠加对于属性也进行了重新划分。叠加分析有多种类型，本质上是图层叠加基础上的逻辑运算。

1. 叠加分析概念

叠加分析是把不同图层合并为一个综合图层的一种操作。在 GIS 中，叠加分为栅格叠加与矢量叠加两种类型。本节针对矢量叠加问题。

地理数据一般具有分层性，而应用具有图层综合性，这时需要把多个分离的图层综合成一个单一图层形成要素综合。以土地评价为例，要考虑用地类型和地块坡度，需要把用地现状图和坡度图叠加。这种叠加形成地块重新划分，每个地块都包含用地类型和坡度信息，在此基础上，可以按照坡度与用地类型组合，进行用地评价。

在 GIS 中，叠加含义比较广泛，叠加分析有不同的类型，针对不同的应用和需要。叠加类型有联合、识别、裁剪、更新、提取等。

2. 联合

联合是叠加的基本形态，把参与叠加的多个图层叠合作为输出，所有要素都将被写入到输出要素类，且具有来自与其叠置的输入要素的属性。

联合的叠加对叠加图形按照穿插分割关系重整，形成新的多边形，并且把原多边形的属性记录下来，因此，通过属性很容易识别叠加图元的叠加特征（图 3-4）。

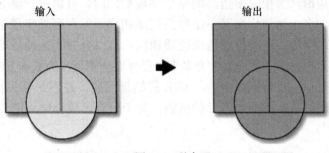

图 3-4　联合

联合是叠加的基本特征。把多个多边形图层组织成一个图层便于进行信息统一分析应用。对于三维数据，联合也同样适用。

3. 裁剪

裁剪是用一个叠加图层范围提取另一图层的相应范围要素。裁剪分为被裁剪对象和裁剪范围作为输入层，裁剪范围为多边形。对于栅格图层，也有裁剪工具，其裁剪用多边形裁剪一个矩形或多边形范围。裁剪情况如图 3-5 所示。

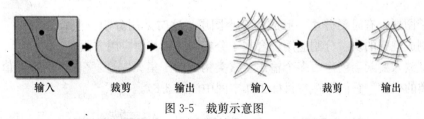

图 3-5　裁剪示意图

4. 合并

合并与融合有区别，合并具有重合端点及公共属性值的线。将数据类型相同的多个输入数据集合并为新的单个输出数据集。此可以合并点、线或面要素类或表。

使用追加可将输入数据集合并到现有数据集。将数据类型相同的多个输入数据集合并为新的单个输出数据集（图 3-6）。

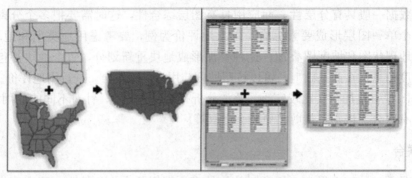

图 3-6　合并

5. 融合

对于矢量多边形，当相邻多边形的某个字段相同时，可以进行融合，形成一个多边形。例如，相邻多个地块，在某一字段值记录相同，但在另外字段记录不同，如果只考虑相同记录的字段，这些相邻地块性质相同，可以合并。这种情况常用于使用字段制图时进行图元合并。这也是属性表多个字段可以分别制图的基本方法。

GIS 数据管理有一个特别机制，一切分析结果图层，并不是在原图层上的修改，而是形成新的图层，这是一种数据保护机制。对于融合，融合结果图层是原图层之外的新图层（图 3-7）。

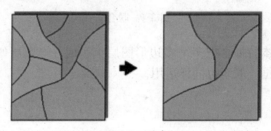

图 3-7　融合

6. 分割

对于图层，有时要分块，形成多个小图层，这时采用分割方法。分割将一幅大的图层分割成规则的块。分割应用场合在于分幅制图和其他应用方面。

分割输入要素会创建由多个输出要素类构成的子集。"分割字段"的唯一值生成输出要素类的名称。它们保存在目标工作空间中（图 3-8）。

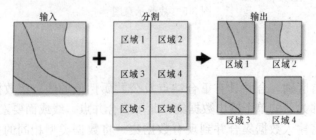

图 3-8　分割

7. 擦除

在图层中，由于某种原因，可能需要去掉图内的某一区域范围的内容，这时用擦除方法。例如，对于一个区域有从小比例尺地图来的数据和局部的大比例尺地图数据，通过擦除，抹去小比例尺中的对应大比例尺图层范围内容。

通过将擦除要素的多边形与输入要素相叠加来创建要素类。只将输入要素处于擦除要素外部边界之外的部分复制到输出要素类（图 3-9）。

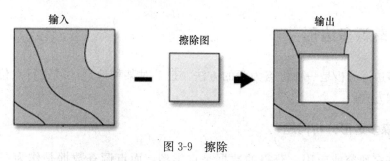

图 3-9　擦除

8. 其他

叠加分析本质上是把多个图层合成为一个图层，然后可以进行其他操作，例如，擦除是先叠加，然后把叠加范围内要素删除，把这个处理集成为擦除操作。基于此，在叠加基础上，可以有更多类型的数据处理。

对于叠加，可以分为很多类型，但是，各种类型的特征无非是在联合基础上的再编辑的结果。例如，联合以后的图形，删除交集部分，就成为交集求反。

其他分析还有识别，计算输入要素和标识要素的几何交集。叠置标识要素的输入要素或其各个部分将获得这些标识要素的属性；还有更新和交集求反（图 3-10）。

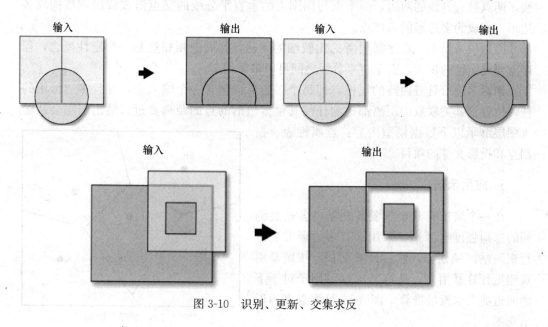

图 3-10　识别、更新、交集求反

3.2 泰森多边形与迪罗尼三角形

由于某些点位数据是一种区域特征的代表值，因此需要用点数据生成区域范围（多边形），对于有些区域，并没有确定的区域范围，如暴雨强度的变化状况。因此只能通过点的几何构成方式进行区域划分。用点划分区域有两种主要的方法，就是泰森多边形方法和迪罗尼三角方法。

3.2.1 泰森多边形

泰森多边形分析是一种化点为面的方法，是针对某种地理区域进行点位观测数据的一种处理方式。

1. 泰森多边形分析问题

对于许多研究或应用，获得的数据是点类型，而点调查数据是作为一定区域范围的特征表现。例如，土壤采样是一些样点，这些样点分别代表一定的空间区域范围。在地理空间中，这些样点代表的区域范围没有确切的边界，同时，采样数据特征也不具备空间变化规律或特征。对于后者，可以采用某种模型进行插值，如用采用点生成等值线。但是对于前者如城市几个气象观测点的一次暴雨观测值，虽然各站不同，但并不能认为是一种空间函数变化的情形，这时采用泰森多边形方法进行空间区域划分。

2. 泰森多边形原理

用点生成泰森多边形的原理是，以点数据为对象，绘制相近两点之间的垂直平分线，两点被分到线的两边，一个点与周围点的垂直平分线的交点形成线段连接构成多边形，点成为多边形的内部点。

原理说来简单，程序需要考虑比较细的问题，如周围相邻点是一个定性概念，程序需要确定性的识别，而垂直平分线之间可以多条相交。

泰森多边形具有独特的属性，即每个多边形只包含一个输入点，并且多边形中的任何位置到其关联点的距离都比到任何其他多边形的点的距离要近。输出图层会从输入图层继承以下数据模型内容：点属性表、控制点和投影文件的项目。

3 应用示例

在一个城市有几个气象观测站，各站观测到的暴雨强度有区别，采用泰森多边形方法进行观测站区域划分，然后计算面积，按照暴雨观测量计算暴雨量。计算暴雨量可用于对于下游河道的洪水流量推算。图 3-11 是泰森多边形示意图。

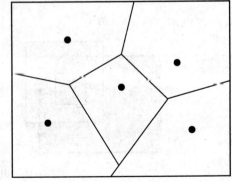

图 3-11　泰森多边形

3.2.2　迪罗尼三角形

三点可以连成一个三角形，迪罗尼（Delaunay）三角形就是用点连接成三角形形成面的方法。在 GIS 中，对于点数据，尤其是具有第三维信息的点数据，通过迪罗尼三角形，可以形成连续的三维面，从面上获取和推算任意一点的推测值第三维值。

1. 用点生成三角形

对于点数据形成面的另一种方法是三角形方法，把点连接成三角形，就形成覆盖区域的三角面，并且对于三维点形成的是三维三角面。由于一个点可以参与多个三角形构造，因此三角面彼此相连，构成一个覆盖区域的三角形面，对于地形数据形成的是地形面。

迪罗尼三角测量是以俄罗斯数学家 Boris Nikolaevich Delaunay 的名字命名的。是一项通过点数据集创建由不重叠相连三角形构成的网格的技术。每个三角形的外接圆内部都不包含点数据集中的点。用这种方法建立的三维面被称为不规则三角网（Trangle Irregular Network，简为 TIN）。

在用等高线建立 TIN 的过程中，等高线作为点对待，即利用等高线的构成点或按照生成三角面的要求在等高线上内插点。图 3-12 为一个 TIN 的图形表达。

2. TIN 构造原理

对于一组点位，选择三个点，就可以构造一个三角形，但是由于点可以任意选择，由此生成的三角形就有任意性，为了保持三角形生成的唯一性，用点生成三角形采用了一致规则，这种规则称为迪罗尼法则。迪罗尼法则是：对于三个点可以形成一个圆，若在该圆内，不包含任何其他点，则可以用选择的三个点构造三角形，否则另外选点。迪罗尼法则就控制了用点生成三角形的唯一性。图 3-13 是迪罗尼三角形构造示意。

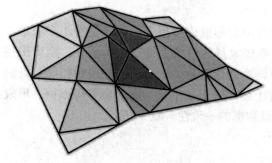
图 3-12　TIN 图形示意

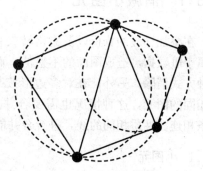
图 3-13　迪罗尼三角形

3. 生成 TIN

TIN 是把相邻高程点连接形成三角面，由于三角面的每个交点是三维坐标，因此具有三维面特征，同时，在建立 TIN 的过程中，由于把点位空间的所有点都参与了其中的某个三角面，因此，TIN 是区域覆盖的。

TIN 地形的表面光滑性不足，因为相邻三角形的共用边是一个脊或谷，并且是直线性的。另外，由于每一个点都可能参与多个三角面的构成，因此生成的 TIN 一般数据量很大，在显示方面效率不高。

4. 修改 TIN

TIN 生成使用点或线，当地形数据同时有点或线时，只用其一则另外的数据失效，造成信息浪费。另一方面，忽略的数据也丢弃了地形特征。例如对于用等高线生成的 TIN，具有平顶山的特征，而若考虑高程点，山顶就会表达出。由此，对于生成的 TIN，提供一种改造方式，即在生成 TIN 的基础上，可以添加具有三维特征的矢量数据，以之对 TIN 进行改造。例如，在用等高线生成 TIN 后，可以再用高程点进行 TIN 校正，使与区域地形较相符。

生成 TIN 以后，可以和一般的 DEM 一样，进行地形等一类的分析。

5. 泰森多边形与迪罗尼三角形关系

泰森多边形与迪罗尼三角形都是通过点生成面，因此二者可以进行转换，这种转换依据的关系是：三角形边的垂直平分线连接形成泰森多边形。

泰森多边形和迪罗尼三角形的应用意义有所不同，在应用中具体采用哪种方法，依据情况而定。

3.3 图元合并

图元合并是把多个相邻的面图元合并为一个大图元，基于应用、数据的特征，合并的原理和方法也不同，有融合小图元的情况，有进行重分类进行的图元合并情况。

3.3.1 消减小图元

在叠加、缓冲分析以及栅格转矢量过程中会形成许多小多边形，这些小多边形一般属于脏数据，造成图面的不整洁，而又造成大量的系统存储、分析消耗，需要采用某种方式消除；另外，在对多边形按某种属性进行重分类以后，可能出现相邻并且属性相同的图元，这种情况也需要合并。对于线，由于数字化、图层合并等原因，形成两条相连、性质相同的线，进行合并能保证数据的一致性，减少冗余。

1. 小图元

小图元指面积上异常小、不具有特定类型的多余图元，这些图元形成视觉干扰，可以通过合并方式，并入相邻较大图元。

将小图元合并到周围的图斑中，如果一个一个手动合并，那工作量之大简直不敢想象。利用 GIS 的多边形消减功能，可以很轻松地完成这个工作。

使用消减可以将选中的多边形合并到周围边大的多边形当中去。使用的前提条件是图层中必须有选择集存在。

2. 小多边形融合选项

小图元融合基于两点，一点是小多边形一般有多个相邻多边形，可以与其中某一个合并；另一点，小多边形占据一定的空间位置，不能删除，因为删除留下空白。从小图元与相邻较大图元之间的关系来看，有共邻边长最大的情形和相邻面积最大的情形。

小图元合并是一种几何合并，只考虑相邻图形的几何特征（共边长或最大邻面）。图元融合则是基于相邻图元的属性，仅考虑某一相同属性，不考虑图元大小问题。

对于小多边形的另一种融合方式是融合到相邻最大面积的多边形。最大面和最长边在某种情况下可能一致，但是通常情况有区别。

3.3.2　线连接与线分断

在矢量化过程中经常出现一条线被分成多个段，使图形信息查询选择不完整，也造成数据编辑量增大。通过连接，连通性质的线段连成长的线条，相应属性合并成为一条。另一种情况就是出现线交叉时，线成为跨越情况，没有交叉点信息，导致线段连接关系不能识别。当出现以上极个别情况时，简单编辑就可以实现，但当大批量出现时，手工编辑效率极低。通过线连接或线分段处理这种情况。

1. 线连接

线融合就是把相连的两条线合成一条线，即取消分割线。在数字化过程中，一条线如河流、道路等可能很长，在数字化过程中分成多段。对于地理事物以及图形，每段没有独特的意义，或者都有相同的性质，因此可以合并起来。

与线分断原理类似，程序能够识别相连的线段。但是，这种融合仅仅指两条连接线，当出现多条连接线的情况下，由于程序不能选择连接线，因此不会把连接于一点的线段进行连接，也不进行穿插跨越连接。

2. 线分段

在应用中，有时碰到需要分割跨越线，即把交叉的线在交叉点分段，通过一定的程序法则，程序可以自动识别线交叉点并进行线分段。

3.4　邻近度分析

地理事物之间的一种关系是邻近性，邻近性是一种定性表述，在 GIS 中，可以进行定量表述。通过邻近性分析，识别非接触情况下地理事物之间的空间关系。

3.4.1　邻近度问题

邻近性是地理空间事物的一种关系和联系，空间上相互邻近的事物之间就有一定的相互作用与影响。

1. 邻近问题

地理信息应用经常会遇到这样一类问题，就是"什么在什么附近?"，"在什么就近处有哪些事物"等，这类问题就是邻近性问题。邻近是一种空间关系，通过图元的空间接近性来识别。邻近性的情形有:

（1）这口井距离某个垃圾填埋场有多远?

（2）距离某条溪流 1000m 之内是否有道路通过?

（3）两个位置之间的距离是多少?

（4）距某物最近或最远的要素是什么?

（5）一个图层中的每个要素与另一图层中的要素之间的距离是多少?

（6）从某个位置到另一位置最短的街道网络路径是哪条?

邻近性问题是一种常见问题，在 GIS 中通过邻近分析实现。

2. 邻近分析

邻近分析也称为邻域分析，用于确定一个或多个要素类中、或两个要素类间的要素邻近性。借此识别彼此间最接近的要素，或计算各要素之间的距离。在搜索半径范围内，确定输入要素中的每个要素与邻近要素中的最近要素之间的距离（图 3-14）。

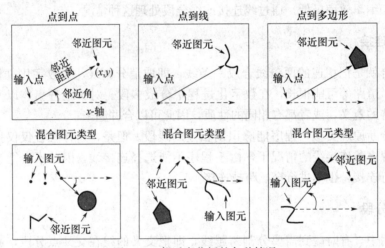

图 3-14　邻近度分析的各种情况

邻近分析工具可计算一个要素类中各点与另一要素类中最近的点或线要素之间的距离。使用近邻分析可查找距离一组野生动物观测站最近的河流或距离一组旅游景点最近的公交车站。近邻分析还会添加"要素标识符"和最近要素的坐标及与该最近要素所成的角度。

邻近也可以扩展到三维空间。对于三维数据，通过要素的邻近分析，确定在一定距离范围内的其他要素。

3. 缓冲分析与邻近分析的关系

在某种意义上，缓冲分析与邻近分析有一定的相似性，实际上，用缓冲分析方法完全可以解决邻近问题，即通过缓冲区进行目标提取，但是这种方法一是操作复杂，另外还要结合其他方法如量距，另外还要生成新的图层。

邻近度分析在给定距离内识别目标，并且以属性方式记录邻近目标及其距离。

3.4.2　邻近度分析示例

在规划和优化设计中，需要考虑邻近问题，本节介绍一些邻近度分析例子，包括水井与道路距离，溪流与道路邻近问题等。

1. 水井与道路的距离

水井与道路的邻近是线与点的邻近问题，通过邻近度分析，确定给定距离的道路情况。这些邻近信息记录在一个数据表之中（图 3-15）。

OBJECTID *	IN_FID	NEAR_FID	NEAR_DIST
36	35	3	790.631603
37	36	4	403.831455
38	37	4	209.386165
39	38	4	174.807183
40	39	4	146.900677
41	40	4	7.71318
42	41	4	199.618413
43	42	0	83.20021
44	43	0	103.878027
45	44	0	290.956265
46	45	0	446.540866

图 3-15　邻近关系记录

当有多个水井时，也可以通过邻近分析，确定与选择井在一定范围内的所有井及距离。其中，这种邻近度分析记录对于选择点最接近的点。实际分析，某一个点可能与选择的点都在确定的距离范围内，这是按照最近归为一个邻近关联点，对于与多个选择目标同距离的情况，按照某种规则归于其一。

2. 河流与道路邻近分析

以河流为目标，通过邻近分析确定在一定距离范围内最近的道路，这在军事部署和行动中可能用到。

对于设定的距离，邻近的道路可能不止一条，邻近分析把每一条道路及其与河流的距离都进行记录（图 3-16）。

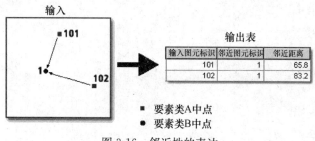

图 3-16　邻近性的表达

思考题

1. 缓冲分析的原理是什么，类型有哪些?
2. 叠加分析的特征是什么?
3. 小图元是如何产生的? 有哪些合并方法?
4. 泰森多边形与迪罗尼三角形的关系是什么?
5. 邻近度分析有哪些条件?

4

栅格数据分析

在矢量数据之外，GIS 还使用栅格数据。栅格是把图形范围分成规格的行和列（或格网），形成组织单元（或像素），构成矩阵。其中的每个单元都包含一个信息值（例如温度）。栅格可以是数字航空摄影、卫星影像、数字图片或甚至扫描的地图。

以地形为代表的栅格数据，在地理信息应用中有广泛的应用，栅格数据以矩阵为基础，可以应用矩阵计算方法进行分析计算。

4.1 栅格运算原理

栅格数据的运算机制是简单的算术运算机制，采用加减乘除四则（当然可以包含复杂的函数表达式）运算，其中对应位置的运算为基本运算，即对于一个矩阵，一个运算数与矩阵运算当于用该数构造一个与原矩阵大小一样的矩阵，用对应位置的元素进行运算，而两个矩阵之间的运算也是对位元素的运算。

4.1.1 地图代数

栅格数据是一种矩阵，矩阵运算有一套数学方法，对于地图栅格，其矩阵运算与一般的数学矩阵还是有区别的，由此针对性地建立了一套专门的计算方法，称为地图代数。地图代数是一种语义语言，用于定义在将数学运算和算法运算应用于栅格数据以进行空间分析和创建新栅格数据集时所遵循的语法。

1. 地图代数概念

代数上，可以用字母代替数字进行运算，对于地图，有图层之间的加减乘除四则运算，还有图层内部的运算，这种运算称为地图代数。通常地图代数具有四种主要运算类型：局部（local）、焦点（focal）、分区（zonal）和全局（global）。

"地图代数"是通过使用代数语言创建表达式以执行空间分析的一种方法。使用栅格计算器工具，可以创建和运行能够输出栅格数据集的"地图代数"表达式。在 GIS 中，地图代数被采用"栅格计算器"的一个地理处理工具，成为"地图代数"的解决方案。

地图代数是以一尺度空间内栅格点集的变换和运算来解决地理信息的图形符号可视化及空间分析的新型理论和方法。GIS 方面地图代数式作用于不同数据层面上的基于数学运算的叠加运算。

目前地图代数的发展趋势主要表现在以下两个方面，一是"通用"地图代数理论的探索，通过扩展 Tomlin 地图代数空间谓词形式，补充适合矢量数据分析的拓扑定义与方向定义，提出一种同时适用于栅格表达与矢量表达的通用地图代数。二是"多维"地图代数理论的研究，将定义在传统二维栅格数据上的地图代数算子，扩展至体数据模型上（三维栅格数据），有效地解决多时序栅格数据（如卫星影像数据）的分析问题，被称之为"时空"地图代数。

2. 地图代数应用

地图代数是一套基于地理信息的代数操作，允许两个或多个具有相同尺寸的栅格数据通过某些运算，生成一幅新的栅格图层。运算方法有加法、减法、乘法、除法等。在 GIS 中，对这种运算还进行了一定的扩展，例如，裁剪、掩膜、提取等方法。

为了便于理解起见，用一个简要的示例原理说明。栅格作为矩阵，矩阵可以相减，对于地形面进行水文分析的填洼后生成无洼地形，这也是一个栅格图层，与原地形栅格空间位置重合，用原地形栅格减去无洼地形，非洼地部分值相同，相减为 0，洼地部分原地形高程低于填洼后位置的高程，相减余下低于填洼的地面部分，于是洼地部分被提取。

地图代数应用的核心在于解决什么问题，采用什么运算，得到什么结果，清楚这些就能运用地图代数解决应用问题。如上提取洼地，一方面识别暴雨积水区，另一方面还可以计算最大积水量。

4.1.2 栅格计算器

由于地图代数具有规范化的基础，为此在 GIS 中，可以建立规范化的运算体系，其中栅格计算器就是在 GIS 中进行地图代数运算操作的简要界面，为一些较复杂的栅格运算提供一种计算器界面，进行栅格运算。

1. 栅格计算器概念

在栅格计算器中，对于地图代数的运算在基本四则运算的基础上，还实现了函数运算，如三角函数，数据函数等，同时又关系运算和逻辑运算（图 4-1）。

其实，地图代数主要是一种点运算和邻域运算。所谓点运算就是用两个相同尺寸的栅格的同位数据进行运算。例如，对于两个栅格的第 i 行第 j 列的加法运算表达为：

$$OUT_{ij} = IN1_{ij} + IN2_{ij} \tag{4-1}$$

即输入 1 和输入 2 的对应栅格值相加，生成输出对应位置的栅格值。对于矩阵，不过在程序中进行行列循环就能实现。由此也可以理解，通过对应位置的数值计算，与一般的数学计算没有本质区别，当然可以加入更复杂的运算，例如取一个值的对数再与另一个值进行运算，不过在实际应用中，需要明确运算的目的是什么。

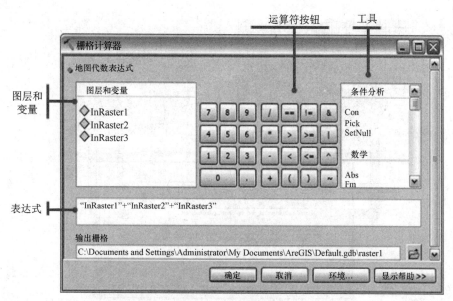

图 4-1　栅格计算器

邻域的运算是地图代数稍微复杂的部分，以一个栅格单元为依据，求相邻栅格的某种计算值。例如，用地形栅格生成坡度栅格，就是用目标栅格与相邻 8 个栅格计算高程差，计算地形坡度。

2. 栅格计算器运算类型

"地图代数"的基本操作包括算术运算、关系运算和逻辑运算（表 4-1），通过栅格运算器界面选择数据和运算符，构造表达式进行运算。

表 4-1　栅格运算器的运算内容

算术运算	关系运算		逻辑运算
/（除）	==（等于）	! =（不等于）	&（布尔与）
*（乘）	>（大于）	>=（大于或等于）	|（布尔或）
−（减）（取反）	<（小于）	<=（小于或等于）	︿（布尔异或）
+（加）			～（布尔非）

3. 地理处理

栅格计算器可以用来实现一些地理处理，例如进行栅格剪裁等。其中投影和裁剪均可在批处理模式下使用，因而能够输入包含多个要素类的列表，然后会自动对这多个要素类逐个执行操作。可通过将这些要素类从目录窗口拖动到工具对话框中来创建列表（图 4-2）。

或者更好的方法是，可以快速创建一个地理处理模型，该模型将投影工具和裁剪工具串联在一起，并将投影工具的输出作为裁剪工具的输入，然后在批处理模式下使用该模型。所创建的这个模型即成为地理处理环境下的一个新工具（图 4-3）。

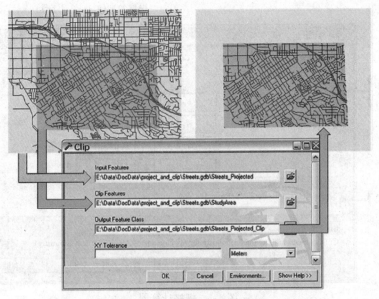

图 4-2 地理处理的裁剪示意图

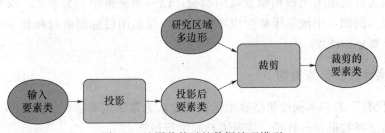

图 4-3 地图裁剪示的数据处理模型

4.1.3 插值函数

对于连续的地理现象，经常用不连续的数据表达，如地形等高线、等温线等，在GIS中，程序对于连续性的分析必须建立在连续性数据基础之上，为此需要把不连续数据变为连续数据。栅格生成经常考虑插值问题，用等高线、高程点生成地形就需要插值，栅格重抽样也需要考虑插值问题。

1. 插值方法

插值有各种方法，不同的插值方法，形成的结果也不同。对于用地形高程点插值形成地形面，尽管是同样的数据，但是反距离平方法、spline曲线法和自然邻域法插值形成图层的结果仍有一定差异，如图 4-4 所示。反距离平方法插值在高程 662 和 564 点之间有一个鞍部地形，在其他两种插值中则没有。那么，哪一种是正确的？当没有实际地形参照时，无法判断正确性，也就是说可以选用任一种。再一个问题就是为什么会造成这种情形？答案是地形采点密度不够。理论上，如果有足够的采点密度，不同方法插值结果应当差异不大。

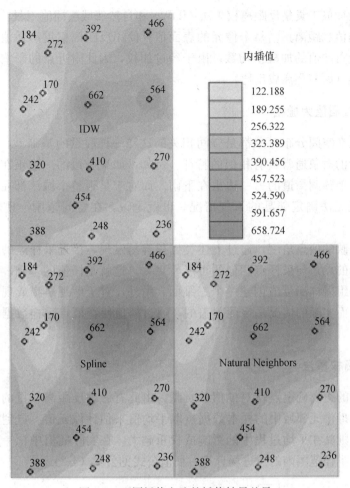

图 4-4　不同插值方法的插值结果差异

在 GIS 中，地理空间插值有多种方法，见表 4-2。

表 4-2　插值方法

工 具	描 述
反距离权重法	使用反距离加权法（IDW）将点插值成栅格表面
克里金法	使用克里金法将点插值成栅格表面
自然邻域法	使用自然邻域法将点插值成栅格表面
样条函数	使用二维最小曲率样条法将点插值成栅格表面 生成的平滑表面恰好经过输入点
含障碍的样条函数	通过最小曲率样条法利用障碍将点插值成栅格表面。障碍以面要素或折线要素的形式输入
地形转栅格	将点、线和面数据插值成符合真实地表的栅格表面
依据文件实现地形转栅格	通过文件中指定的参数将点、线和面数据插值成符合真实地表的栅格表面
趋势	使用趋势面法将点插值成栅格曲面

插值可以根据有限的样本数据点预测栅格中的像元值。可以预测任何地理点数据（如高程、降雨、化学物质浓度和噪声等级）的未知值。

最简单的插值工具是反距离权重法（IDW）和自然邻域法插值工具。这些插值工具使用附近点的值和距离预估每个像元的表面值。使用反距离权重法插值的表面的内插值是一组附近点的值的加权平均数，由于经过加权，因此附近点的影响将大于距离较远的点的影响（即与距离成反比）。

2. 为什么插值为栅格

插值建立在空间分布对象都是空间相关的这样一种假设的基础上，也就是说，空间上相互接近的对象通常具有相似的特征。例如，如果街道的一边正在下雨，那么便可以充分肯定地预测街道的另一边也在下雨。而对于是否整个城镇都在下雨，则无法确定，同时也无法确定邻县的天气情况。也就是说，在空间范围，现象附近具有类似性。

从数据反映的信息角度，通过上述类比很容易发现，接近采样点的点值相对于距离采样点较远的点，与采样点相似的可能性更大。这就是插值的基础。点插值的典型应用是通过一组采样测量值创建一个三维面。另外，对于地理事物或现象的测量是特征点采样的，而实际的情况是空间覆盖的，通过插值使特征点采样数据生成区域覆盖数据。

3. 反距离权重法

按照点位的距离确定点位对插值的贡献，由此有一种反距离权重的插值方法，通过对各个待处理像元邻域中的样本数据点取平均值来估计像元值。点到要估计的像元的中心越近，则其在平均过程中的影响或权重越大。在实际插值中，一般以插值点为中心，取一定半径范围内的点进场计算，插值公式见公式（4-2）。

$$f(x,y)=\begin{cases}\dfrac{\sum\limits_{j=1}^{n}\dfrac{z_j}{d_j^p}}{\sum\limits_{j=1}^{n}\dfrac{1}{d_j^p}} & \text{当}(x,y)\neq(x_i,y_i),i=1,2,\cdots,n\text{ 时}\\[2mm] z_i & \text{当}(x,y)=(x_i,y_i),i=1,2,\cdots,n\text{ 时}\end{cases} \tag{4-2}$$

式中　　$d_j=\sqrt{(x-x_j)^2+(y-y_j)^2}$——$(x,y)$ 点到 (x_j,y_j) 点的水平距离，$j=1,2,\cdots,n$；

p——一个大于 0 的常数，称为加权幂指数。反距离平方法图形示意如图 4-5 所示。

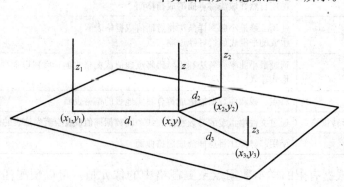

图 4-5　反距离平方法示意图

4. 克里金法

克里金法是以南非矿业工程师 Danie G. Krige 的名字而命名的。克里金法是通过一组具有 Z 值的分散点生成估计表面的高斯地统计过程。与其他插值方法不同，选择用于生成输出表面的最佳估算方法之前应对由 Z 值表示的现象的空间行为进行全面研究。

对周围的测量值进行加权以得到未测量位置处的预测值。其中的权重基于测量点之间的距离、预测位置以及测量点间的整体空间布局。在诸多插值方法中，克里金法是独一无二的，这是因为克里金法提供了一种可以轻松表征预测方差或精度的方法。克里金法基于地区化的变量理论，该理论假设，当前用于建模的数据的空间变化在整个表面内是一致的。即在表面的所有位置处均可观察到相同的变化模式。

由于克里金法可对周围的测量值进行加权以得出未测量位置的预测，因此它与反距离权重法类似。这两种插值器的常用公式均由数据的加权总和组成：

$$\hat{Z}(s_0) = \sum_{i=1}^{N} \lambda_i Z(s_i) \tag{4-3}$$

式中　$Z(s_i)$ ——第 i 个位置处的测量值；

　　　　λ_i ——第 i 个位置处的测量值的未知权重；

　　　　s_0 ——预测位置；

　　　　N ——预测值数量。

5. 样条函数

对于空间位置的点要连成光滑的曲线，在手工绘图中采用曲线尺，曲线尺的原理是依据绘图点拟合一条光滑的函数曲线。样条函数法所使用的插值方法使用可最小化整体表面曲率的数学函数来估计值，以生成恰好经过输入点的平滑表面。

另外在实际情况下，采样数据间可能存在障碍，例如两邻近高程点之间有一道悬崖，这就使两点之间不能进行平滑过渡，这时还有含障碍的样条函数。含障碍的样条函数使用的方法类似于样条函数法中使用的技术，其主要差异是此方法兼顾在输入障碍和输入点数据中编码的不连续性。

6. 自然邻域法

双线性插值法是一种重采样方法，它使用四个最邻近像元的加权平均值来确定新像元值。插值示意图件如图 4-6 所示。

自然邻域法插值可找到距查询点最近的输入样本子集，并基于区域大小按比例对这些样本应用权重来进行插值。该插值也称为 Sibson 或"区域占用"插值。

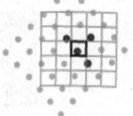

图 4-6　栅格插值

7. 地形转栅格

地形转栅格所使用插值技术是旨在用于创建可更准确地表示自然水系表面的表面，即地面水文协调的地形面。因为一般插值方法造成地貌水文状况的冲突现象，如在河道中突然出现局部高的地形，从而影响水流在地面流畅流动，地形转栅格方式解决了这个问题，而且通过这种技术创建的表面可更好的保留输入等值线数据中的山脊线和河流网络。

8. 趋势面法

对于二维空间的点，可以按照点值大小建立一个光滑的表面，这种表面称为趋势面。趋势面法是一种由数学函数（多项式）定义的平滑表面与输入样本点进行拟合的全局多项式插值法。可以看做把通常的插值推广到二维。

趋势面的生成方法意味着点位误差，即趋势面是一个函数面，在每一个插值点上与点位值不一定完全相等，但可以保证各点的误差总体最小。趋势表面会逐渐变化，并捕捉数据中的粗尺度模式。

作为光滑函数，趋势面具有良好的分析数学特征，可以用于数学方法分析，例如求导函数，偏导等的微积分运算等。

4.2 栅格运算

栅格数据的矩阵特征使数据生成必须是一个矩阵，而实际的区域一般并不是矩形的，对于没有特定约束（如边界范围）生成的栅格，在矩形范围都有有效值，一般超出数据范围的矩形内的有效值并不正确，通过范围裁剪或提取，可以获取有效数据。

4.2.1 栅格提取

栅格提取指从栅格图层中提取特定的对象。由于应用要求不同，提取有不同的方法，有形状方式提取的，有掩膜提取的等。

1. 多边形提取

用矢量多边形图进行剪裁，可以出现两种结果，一种是矢量图范围的栅格，即矩形，一种是多边形边缘形状的栅格。两种类型的矩阵计算原理是，前者以矢量图的图廓为栅格采集范围，另一种以多边形为范围，把范围之外、图廓之内的栅格值用 NoData 取代。矢量可以是圆、矩形和任意多边形，其中对于矩形，可以不要具体图形，代之以坐标范围即可。栅格提取的示例如图 4-7 所示。

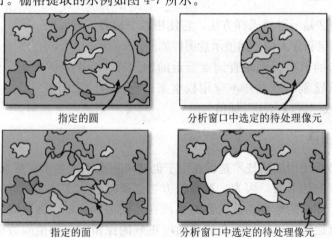

指定的圆　　　　　　　　　　分析窗口中选定的待处理像元

指定的面　　　　　　　　　　分析窗口中选定的待处理像元

图 4-7　栅格裁剪

2. 按属性提取

栅格裁剪是以栅格运算方式进行的数据提取，从矩阵原理上，可以把要提取的范围栅格值定为 1，其他定为 NoData，然后采用栅格相乘即可。

对于整数栅格，可以按属性进行提取，属性采用关系表达式进行选择。如图 4-8 所示，对于输入栅格，提取属性 Value 字段值＞＝2 的栅格。

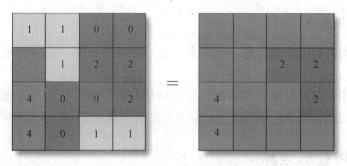

图 4-8　栅格属性提取

3. 掩膜提取

掩膜的意思相当于在表面涂色时，为了保证涂色限制在一定范围，把范围之外进行覆盖保护。在图形数据提取中，可以采用掩膜技术，限制提取范围。图形数据处理中的掩膜是一种区域运算方式，按照栅格数值特征提取值处于特定的范围内的部分栅格。

要素数据集可以用于掩膜。只有位于指定要素数据形状内的像元可以在输出栅格中具有其在输入栅格中的值。掩膜提取的原理实际上是栅格运算，用值为 1 的栅格作为提取范围，范围之外为 NoData 被掩盖，与输入栅格相乘，获得提取内容（图 4-9）。

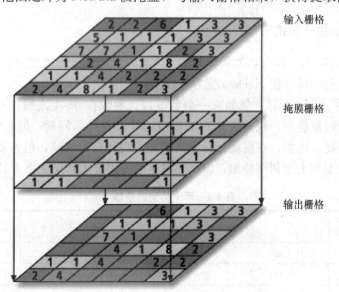

图 4-9　掩膜提取示意

4. 用点提取

用点提取是基于一组坐标点进行的提取，实际上是用点构成一个矩形范围，具体方法是输入需要提取范围的上下左右边界坐标，因此这种提取本质上是矩形方法提取。矩形可以通过图面绘制或用已有的矩形图元或图层。对于绘制，难以准确把握范围坐标，因此对于要求精确范围提取时，采用点提取方法。

5. 多值提取到点

在点要素类的指定位置提取一个或多个栅格中的像元值，并将值记录到点要素类的属性表中。

这种方法用于获取特定点位的其他图层特征，例如对于有用地、地形、植被的多个图层，把特定点在各个图层的同位图层分类值记录到点图层，作为点属性。

4.2.2　栅格叠加运算

栅格叠加经常碰到一个问题，同一区域不同图层叠加，结果与预期不同。这是由于栅格运算的特征：栅格叠加仅对于有效数据部分起作用，对于 NoData 部分，不出现叠加结果。两个图层的 NoData 部分的叠加结果仍为 NoData。

1. 栅格运算中类型

栅格数据的叠加运算遵循的准则是：只有有效数据部分运算有结果，非有效数据表达为为 NoData。

栅格运算有＋、－、×、÷等运算方式，其中栅格叠加是栅格加运算的一种方法，由于叠加较常用，作为专门功能，另一方面，叠加可以设置权重，实际上相当于对栅格先施加权重乘法运算，然后再相加。

2. 栅格叠加的一些技巧

对于栅格的 NoData 部分，如果在叠加中需要，可以通过分类变为有效值，然后可以叠加。即通过分类可以把 NoData 变为有效值。

栅格可以用于数学运算，例如乘一个数值，当乘数在 0~1 之间，可以视为权重，相应的叠加称为权重叠加。权重叠加对于栅格运算没有什么问题，但在解决具体问题时要注意专业特征。比如，在层次分析中，可能出现评分值相同，但各要素状况不同。例如，把地形坡度和土地利用叠加，以代码表达的类别叠加结果见表 4-3。

表 4-3　两个类别的叠加

坡度 ＼ 坡向	1	2	3	4
1	2	3	4	5
2	3	4	5	6
3	4	5	6	7
4	5	6	7	8

以对角线为界，形成对称。但是对称值的含义不同，2+3 和 3+2 的地理含义可能不同。对于坡度和用地类型的类型叠加没有意义，但是在栅格运算中可行。

3. 栅格运算应用

对于土地评价，坡度和坡向各自具有不同含义，对于四区区划，也涉及多个栅格图层叠加问题，一般的叠加经常造成信息模糊，通过权重叠加，不但综合了信息，同时还保持了信息的可辨识性。例如，对于三个相加的栅格图层，类别代码分别从 $1\sim n$，对于其中一个图层保持值不变，另外的图层分别乘以 10，100 后再相加，3 加 40 和 4 加 30 结果截然不同。

4.2.3　栅格运算方法

栅格运算从矩阵角度理解，是对应栅格单元的运算。栅格运算有算数运算、关系运算和逻辑运算几类。

1. 栅格运算特征

栅格运算对于单一栅格，有行列运算，如差分运算；邻域运算，计算一个栅格和周围邻接栅格关系。从矩阵角度，矩阵运算有特定的要求和方法，对于地图代数，针对栅格数据，其运算方法与矩阵方法不同，对于多个栅格图层，通常是点运算。

2. 算术运算

算术运算一般是两个栅格之间的加减乘除运算。对于一个栅格图层，可以与另一个栅格图层进行算术运算，也可以与一个数值进行算数运算，即对于栅格图层可以加减乘除一个数，这个数对栅格图层的每一个栅格进行运算，运算结果另成图层。

对于栅格图层与数值的算数运算，在运算程序中实际处理称为一个代替的临时矩阵，该矩阵与运算矩阵位置、大小相同，取值为运算参与的数值。

3. 关系运算

栅格运算中的关系运算是地图代数中关系代数的应用，关系类型包括大于（>），大于等于（≥或>=），小于（<），小于等于（≤或<=）；等于（=）和不等于（≠或<>）几种类型。

栅格数据的关系运算是用关系运算方式进行栅格值识别或提取，例如，在地形坡度图中选择坡度范围在 10°和 20°之间的栅格范围，采用关系运算为：

$$\text{Value} \geqslant 10 \quad \text{and Value} \leqslant 20 \tag{4-4}$$

4. 逻辑运算

逻辑运算是采用逻辑运算符进行的运算，逻辑运算符有交（& 或 and）、并（| 或 or）、非（not）等。交的含义是交集，指集合中的共同部分。在叠加运算中，多个图层叠加，可能范围不尽一致，取各图层的共同部分即为交集，两个图层的所有部分为并集，一个图层中去掉与另一个图层相交的部分为非，两个图层叠加 ABC 为并，A、C

为非，B 为并，如图 4-10 所示。

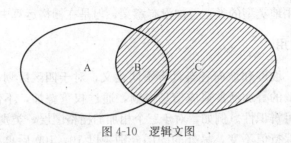

图 4-10 逻辑文图

4.3 栅格综合

"栅格综合"可用于清理栅格中较小的错误数据，或者用于概化数据以便删除常规分析中不需要的详细信息，如分类卫星影像可能包含许多小的误分类的像元区域；纸质地图的扫描图像可能包含一些不需要的线或文本；可能存在不同格式、不同分辨率或不同投影方式的栅格转换问题，这些都涉及栅格综合。

4.3.1 区域概化

区域概化是把栅格按照值分成区域，也称为区域化。区域化有多种不同的方式。栅格值相同相邻的栅格组成一个区域，由于各种原因，在一个区域中会有个别不同值的栅格，对此有多种数据处理方法。

1. Nibble 方法

将最邻近点的值分配给栅格中的所选区域。这种方法适用于编辑某栅格中已知数据存在错误的区域。首先，该算法将确定掩膜栅格中具有 NoData 值的所有区域。输入栅格中的对应区域将被一点点地除去。然后执行内部欧氏分配，从而根据欧氏距离向各个经过掩膜的像元分配值。

图 4-11 中，对输入栅格和掩膜栅格应用了 Nibble。Nibble 仅适用于掩膜栅格中的 NoData 值，掩膜栅格中所有非 NoData 像元均会接收输入栅格中的值。这些像元的值及其位置均将被用于向掩膜栅格中识别出的各 NoData 位置分配值。NoData 位置将接收输入栅格中被识别为掩膜栅格中最近非 NoData 像元的像元值。

 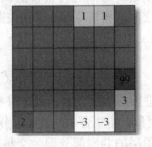 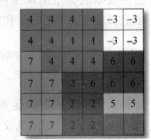

图 4-11 Nibble 处理

2. 收缩

用邻域中最频繁出现的像元值代替该区域的值。通过收缩，分区边界上伪像元的值将更改为出现频率最高的相邻像元的值。除内部像元（无法作为八个具有相同值的最邻近像元中心的像元）以外的任何像元均可替换。

此外，还可以替换区域中的小岛屿（可被视为与区域共用边界）。可以控制要通过收缩工具进行收缩的像元数量。如果收缩一个像元，则可被保留的最小尺寸区域将是 3 乘 3 像元块（如果是边则为 3 乘 2，如果是角则为 2 乘 2）。区域的细小部分也可被替换。

例如，宽度为 2 个像元、长度为 10 个像元的区域将被移除，因为会从两个不同的方向将该区域收缩一个像元。如果收缩两个像元，则可被保留的最小尺寸区域为 5 乘 5 的像元块（图 4-12）。

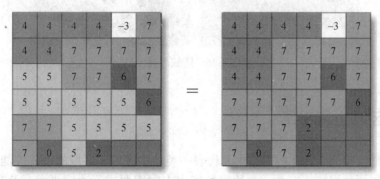

图 4-12 收缩

3. 展开

一个区域可扩展到其他区域。从概念上讲，所选值将视为前景区域，而其他值将仍保留为背景区域。前景区域可扩展到背景区域。

在图 4-13 中，扩展工具被应用于输入栅格，区域 5 扩展了一个像元。请注意，区域 5 已扩展到右下角的 NoData 值。

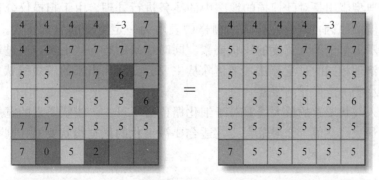

图 4-13 扩展

4. 区域合并

区域由栅格中所有具有相同值的像元组成。区域是相同区块类型的一组连续像元。

区域可以由若干个不相连的区块组成。需要分别处理区域时，必须将每个区块标识为独立的实体。区域合并用于为栅格中的每个区块指定新值。

数据处理通过扫描过程来指定值，扫描时从栅格的左上角开始，然后从左向右移动，再从上向下移动。遇到新区块时，为其指定一个唯一的值。此过程将继续执行到所有区域都分配到了一个值为止。

对于分类栅格，其属性表示分类汇总值，即无法从属性表识别一个类中的具体区域，区域合并把每一个值相同的相邻栅格组织成一个区域，给每个区域一个唯一编号，相当于 mathlab 中的识别分析（图 4-14）。

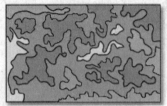

图 4-14　区域合并

4.3.2　区域边缘平滑

栅格数据值相同且相连的栅格单元代表一类地物区域，区域的边界可能比较曲折，这种曲折与矢量数据特征有关，在数据处理中有时需要进行边缘平滑，尤其把栅格数据转换为矢量数据时，通过边缘平滑可以使转换的矢量图线条比较平滑。

1. 边缘细化

目标图像栅格数据表达为连片的栅格群，对于对象提取，尤其对于自动矢量化，需要进行栅格中的对象处理，对于线型对象，通过减少表示要素宽度的像元数来对栅格化的线状要素进行细化。这种方法在图像处理中称为腐蚀法。

细化的典型应用是对已扫描的地图中的线条进行处理。由于扫描仪分辨率和原始地图中线宽度的原因，线将在生成的栅格中表示为一定宽度的线状元素。经过细化，各条线将表示为单个像元宽度的线状要素。同时线条还有一些毛刺，通过过滤器选项使用与边界清理相同的过滤算法，来移除从主要分支延伸出来的较短线状要素。它也可移除宽度小于一定像元的要素。

指定输入线状要素的最大线宽对于细化栅格必不可少，线状要素的宽度可超出或低于默认的最大线宽值。如果最大线宽适合要被细化的最宽线状要素，则可望获得最佳结果。

2. 边界清理

边界清理和主滤波工具用于概化栅格中区域的边缘。根据各个位置的邻域内的值，通过扩展及收缩边界，或增大或缩小区域，对边缘进行不同程度的平滑处理。

边界清理工具主要用于清理区域间不规整的边缘。使用扩展和收缩的方法在相对较大的范围上清理边界。最初，优先级较高的区域在各个方向上覆盖其邻近的优先级较低的区域，覆盖大小为一个像元。然后，它们收缩回至那些没有完全被相同值的像元包围的像元。除内部像元以外的任何像元（即这些像元不作为八个具有相同值的最近相邻点的中心）均可替换。对于不按大小进行排序的默认方法，较大的值具有较高的优先级。

此外，还可以替换区域中的小岛屿（可被视为与区域共用边界）。可保留的最小区域为 3×3 的像元块。因此，可能替换狭窄的区域。例如，将移除宽度为 2 个像元、长度为 10 个像元的区域，这是因为这样的区域在收缩后无法恢复。

在图 4-15 中，边界清理应用于未进行区域排序的输入栅格。值较大的区域具有较高的优先级，可以扩展到值较小的若干区域。图中值为 7 的像元扩展到值较低的像元。

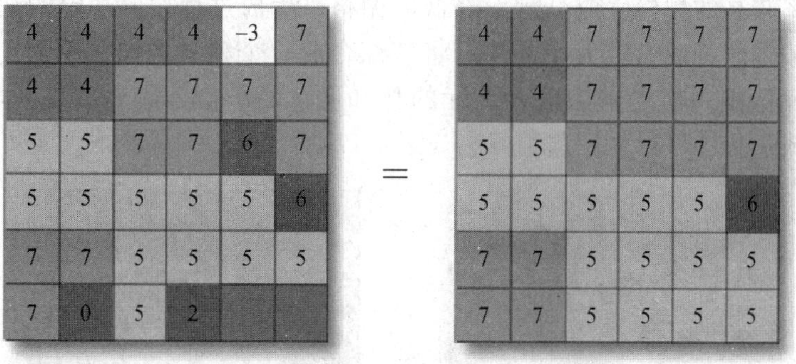

图 4-15　边界清理

3. 众数滤波

在统计上，对于一组数据，把其中某一值出现次数最多的值称为众值。根据像元邻域内的众数值来替换像元。主滤波需要满足两个条件才能发生替换。首先，相同值的邻近像元的数量必须多到可以成为众数值，或者至少一半的像元必须具有相同值（视指定的参数而定）。即如果指定的是众数参数，则四分之三或八分之五的已连接像元必须具有相同的值；如果指定的是半数参数，则需要四分之二或八分之四的已连接像元具有相同的值。其次，那些像元必须与指定的滤波器的中心相邻（例如，四分之三的像元必须相同）。第二个条件与像元的空间连通性有关，目的是将像元的空间模式的破坏程度降到最低。如果不满足这些条件，将不会进行替换，像元的值也将保持不变（图 4-16）。

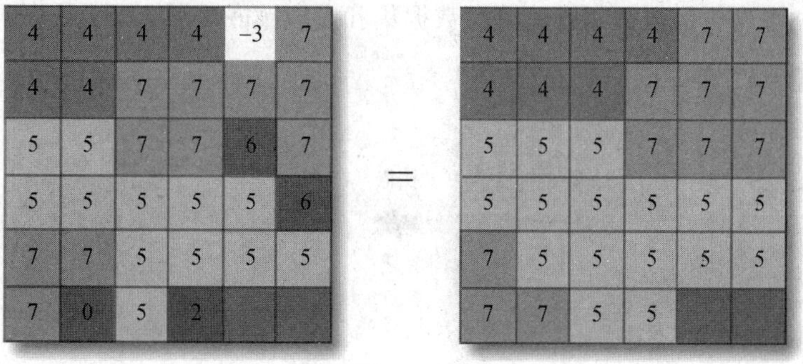

图 4-16　众数滤波

4.3.3 更改数据分辨率

栅格数据有不同的分辨率，有时为了便于数据应用，需要改变分辨率。更改数据分辨率一般是生成分辨率较粗的数据，这种更改一般是提取栅格特征，当然也有生成更细的分辨率情况，这种情况对信息没有任何增加，仅仅是在于栅格空间匹配，而这个过程一般在内部进行。

1. 聚合

用分辨率较高的栅格生成分辨率降低的栅格，生成过程按照一定的法则进行像素值改变，一般是分割成一定大小的块，将其综合成一个独立的栅格单元。每个输出像元包含此像元范围内所涵盖的输入像元的总和值、最小值、最大值、平均值或中值。在负地形形成过程中可以采用这种方法（图 4-17）。

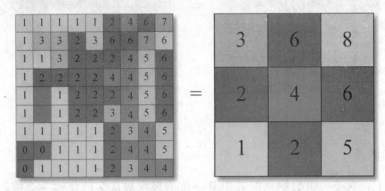

图 4-17　栅格聚合

2. 融合与镶嵌

图像的坐标特征是以行列作为坐标定位的，而栅格的大小作为坐标辅助要素，需要特别标识。一般情况下，图像显示和分析采用行列位置和默认象元大小，这时，对于不同分辨率的图像，一般不能很好进行空间匹配。

图像融合指把不同分辨率的图像融合，镶嵌是指两个或多个图像的组合或合并。在 GIS 中，可以通过将多个栅格数据集镶嵌到一起来创建一个单个栅格数据集。此外，还可以通过一系列栅格数据集创建镶嵌数据集和虚拟镶嵌（图 4-18）。

镶嵌

图 4-18　镶嵌

在很多情况下，镶嵌到一起的栅格数据集的边之间会部分重叠，如图 4-19 所示。

图 4-19　有重叠情况的镶嵌

4.4　图像处理

遥感图像是重要的地理信息数据源，从中可以获得有用的地理空间信息。通常，这类信息获取依据图像屏幕追踪，图像处理提供了图形分析和信息提取的一系列方法和手段。

4.4.1　图像预处理

图像在进行分析前，需要进行预处理，预处理就是把图像数据进行一定的处理，作为分析的基础。图像预处理包括图像校正，波段合成，镶嵌等。

1. 灰度级

彩色图像是由三个灰度图像设置色彩合成的结果，从三个数据和矩阵角度，一个波段作为一个栅格图层，波段表示地物电磁波的编码值，从颜色角度，一个波段代表一种颜色，编码反映从浅到深的颜色变化状况，具体颜色可以选择，如选择红绿蓝的一种，相对于黑白图像，颜色深浅表达为灰度，借此概念，具体的一种颜色也可以称为灰度，如红色从浅到深的灰度。

对于图像，灰度一般分为 256 级，颜色编码从 0 到 255。

2. 波段合成

使用多个波段创建一个单独的栅格数据集，也可以只使用波段的子集创建栅格数据集。图像数据，尤其是遥感图像，一般分为多个波段，每一个波段对某类地物敏感，有对植物叶绿素反映强烈的波段，有对水体敏感的波段，有对岩石土壤探测的波段。从栅格数据角度，一个波段就是一个栅格矩阵。对于显示，一般一个波段是灰度图像，红绿蓝三个波段形成彩色图像，其中，可以指定某个波段为某种颜色。遥感传感器通常生成的遥感波段一般多于三个，这时，需要选择其中的三个波段合成彩色图像。当然，波段选择与研究对象有关。波段合成就是进行波段选择和生成彩色图像的过程（图 4-20）。

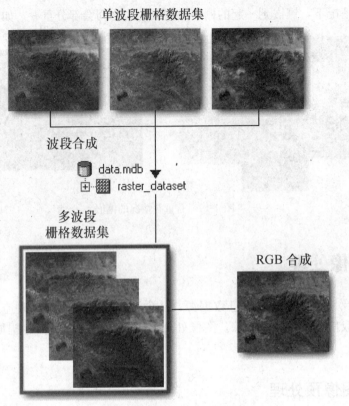

图 4-20　图像波段合成

3. 假彩色合成

对于遥感图像，波段和颜色有一种对应关系，为了突出显示某个波段，可以对该波段不指定原本颜色，而指定另外的颜色，这时的彩色与原本彩色不同，称为假彩色。

常规的假彩色是对于三个波段分别指定不同彩色，当图像为多于三个波段时，可以给两个波段指定一种颜色，一般是一个波段占灰度级的一部分。

一般通过将三种可用波段组合为红、绿和蓝（RGB）显示来创建假彩色影像，其中输出光谱值分别代表红、绿或蓝。例如，通过从其他可用波段生成蓝色波段并使用 SPOT 影像数据集中的红色和绿色波段，可以让缺少蓝色波段的 SPOT 影像呈现出真彩色影像的效果。

伪彩色影像一般通过单波段影像（灰度）或多波段影像创建，方法是应用变换以在地图中无颜色的区域创建颜色。例如，使用连续三色调的色带可产生显示三种热分类的影像，从而将热影像显示为伪彩色影像。还可以从多光谱影像创建伪彩色影像，方法是应用光谱矩阵过程从其他波段中识别出彩色波段。

4.4.2　图像配准

遥感图像含有丰富的地理信息，同时还是直观的地貌状况表达。但是由于图像坐标自成体系，因此在 GIS 中，需要把图像按照地图图层位置进行坐标校正，使图像与地图图层在空间位置上相一致。

1. 空间校正

GIS 数据通常来自多个源。当数据源之间出现不一致时，有时需要将新数据集与其余数据进行整合。相对于基础数据而言，一些数据会在几何上发生变形，通过平移、比例或旋转才能形成一致的空间位置。

空间校正可提供用于整合数据的方法。空间校正支持多种校正方法，可校正所有可编辑的数据源。它通常用于已从其他源（例如 CAD 绘图）导入数据的场合。可执行的一些任务包括：将数据从一个坐标系中转换到另一个坐标系中、纠正几何变形、将沿着某一图层边的要素与邻接图层的要素对齐，以及在图层之间复制属性。由于空间校正在编辑中执行，因此可使用现有编辑功能（例如，捕捉）来增强校正效果。

在提供对数据进行空间校正这一功能的同时，"空间校正"还可用于将属性从一个要素传递到另一个要素。该过程称为"属性传递"，它依赖于两个图层之间的匹配公用字段。

结合使用"空间配准"的校正功能和属性传递功能，即可提高数据质量。

2. 同名地物点

遥感图像坐标系统与地图坐标系统不同，需要进行坐标校正以配准到地图空间。在 GIS 中图像坐标校正称为地理配准，与空间校正不同，后者是图形坐标校正。对于图像配准，从解析几何角度，就是对图像进行平移、旋转、比例变化。图像配准有线性和非线性模式，对应不同的转换函数。不管哪一种模式，需要通过图像图形坐标计算转换参数。由于转换函数在计算机中已经程序化，因此实际配准只需要采集图像和图形上对应点的坐标，由程序进行参数求解。

坐标选择必须是地图与图像上对应的点位，称为同名地物点。同名地物点就是相同的地理实体，在图形和图像上坐标不同（图 4-21）。

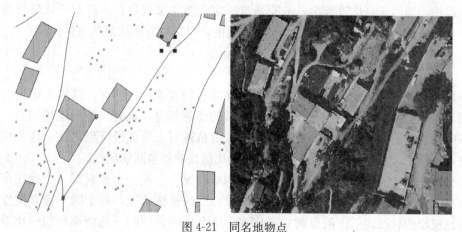

图 4-21　同名地物点

3. 配准函数

图像与图层的坐标配准实质是一种坐标转换，把图形坐标转换成图层坐标。对于转换函数，有线性函数和非线性函数两类，线性函数形态为：

$$X_{\mathrm{map}} = AX_{\mathrm{img}} + BY_{\mathrm{img}} + C$$
$$Y_{\mathrm{map}} = DX_{\mathrm{img}} + EY_{\mathrm{img}} + F \tag{4-5}$$

线性转换函数有六个参数，而一个坐标点有 x、y 两个坐标，因此最少需要 3 个同名地物点就可以拟合函数，而由于采样的误差，一般要采集多于 3 个同名地物点坐标，构造矛盾方程组，通过最小二乘法，解出与采样点误差最小的拟合函数，以保证在图像配准过程图像其他位置的精度。

对于非线性变换，有：

$$X_{\mathrm{map}} = \sum_{j=0}^{m} \sum_{k=0}^{m-j} a_{jk} X_{\mathrm{img}}^{j} Y_{\mathrm{img}}^{i}$$
$$Y_{\mathrm{map}} = \sum_{j=0}^{m} \sum_{k=0}^{m-j} b_{jk} X_{\mathrm{img}}^{j} Y_{\mathrm{img}}^{i} \tag{4-6}$$

对于图像几何变形非一致的状况，采用非线性配准函数。

4. 坐标配准方法

对于图像校正，根据校正公式，计算图像的地图坐标，通过平移、旋转、比例系数确定对图像的地理空间位置处理。这些参数记录在一个称为 World file 的文本文件中（参见 2.2.4 中 3.），分行记录配准参数。

文件命名法则为：用和图像相同的名，后缀用图像格式后缀的第 1，3 位字符加 w。例如有一幅图像为 myimage. tif，则校正数据文件名为 myimage. tfw。该文件要与图像文件存储在同样位置。

4.4.3 图像分析

遥感图像的信息比较繁杂，需要通过一定的方法来提取，由此对于遥感图像建立了一套分析理论和数据处理方式。从 GIS 角度，以提取应用的信息为目标。

1. 绿度指数

植被反射绿色波段，地面植被的密疏使反射强度不同，同时，其他地物也有波段反射。显然，对于地面植物地块，既有植被的遥感信息，也有土壤的遥感信息，由于是不同的波段，因此数据在不同的波段中，用植被与土壤波段反射之比，作为植被多寡的判断标志，称为绿度指数。显然，这个比值反映植被疏密状况。

这种图像处理反映一个像素内的要素构成状况。一般一个像素有一个确定值，反映地物的一种状况，如对于植被敏感的波段，反映植被状况，对于同一像素位置的土壤敏感波段的状况，用比值反映二者比率，这个比率采用归一化指标。归一化差值植被指数（NDVI）是一个标准化指数，用于生成显示植被量（相对生物量）的影像。该指数对多光谱栅格数据集中两个波段的特征进行对比，即红光波段中叶绿素的色素吸收率和近红外（NIR）波段中植物体的高反射率。

NDVI 在世界范围内被广泛应用于监测干旱、监测和预测农业生产、协助预测存在火险的区域以及绘制沙漠扩张图。进行全球植被监测时会首选 NDVI，因为它有助于对更改的照明条件、表面坡度、坡向和其他外部因素进行补偿。

由于红光波段和红外（IR）波段的反射率不同，因此可通过太阳辐射的光谱反射率来监测绿色植被生长的密度和强度。通常，绿叶在近红外波长范围的反射要好于在可见波长范围的反射。当叶子缺水、害病或枯死时，它们会变得较黄，因此在近红外范围的反射将明显减少。云、水和雪在可见波长范围的反射要好于在近红外波长范围的反射，而对于岩石和裸土来说，差异几乎为零。NDVI过程会创建一个主要表示绿色植物的单波段数据集。负值表示云、水和雪，而接近零的值则表示岩石和裸土。NDVI的方程为：

$$NDVI = (IR - R) / (IR + R) \tag{4-7}$$

式中　IR——红外波段的像素值；

　　　R——红光波段的像素值。

该指数的输出值在-1.0~1.0之间，大部分表示植被量，负值主要根据云、水和雪而生成，而接近零的值则主要根据岩石和裸土而生成。较低的NDVI值（小于等于0.1）表示岩石、沙石或雪覆盖的贫瘠区域。中等值表示灌木丛和草地（0.2~0.3），而较高的值表示温带雨林和热带雨林（0.6~0.8）。

ArcGIS用于生成输出的方程为：

$$NDVI= (IR-R) / (IR+R) *100+100 \tag{4-8}$$

使用上面的方程将得到0~200范围内的值并且适合8位结构（图4-22）。

图 4-22　绿度指数计算结果

2. 空间自相关

空间自相关是指一些变量在同一个分布区内的观测数据之间潜在的相互依赖性。Tobler地理学第一定律："任何东西与别的东西之间都是相关的，但近处的东西比远处的东西相关性更强"。空间自相关统计量是用于度量地理数据的一个基本性质：某位置上的数据与其他位置上的数据间的相互依赖程度。通常把这种依赖叫做空间依赖。

地理数据由于受空间相互作用和空间扩散的影响，彼此之间可能不再相互独立，而是相关的。例如，空间上互相分离的许多市场为一个集合，如市场间的距离近到可以进行商品交换与流动，则商品的价格与供应在空间上可能是相关的，而不再相互独立。实际上，市场间距离越近，商品价格就越接近、越相关。

空间自相关分析在地理统计学科中应用较多，现已有多种指数可以使用，但最主要的有两种指数，即 Moran 的 I 指数和 Geary 的 C 指数。在统计上，透过相关分析可以检测两种现象（统计量）的变化是否存在相关性，例如：稻米的产量，往往与其所处的土壤肥沃程度相关。若其分析之统计量系为不同观察对象之同一属性变量，则称之为自相关。

空间自相关同时根据要素位置和要素值来度量。在给定一组要素及相关属性的情况下，该方法用来评估所表达的模式是聚类模式、离散模式还是随机模式。

3. GIS 图图像处理

GIS 中的影像通常指多种类型的基于像元或基于像素的栅格数据，用于卫星、航空摄影、数字高程模型、栅格数据集等。

影像作为一种栅格数据类型进行管理，这种类型的栅格数据由像元组成，像元则以行和列组成的格网结构排列。除地图投影之外，栅格数据集的坐标系还包含栅格数据的像元大小和一个参考坐标（通常位于格网的左上角或左下角）。

通过这些属性可使用从左上角一行开始的一系列像元值描述栅格数据集。遥感图像中含有丰富的地理信息，并且有较好的现势性。但是，遥感图像的栅格数据特征以及图像栅格的信息表达方式，需要进行一定的处理，才能获取需要的信息。ArcGIS 中提供了内置的遥感图像处理功能，还外带 ENVI 专门进行遥感图像处理的软件。

4.4.4 矢量与栅格相互转换

栅格数据与矢量数据虽然在分析方面各有所长，但还有很多方面不能替代，为了解决应用问题，经常需要进行数据转换。

1. 栅格转矢量

栅格数据经过分类处理后，为了和其他矢量数据叠加，需要转换为矢量数据。例如对于坡度图，进行坡度分级后，可以转换为矢量多边形数据。

GIS 提供栅格转矢量工具。栅格转矢量的原理采用图像处理思路，任何包含点、线或面要素的要素类（地理数据库、shapefile 或 coverage）都可以转换为栅格数据集（图 4-23）。

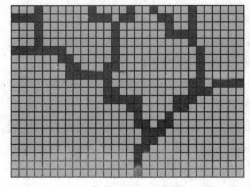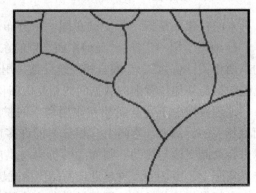

图 4-23　栅格转矢量

2. 矢量转栅格

栅格数据的一些处理功能是矢量数据所不具备的，对于栅格分析时，需要把矢量数据转换为栅格数据。矢量转栅格最常见的是用等高线、高程点转换为地形（图4-24）。

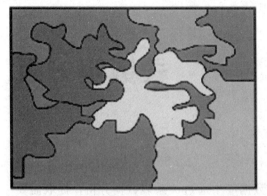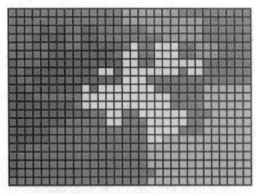

图 4-24　矢量转栅格

矢量转栅格与栅格插值概念不同，前者是把矢量部分分割成栅格单元，后者依据矢量的一个数字字段，在没有矢量图元的部分进行插值。

3. 栅格转视频

栅格数据经过分析处理可能形成系列数据，GIS 提供了对于系列数据的视频观察方式，即利用栅格数据制作视频。

在利用文件夹中的图像创建视频时，要确保所指定的文件夹中存在多幅相同类型的图像（BMP 或 JPEG）。视频按名称的字母顺序读取文件夹中的图像，因此输出视频则将按图像从磁盘中读取的顺序来存放各帧。图像是按字母顺序读取的，因此可以在该图像文件夹中为视频插入诸如标题图像之类的图像。例如，如果图像文件夹中含有名为 image_1.bmp、image_2.bmp 及 image_20.bmp 的图像，则可添加名为 _image_1.bmp 的图像。由于按字母顺序读取图像，因此在输出视频中 _image_1.bmp 将会显示在 image_1.bmp 之前。

输出视频的分辨率（宽×高）将取决于图像文件夹中所处理的第一张图像的分辨率。如果第一张图像的分辨率比其他图像的小或大，则其他图像会被拉伸至符合第一张图像的分辨率。因此应尽量使文件夹中图像的分辨率保持一致。由于 AVI 格式与 QuickTime 格式仅受 Windows 支持，因此这类视频无法在非 Windows 平台上运行。

思考题

1. 栅格数据的运算原理是什么？
2. 用等高线和高程点数据，按照地形转栅格方法生成地形面。
3. 进行坡度分析和坡度分级。
4. 栅格转矢量，把坡度图转换为多边形图。
5. 对一幅图像进行校正。

5
表数据分析

常见的数据库是以关系表为基础的，在数据库中通过关系表数据分析，提取需要的信息。关系表是关系数据库的分析对象，在 GIS 中，图形属性表可以作为一般表一样进行分析，由于属性表和图形的连接关系，属性表数据分析有更深刻的含义，不仅能进行数据统计、汇总，并且为空间分布分析提供了数据分析特征。

5.1 关系表

关系是一种数据组织模式，这种组织结构可以用规范的表格形式表达，这种表就称为关系表。关系表是关系数据库的基础，在 GIS 中，地理信息的属性用关系表表达，关系表采用关系模型，通过数据的关系运算，进行数据分析。

5.1.1 关系模型

关系模型是一种数据组织模型，对于客观事物，通过文字、数值、图片、日期等来记录某些方面的信息，按照关系方式，可以组织成关系模型，对于一个群体，这种记录规范化后形成关系表。

1. 关系模型

把信息用表形式记录，比如学校学生管理方面的三个数据表：学生（学号，姓名），课程（课程名，课程编号），选课（学号，课程号，成绩），当然，可以把这些内容组织到一个表中，但是这样会造成两个方面的问题，一是表太庞杂，因为每个学生选多门课；另外不同的表属于不同的部门管理，从信息保护和安全角度，不主张提供与其无关的个人信息。选课表中的"学号"，"课程号"必须是另外两个表中存在的数据才有意义；而且一旦另外两表中的某一学生或课程被删除，选课表中的相应学号或课程号必须自动删除。这就是一种关联关系。它实际上是保证数据完整性的一种做法。

关系类可用于保持地理数据库对象之间的关联。这些关系可以是简单的被动关系，也可以是复合关系。复合关系是指父子关系（或组合关系），因此所具有的这种关系行为在关系一方的对象相对于另一方的对象发生更改时触发。地理数据库中要素关联的注记使用复合关系。

在 GIS 中，可以使用"属性"窗口或表来查找与任何所选对象相关的所有对象，可以对选择的对象的属性进行编辑。还可以使用中断任意两个对象间的关系或在两个对象间创建新关系。以这种方式编辑对象和关系时，可保持所有引用完整性。

2. 关系类型

关系类型也是事物之间的关联关系类型，包括三种：

（1）一对一关联：ONE _ TO _ ONE，包括 HAS _ ONE 和 BELONGS _ TO。

（2）一对多关联：ONE _ TO _ MANY，包括 HAS _ MANY 和 BELONGS _ TO。

（3）多对多关联：MANY _ TO _ MANY。

在 GIS 中把图形与属性按照关系建立连接，将在图层属性表和包含要连接的信息的表之间建立一对一或多对一的关系。例如地块与面积之间的关系是 一对一的关系。也就是说，一个地块对应着一个面积数据。

一对多就是一个对象具有多条属性，一对多的关系示例是，假设具有一个图层，每个地块一条记录，对于土地承包人，不同时期承包人可能发生变化，把承包人列出一个表。图层地块与承包人是一种一对多关系，见表 5-1。

表 5-1 地块表与承包人表之间的一对多关系

ID	类型	面积
1		
2		
3		

编号	承包人	时间
1		
1		
3		

3. 关系元素

关系有几个构成元素，这是关系运算的基础，也是关系代数构成的基础。关系的元素包括：

（1）关系：这是笛卡儿积 $D_1 \times D_2 \times \cdots \times D_n$ 的有限子集。

（2）元组：笛卡儿积的每个元素 $(d_1, d_2, \cdots, d_n)$ 称作一个 n-元组（n-tuple），简称元组（Tuple）。

（3）属性：关系的每一列对应一个域，给每列起一个名字，称为属性（Attribute）。

（4）域：一组具有相同数据类型的值的集合。

（5）主码：若关系中的某一属性组的值能够唯一地标识一个元组，则称该属性组为候选码（Candidate Key），主码是从候选码中选定的一个码（Primary Key）。

4. 关系操作

关系模型中常用的关系操作包括：选择（Select）、投影（Project）、连接（Join）、除（Divide）、并（Union）、交（Intersection）、差（Difference）等查询（Query）操作和增加（Insert）、删除（Delete）、修改（Update）等编辑操作两大部分。查询的表

达能力是其中最重要的部分。

关系操作的特点是集合操作方式，即操作的对象和结构都是集合。这种操作方式也称为一次一集合的方式。相应地，非关系数据模型的数据操作方式则为一次一记录的方式。

关系语言是一种高度非过程化的语言，存取路径的选择由关系数据库管理系统的优化机制来完成，此外，不必求助于循环结构就可以完成数据操作。

5.1.2 关系运算

关系运算是算术运算、逻辑运算之外的一类运算。关系运算针对关系体系，是关系数据库数据操纵、管理和应用的技术基础。关系的基本运算有两类：一类是传统的集合运算（并、差、交等），另一类是专门的关系运算（选择、投影、连接等），有些查询需要几个基本运算的组合，要经过若干步骤才能完成。

1. 集合运算

集合形成了关系体系，对于土地利用，用坡度分类形成一个集合，用种植类型形成另一个集合，对于同一个区域，这两个集合之间有某种关系，即可能出现交集。集合运算就是针对这种关系。

并　设有两个关系 R 和 S，它们具有相同的结构。R 和 S 的并是由属于 R 或属于 S 的元组组成的集合，运算符为 $\cup$。记为 $T=R\cup S$。

差　R 和 S 的差是由属于 R 但不属于 S 的元组组成的集合，运算符为 $-$。记为 $T=R-S$。

交　R 和 S 的交是由既属于 R 又属于 S 的元组组成的集合，运算符为 $\cap$。记为 $T=R\cap S$。$R\cap S=R-(R-S)$。

2. 选择运算

从关系中找出满足给定条件的那些元组称为选择。其中的条件是以逻辑表达式给出的，值为真的元组将被选取。这种运算是从水平方向抽取元组。如用一个关系运算程序语句表达的运算为：

LISTFOR 出版单位＝'高等教育出版社'AND 单价＜＝20

3. 投影运算

从关系模式中挑选若干属性组成新的关系称为投影。这是从列的角度进行的运算，相当于对关系进行垂直分解。如：

LISTFIELDS 单位，姓名

4. 连接运算

选择和投影运算都是属于一目运算，它们的操作对象只是一个关系。连接运算是二目运算，需要两个关系作为操作对象。

连接是将两个关系模式通过公共的属性名拼接成一个更宽的关系模式，生成的新关系中包含满足连接条件的元组。运算过程是通过连接条件来控制的，连接条件中将出现两个关系中的公共属性名，或者具有相同语义、可比的属性。连接是对关系的结合。

设关系 R 和 S 分别有 m 和 n 个元组，则 R 与 S 的连接过程要访问 $m \times n$ 个元组。由此可见，涉及到连接的查询应当考虑优化，以便提高查询效率。

自然连接是去掉重复属性的等值连接。它属于连接运算的一个特例，是最常用的连接运算，在关系运算中起着重要作用。

如果需要两个以上的关系进行连接，应当两两进行。利用关系的这三种专门运算可以方便地构造新的关系。

5. 关系表运算

在 GIS 中，字段计算器支持使用程序代码块（对选定的字段进行计算前会处理数据）执行高级计算。例如，使用人口统计数据时，可能想要找到每个县的最大年龄组所占人口的百分比。可以使用逻辑结构（如"IF...THEN"语句和"Select Case"块）创建一个脚本来预处理数据。这可以轻松快捷地执行复杂计算。

简单的字段计算器表达式可直接输入至表达式文本框内。较复杂的表达式，如多行脚本、循环和分支可在计算字段工具对话框上的代码块框中输入。

5.1.3 关系表组织

在关系的基础上，数据可以组织成规则的表格形式，这就是关系表。关系表由两个部分组成，一个是表结构，另一个是记录。

1. 数据表结构

对于关系表，有一个表结构。结构是 C 语言的一种数据类型概念，对于一个数据表，有不同的内容，通过栏目表达，栏目在数据表中称为字段。

数据表结构划分为不同的字段，为了便于数据搜索，字段数据类型规定见表 5-2。

表 5-2　数据表字段类型

字段类型	英文名	内　　　容	字节数
文本	Text	用于文本或文本与数字的组合。最多 255 个字符	
记忆	Memo	Memo 用于更大数量的文本。最多存储 65536 个字符	
字节	Byte	允许 0 到 255 的数字	1 字节
整型	Integer	允许介于 −32768 到 32767 之间的数字	2 字节
长整型	Long	允许介于 −2147483648 与 2147483647 之间的全部数字	4 字节
单精度	Single	单精度浮点。处理大多数小数	4 字节
双精度	Double	双精度浮点。处理大多数小数	8 字节
货币	Currency	用于货币。支持 15 位的元，外加 4 位小数	8 字节
日期	Date/Time	用于日期和时间	8 字节
逻辑	Yes/No	逻辑字段，可以显示为 Yes/No、True/False 或 On/Off	1 比特
目标	Ole Object	可以存储图片、音频、视频或其他 BLOBs（Binary Large OBjects）	最多 1GB

2. 表结构定义

对于关系表，鉴于其查询、提取等应用特征要求，在数据的组织方面有一些特殊规定，关系模型的具体表达为关系数据表，分为表结构和数据记录两个部分，表结构可以直观的了解为表头，记录为表中的数据。

对于程序进行数据操作，需要给出确定的位置，并且给出数据类型，确定适当的处理方式。例如，对于数字，可以进行数学运算，对于文字不能进行加减乘除。表结构定义就是确定记录类型以及记录长度。

一个数据表可能包含多方面的内容，例如对于学生登记表，包括编号、姓名、性别等，这些在数据库结构中称为字段。对于数据表，在建立时首先需要进行字段定义，定义内容为确定字段名、字段类型和字段长度。

(1) Short——短整型。

(2) Long——长整型。

(3) Float——浮点数。

(4) Double——双精度浮点数。

(5) Text（仅限编码域）——字母数字字符。

(6) Date——日期和时间数据。

数据类型本身有确定的长度，如逻辑型占 1 个字节，长整型 4 个字节。对于文本字段，没有本身的长度规定，需要在定义中指定长度。这样，一个关系表的一条记录有确定的长度，每一个字段有确定的起止位置，可以编写简单的程序存取任一条记录的任一个字段。

3. 记录

对于一个对象，按照数据结构确定记录内容和类型。如对于土地利用类型，记录的字段有面积、土壤、权属等。对于一个具体地块，记录这 3 个项目内容，多个地块的记录形成记录体系，记录体系与表结构合成数据表，在 GIS 即为属性表。

记录按照字段与类型，形成规则的数据记录，也便于程序进行建立检索。例如，面积用单精度，4 个字节，土壤类型用文字 8 个字节，权属用 1 个字节，则一个记录的总长度是 $4+8+1=13$ 个字节。在数据记录检索中，从任意一个 13 倍 +1 的位置，是一条记录的开始，第 n 条记录位于数据的第 $n \times 13+1$ 到 $(n+1) \times 13$ 的位置，并且，对应某记录的特定字段位置，可以用字节偏移值位置获取。例如，土壤类型记录位于记录开始 +12 个字节位置。

需要强调一点，对于一条记录，尽管没有占满分配的字节，不会影响字段记录搜索，比如，土壤类型为黄土，占 2 个字节，分配 8 个字节，没有占满，但接下来的权属仍然写在第 13 个字节位置，不管前面是否有空字节。这样，相应的另一个问题就是空记录或字段宽度定义太长，会浪费存储空间。

4. 关键字

如果一个关系中的属性或属性组并非该关系的关键字，但它们是另外一个关系的关键字，则称为该关系的外关键字。

综上所述，关系数据库系统有如下特点：

（1）数据库中的全部数据及其相互联系都被组织成关系，即二维表的形式。

（2）关系数据库系统提供一种完备的高级关系运算，支持对数据库的各种操作。

（3）关系模型有严格的数学理论，使数据库的研究建立在比较坚实的数学基础上。

5.2　表连接

表之间可以建立连接，表的连接形成表数据的信息集成。表连接是关系数据库的重要技术特征。在 GIS 中，由于要素的图形与属性表有本身的连接，在属性表之间和属性表与纯表间的连接使信息的丰富度增强。

5.2.1　按空间位置连接数据

当地图上的图层未共享公共属性字段时，可以使用空间连接将其连接起来，即根据图层中要素的位置连接两个图层的属性。

1. 表连接问题

为了数据安全、提高数据存储效率和鉴于数据的分别管理情况，通常把对一类事物的记录分为多个表。以职工信息为例，人事方面管理的是职工人事方面的信息，财务部门则管理职工财务方面的信息，由于管理的部门和机构分工，形成职工信息的多个数据表。对职工建库信息成为分别独立的数据表，但是对于个人应用来看，需要了解各方面的信息，就需要把分立的表进行一定的连接；另一方面，虽然某些情况可以用一张表来表达信息，但是由于信息的复杂性，因此也需要把信息分为多张表，通过连接，形成一体信息。

以学生信息为例，一张表记录学生基本情况如学号、姓名、专业等，另一张表记录课程成绩，学生与课程成为一对多关系，如果用一张表，学生的学号、姓名就多次重复，把课程考核成绩独立成表，用学号建立表之间的连接，使存储重复项极大降低。

2. 空间连接原理

数据连接就是按照标识和法则，建立数据之间的关联。对于多个数据表，可以通过具有共同特征的属性记录建立连接，对于图形之间，没有类似的属性表连接信息，但是空间图层之间具有图元之间的某些关系，因此可以建立空间连接。使用空间连接可以找到以下任意内容：

（1）距其他要素最近的要素。

（2）要素内包括什么。

（3）什么与要素相交。

（4）落在每个多边形内的点数。

按位置连接（或空间连接）将在所涉及的图层之间使用空间关联来将一个图层中的字段追加到另一个图层。空间连接与属性和关系类连接不同，它不是动态连接，而是需要将结果保存到新的输出图层中。

可使用下述三种关联中的其中一种来执行空间连接：

（1）将每个要素与最近的一个或多个要素匹配。在此关联中，可以添加最近要素的属性或最近要素数字属性的一个聚合（最小、最大等）。

（2）将每个要素与其所属的要素匹配。在此情况下，追加当前要素所属的要素的属性。例如，发生此匹配的一些情况包括多边形内的点或者完全包含（也就是重叠）在其他线段内的线段。

（3）将每个要素与其相交的一个或多个要素匹配。类似于上面提到的最近要素关联，可以追加一个相交要素的属性或相交要素的数字属性的一个聚合。

对于每个点、多边形和线的组合，只有最常用的这些关联在连接对话框中才可用。但使用脚本，可以执行基于任何关联的连接，并可以使用点、线或多边形要素图层的任何组合。

3. 连接类型

在 GIS 中，图形数据之间还可以通过空间位置建立连接，具体的连接是：多边形与点的连接，点与线的连接，点与点之间的连接。对于多边形与点的连接，一般把多边形连接到点上而不能相反连接。虽然新的方法这可以进行这种连接，但会造成一定问题，例如，一个多边形内可以有多个点，每一个点都可以连接一个多边形，尽管有一些点连接的是相同的多边形，并不违反关系规则，而把点连接到多边形，就会出现一个多边形连接多个点的问题。但对于多边形，只有一条记录，不能确定究竟应当连接哪一个点。这是一对多关系的表达实现问题。

对于点-线和点-点连接，实际是连接最邻近的点线，实际上这是一种邻近度分析方法。空间连接的具体实现是通过属性表的图形字段。

4. 连接表的属性

通常，根据在两个表中均可找到的字段值将数据表连接到图层。字段的名称可以不同，但数据类型必须相同；例如，必须将数字连接到数字，将字符串联接到字符串。GIS 提供建立连接的功能。

假设已获取反映各国家人口百分率变化的数据，并想要根据此信息生成人口增长地图。只要人口数据存储在数据库的表中并且与图层共享公用字段，就可以将其连接到地理要素，然后使用其他字段来符号化、标注、查询或分析该图层要素。

5. 关系连接

大多数数据库的设计指导方针都倾向于将数据库组织成多个表，每个表关注一个特定的主题而非一个包含所有必要字段的大型表。设置多个表可以避免数据库中的信息发生重复，因为只会将信息在一个表中存储一次。当需要当前表中未包含的信息时，可以将两个表关联起来。

例如，可以从组织中的其他部门获取数据，购买商业上有价值的数据，或者从 Internet 下载数据。如果这些信息存储在表（如 dBASE、INFO 或地理数据库表）中，就可以将其与地理要素关联，并在地图上显示这些数据。

GIS 允许通过一个公用字段（也称为键）将一个表中的记录与另一个表中的记录相关联。可通过多种方式进行此类关联，其中包括在地图中临时连接或关联表，或者在地理数据库中创建可以保持更长久关联的关系类。例如，可将宗地所有权信息表与宗地图层进行关联，因为它们共享一个宗地 ID 字段。

6. 关联表

与连接表不同，关联表只是在两个表间定义一个关系。关联的数据不会像连接表那样追加到图层的属性表。但是，在使用此图层的属性时可以访问关联的数据。

例如，如果选择一个建筑，则可以查找拥有此建筑的所有承租人。同样的，如果选择一个承租人，则可以查找承租人所在的建筑（或者在多个购物中心的连锁店的情况下为若干建筑的多对多关系）。然而，如果对这些数据上执行连接，结果仅查找每个建筑的第一个承租人，而忽略其他承租人。

定义的关联实质上与地理数据库中定义的简单关系类相同，只是前者是与地图一起保存而不是保存在地理数据库中。

如果数据存储在地理数据库中，并且定义了关系类，可以直接使用这些关系类而无需再 建立关联。当将参与关系类中的一个图层添加到地图中时，该关系类将自动可用。当数据存储在一个地理数据库中时，要定义不同的多对多关系。一般情况下，如果在地理数据库中定义了关系类，则应该使用这些关系类而不是创建新关系类。

5.2.2 地理信息属性表连接

关于数据表的连接比较抽象，尤其是作为地理信息的属性表连接问题。本节通过实例来表现属性表连接和在地理信息数据组织中的作用。

1. 动态连接与嵌入

数据表之间的连接有两种方式，一种是嵌入（join），另一种为动态连接（link）。两种方式各有不同的用途。嵌入把目标表内容按照与目的表相关字段的记录写入到目的表，完成后二表之间不再联系。动态连接建立表之间的连接关系，作为跨表查询使用。连接建立后，连接表之间的关系就始终存在，直到断开连接。

表嵌入以用地图的属性表与调查表为例，通过嵌入，把地块调查数据导入到属性表。表连接情况以突发事件管理体系为例，事件有关责任人存储在部门或分支表中，在事件管理表中与之连接，事件发生，根据关联关系查找负责人，当部门负责人变动时，只需在部门表中更换负责人姓名即可。

2. 空间连接

数据表连接的依据是关联字段的相同记录，土地利用图属性表的地块编号字段与用地调查表的地块编号字段可以建立连接。在 GIS 中，除了属性字段外，还可以建立空间连接。所谓空间连接是两幅图之间的关系连接。如公交站点图与道路图的连接。在图层分类中，点与线是不同的图层，本身之间无关，通过连接关系形成关联。

空间连接实际是用空间就近位置进行属性连接。公交站点的道路邻近可能有多条，取其最近的一条作为连接。空间连接是依据空间位置关系建立要素之间的关联，这个关联在属性表中表现出来。

不论是属性连接或空间连接，建立连接后可以通过一个目标表的连接关系查询连接表的记录。连接的目标和目的表由应用确定，因此两个关联表可以通过连接和反连接建立双重关联，进行交互查询。

需要强调的是，嵌入必须是一对一的，当有一对多的情况时，只连接多中的第一个或依据某种法则选择的一个。

3. 道路与公交线路连接

为了直观明确连接关系，以公交线路和道路的关联作为示例。公交线路以道路为基础，所以在公交线路表达中不需要独立绘制线路图层，只需要通过表数据与道路属性表（表5-3）建立连接即可。图5-1为道路与公交线路图，其中示意表达了两条公交线路，一条的路段为15、16、7、8、25、26，另一条为22、21、8、24、23。

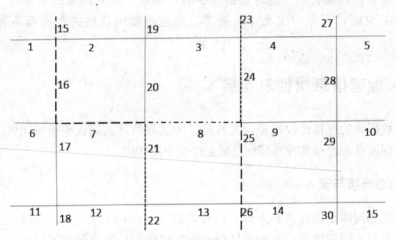

图 5-1　道路与公交线路图

表 5-3　道路属性表

ID	名称	长度	…
1	西一段	200	
2	西二段	205	
⋮			
30	南街	76	

对于公交线路，建立公交线路表和公交线路与道路关系表，见表5-4和表5-5。

表 5-4 线路道路表

ID	线路号	路段号
1	1	15
2	1	16
3	1	7
4	1	7
5	1	8
6	1	25
7	1	26
8	2	22
9	2	21
10	2	8
11	2	24
12	2	23

表 5-5 公交线路表

ID	公交线路	线路编号	...
1	21 路	1	
2	78 路	2	

然后建立表之间的连接，采用双向连接，线路表与线路道路关系表连接，后者再与道路表建立连接。连接后，可以在三个表中相互查询。

5.2.3 CAD 数据转换的属性表操作

CAD 数据是重要的地理信息数据源，在 GIS 中打开 CAD 数据，像一般的要素数据集一样，分为不同类型，同时还有属性表。不过这些属性表是一些关于制图方面的信息，如实体（Entity）、图层（Layer）、颜色（Color）等，也有文字注记、高程等信息，并且可以如一般属性表一样进行查询。但是由于对应的图层不是 GIS 格式，因此不允许编辑，可以通过转换形成 GIS 图层，其中属性数据在转换中有重要应用性。

在 GIS 中打开 CAD 数据，显示的是一个图层组，包括注记层、点层、线层、多边形层以及多面体层。对于线层，可能包含地形等高线、河流、道路甚至管线、电线等，因此在转换时一般需要分成不同的专题图层。

1. 注记高程与高程点连接

注记是一个单独的图层，有时高程点是以注记的形式出现，转换后与高程图形点并无联系，因此难以作为高程点使用。这时数据处理有多种方法。一种是直接以注记图层作为高程信息图层使用，方法是把注记层转换为要素层，另外可能还要把注记的高程文本型转换为数值型。这种方式的缺点是，文字注记点并不是高程位置点，但是一般与高程点位置很近。

另一种方法就是建立高程点与注记点的空间连接或空间邻近度分析。其中当高程点密集时，由于注记标记位置，连接的可能不是应当对应的高程点。

通过表连接增加信息，通过连接扩展了信息，同时在连接表之间可以交互检索，即通过连接关系以一个表的连接关系查询另一个表的信息。

2. 高程数据问题

高程错误情况一种是过大过小值问题，例如，某一区域，地形高程变化在500～1000之间，但在高程字段可能出现数值之外的值，甚至出现负值。地形数据是重要的数据，尤其对于数据较少的情况，因此对于高程数据的错误情况，轻易不要删除，需要进行鉴别。鉴别方法是对高程字段排序，排序后识别高程在区域高程范围之外的数据。一般，在较近区域的等高线，高程点值差别不大，所以通过对邻近数据的观察，确定错误状况。经验上，一般这类错误是小数点位置错误，进行放大或缩小的结果。如果实在不能确定错误状况，可以删除。

高程错误的另一种状况是局域高程错误，即虽然高程值在区域高程值范围之内，但是在局部位置有异常点，其高程远高于或低于周围点的高程。可以通过对周围高程值的分析判断进行修改或剔除。

3. 高程数据的文字字段记录

还有一种情况，高程被记录在文字字段，另外可能在高程值记录中还包含一些非数字型字符，这时，需要通过字符串处理方式，提取记录的文字部分，GIS中对于字段处理包括这样的函数，把文字字段转换为数字字段，再做下一步处理。

属性表的字段类型形成数据应用方式的不同，通过字段计算，进行字段把记录类型进行转换。例如，作为高程的字段用文字记录，并且文字中还有非规范字符，可以通过以下过程进行转换。

第一步，建立一个文字字段，把文字高程字段的非数字字符去掉，方法是用字符串操作函数提取数字文字。

第二步，建立一个浮点型字段，用字符串转数值函数，将字段记录转换为数值。

5.3 属性域与属性字段

地理数据库使用属性域与子类型提高数据库组织和管理效率。对于关系表，通过连接实现字段关联，关联形成字段记录之间的一种约束关系。在数据库层次可以建立一个数据表，这个表与其下的要素和表建立字段关联，通过该表进行数据库中的图形和属性限定，作为数据输入编辑需要遵循的规则，在数据输入编辑中通过这些规则进行记录规范。

5.3.1 要素类与子类型

属性域针对要素类和子类型，在应用中，根据要素类的性质、特征，确定其取值范围以及一些要求和限定。

1. 字段取值范围

在关系数据库中，字段分为类型，不同类型取值范围不同，如整型一般取值范围为－32678～32677之间。但是在实际应用中，不同对象的取值范围还有一些特定的范围要求。例如，人的年龄是一个正整数，因此仅定义为整型是不够的，而基本的字段类型定义中又没有正整型，对于整数的负值部分显然不合适，另外即使是正值，取值范围仍很大。人的年龄一般在一个较小范围内，比如绝对不可能超过200（以后若超过，可以修改阈值）。

这样在对于字段定义时，可以按照字段特征限定数据范围，保证输入数据的正确性。对于人的年龄。可以限定0～200范围，当字段记录输入值不在此范围内，不接受输入，这就保证了输入数据的正确性。

2. 要素类

在GIS中，要素类通常指矢量数据表达的要素。要素类包括不同的类型，因此数据有一些特定的限制。在数据库中，数据类型是按照数据的数学特征划分的，对于应用，需要考虑切合实际的状况。用属性域可以限定范围。

当必须对适合使用子类型的位置以及需要附加要素类的位置作出决定时，便引发了重要的地理数据库设计问题。在创建子类型与新要素类之间作出决定时，请牢记两点：当试图按默认值、属性域、连通性规则和关系规则来区分对象时，建议为单个要素类或表创建单独的子类型；当希望根据不同的行为、属性、访问权限或是否进行多版本化来区分对象时，必须创建附加要素类。

3. 子类型

子类型是要素类中具有相同属性的要素的子集，或表中具有相同属性的对象的子集。直观来认识，对于道路，可分为一级道路、二级道路、大车路等，称为子类型。在属性域中定义这些子类型，可通过它们对数据进行分类，在数据输入时，如数字化时，自动按子类型进行属性记录填写。子类型的作用如下：

（1）将真实世界中的各种对象呈现为给定要素类中的要素子集，而不是为每个对象都创建新的要素类，从而提高地理数据库的性能。例如，可将街道要素类中的街道划分为三个子类型：地方街道、辅助道路和主干道，而不是分为不同的图层。

（2）设置一个将在创建新要素时自动应用的默认值。例如，可创建和定义一个地方街道子类型，以便每当将此类街道添加到要素类时，其速度限制属性就会自动设置为50km/h。

（3）对要素应用编码域或范围域，以将输入信息限制在一个有效的值集范围内。例如，在一个配水网络中，子类型给水干管可以使用一个编码域来表示材料，以将其材料限定于铸铁、球墨铸铁或铜中。

（4）创建其他子类型和要素类之间的连通性规则以保持网络的完整性。例如，在一个供水管网中，消火栓可以连接到消火栓支管，但不能连接到生活用水支管。

通过这些设置，在新建图层的图形要素输入过程中，相应的属性字段的记录值自动填写，例如当设置绘制输入的线段为地方街道类型时，速度自动填写为 50，其后的输入，不特别改变时，仍然执行这样的规则。

5.3.2 属性域

属性域用来控制数据库要素表的类型和进行数据检验。通过在属性域定义一些方法、规则，并把这些方法、规则与数据库中要素类连接，进行要素控制。属性域是描述字段类型合法值的规则，它提供了一种增强数据完整性的方法。属性域用于约束表或要素类的任意特定属性中的允许值。如果要素类中的要素或表中的非空间对象已被分组为各个子类型，则可将不同的特性域分配给每个子类型。

1. 要素控制问题

在要素数据输入和编辑中，对于要素状况和行为以及特性有一些特别的规定和要求。比如，对于属性表的数字字段输入文字，该记录按照数据表的定义被判断为非法而不予接受，对于数字字段，输入 0 开头的整数，前导 0 被字段过滤。这种记录限定对于一些具体应用来说还不具体，在字段类型中对此是无法控制的，因此需要一些附加控制。通过数据库的属性域，可以规定要素的某种规则和限制，从而实现要素控制。

将数据存储在地理数据库中的一个优势是可以定义数据编辑方式的规则。通过以下方式定义这些规则：为支管（Laterals）直径创建新的属性域，为 Laterals 要素类创建子类型，并将新域、现有域和默认值与各子类型的字段相关联。属性域是描述字段类型合法值的规则。多个要素类和表可以共享数据库中存储的属性域。但并不是要素类或表中的所有对象都需要共享相同的属性域。

例如，在供水管网中，假定仅消火栓给水支管的压力值可以在 40~100psi 之间，而生活用水支管的压力值只能在 50~75psi 之间。这种情况下应使用属性域来强制实施此限制。要实现此类验证规则，不必为消火栓和生活用水支管创建单独的要素类，而是希望区分这些类型的给水支管与其他支管以建立一组独立的域和默认值。可以使用子类型来实现这一点。

2. 地理数据库要素

地理数据库由多种要素构成，其构成要素如下：
（1）表（不是关系类的一部分）。
（2）简单要素类。
（3）简单要素数据集。
（4）栅格目录。
（5）栅格数据集。
（6）镶嵌数据集。
（7）标准注记。
（8）网络数据集（需要 ArcGIS 网络分析扩展模块）。
（9）逻辑拓扑图数据集（需要 ArcGIS 逻辑拓扑图扩展模块）。
（10）地形（需要 ArcGIS 三维分析扩展模块）。

(11) 定位器。

(12) 工具箱。

(13) 子类型。

(14) 域。

(15) 制图表达。

(16) 尺寸要素类。

(17) 与要素关联的注记。

(18) 几何网络。

(19) 宗地结构。

(20) 关系类。

(21) 拓扑。

5.3.3　用属性字段要素控制管理

在图形数据编辑中，需要对图形本身进行编辑，使与图形相关联的一些特征发生相应内部化，如多边形面积、线的长度，都会因为分割、移动的情况而发生改变，这种改变在属性记录中应及时反映。这种控制可以通过属性域设置实现。

1. 分割与合并策略

在编辑数据时，经常需要将一个要素分割成两个要素，或将两个单独的要素组合（或合并）为一个要素。例如，对于土地利用数据库中，一个地块可能由于再分区而被分割成两个单独的地块。类似的分区变更可能需要将两个相邻的地块合并为一个地块。

尽管对要素几何执行的这些类型的编辑操作的结果很容易预测，但它们对特性值的影响则不然。分割要素时，特性值的行为受控于它的分割策略。合并两个要素时，特性值受控于它的合并策略。

每个特性域都有分割策略和合并策略。对要素进行分割或合并时，地理数据库会参照这些策略以确定最终所得要素对于某个特定特性具有哪些值。

2. 属性表几何计算

"计算几何"工具可以访问图层的要素几何。根据输入图层的几何，可以计算坐标值、长度和面积。仅当对所使用的坐标系进行了投影时，才能计算要素的面积、长度或周长。不同投影具有不同的空间属性和变形。如果数据源和数据框的坐标系不同，那么使用数据框坐标系所计算的几何结果就可能与使用数据源坐标系所计算的几何结果不同。建议在计算面积时使用等积投影。

可使用计算几何对话框更新要素的面积、长度或周长，因为这些属性无法在编辑要素时自动更新。

仅当要素含有 z 值时，才能计算 z 坐标值或 3D 测量值。无论选择何种坐标系，都可以计算 z 坐标值和 3D 测量值。只要为图层定义了垂直坐标系，列出的 z 和 3D 计算结果的单位就为平面单位。如果没有为数据定义垂直坐标系，则单位将被列为未知。

3. 字段记录计算

使用键盘输入值并不是编辑表中值的唯一方式。在某些情况下，为了设置字段值，可能要对单条记录甚至是所有记录执行数学计算。字段计算器可以对所有或所选记录进行简单和高级计算。此外，还可以基于字段计算属性表中的面积、长度、周长和其他几何属性。

几何计算是平面的，也就是说，在投影空间中计算而不是在球空间或测地线空间中计算。仅当所使用的坐标系为投影坐标系时，才能计算要素的面积、长度或周长。如果数据源使用了一个地理坐标系，如 WGS 1984 并且未投影，则可以使用数据框的投影坐标系来执行计算。或者，也可以投影数据源。

5.3.4 属性域编辑

创建域时，必须指定想要使用的域类型。通过属性域编辑与要素关联，进行要素数据管理。

1. 范围域

范围域用于指定数值特性的有效值范围。创建范围域时，需要输入一个最小有效值和一个最大有效值。可将范围域应用于短整型、长整型、浮点型、双精度浮点型和日期特性类型。

例如，在给水干管要素类中，可以针对输水干管、配水干管和旁路给水干管设置子类型。配水干管的压强可以介于 50～75psi 之间。要使一个配水干管对象有效，为其输入的压强值必须介于 50～75psi 之间。范围域是通过使用"验证要素"命令进行验证的。

2. 编码域

编码值域可以应用于任何类型的特性。文本、数值和日期等。编码值域用于为特性指定有效的值集。例如，可将给水干管埋在 GroundSurfaceType 特征字段所标志的以下几种不同类型的地表下：硬路面、砂砾、砂石或无（适用于暴露在外的给水干管）。编码值域既包括存储在数据库中的实际值（例如用 1 代表硬路面，2 代表砂砾等），也包括对值的实际含义的用户友好型描述。对编码值域的验证是通过限制用户从下拉列表中选择字段值来实现的。

3. 分割策略

任何给定表、要素类或子类型的特性都可以有以下三种分割策略之一，这些策略控制着输出对象中的特性值：

（1）默认值——两个最终所得要素的特性使用给定要素类或子类型的默认特性值。

（2）复制——两个最终所得要素的特性使用原始对象的特性值副本。

（3）几何比——两个最终所得要素的特性是原始要素值的比率。该比率取决于原始几何的分割比率。如果几何比被分割成相等的两部分，则每个新要素的特性值将是原始对象特性值的一半。几何比策略只适用于数值字段类型的域。

例如对于宗地，当分割一块宗地时，将自动分配面积特性，以作为最终所得几何的一个性质。权属值会被复制到新对象（在此数据库中，分割一块宗地并不会影响它的所有权）。将根据宗地的面积或大小来计算财产税字段的值。为了计算每个新对象的财产税字段，分割策略会根据新要素的各自面积将原始宗地的财产税按比例分配给各个新要素（图5-2）。

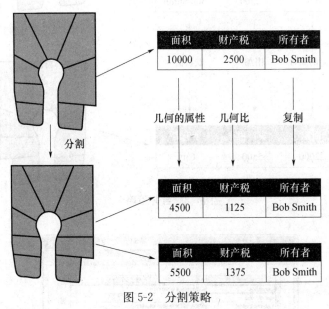

图5-2 分割策略

4. 合并策略

在将两个要素合并为一个要素时，合并策略控制着新要素的特性值。任何给定要素类或子类型的特性都可以具有以下三种合并策略之一：

（1）默认值——最终所得要素的特性使用给定要素类或子类型的默认特性值。这是唯一适用于非数值字段和编码值域的合并策略。

（2）总和值——最终所得要素的特性使用原始要素特性值的总和。

（3）几何加权——最终所得要素的特性使用原始要素特性值的加权平均值。此平均值取决于原始要素的几何。

在宗地示例中，当合并两块宗地时，将自动分配 Area 特性，以作为最终所得几何的一个性质。将为权属分配其默认值。由于合并要素的财产税值是原始要素财产税值的总和，因此其合并策略是对原始要素的财产税值进行求和。

在编辑器中合并要素时，将不会对合并策略求值。但开发人员在编写自己的合并实现方法时可以充分利用合并策略（图5-3）。

5. 编码值

编码值部分仅可用于编码域。它包含域的编码值以及对该值含义的相关描述。图5-4显示了将缩写文本用作编码值来表示要素类别的方法。在此实例中，土地用途类别由适合的缩写来表示。

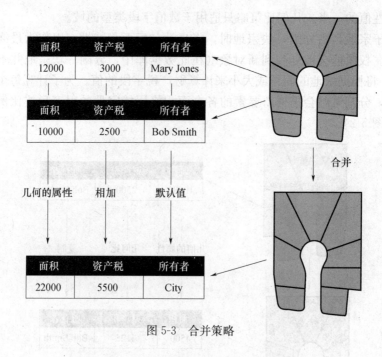

图 5-3 合并策略

图 5-4 属性域

6. 属性域与要素关联

创建一个或多个属性域后，可以将域及其默认值与表或要素类中的字段相关联。一旦将域与要素类或表相关联，即会在数据库中创建验证规则属性。

同一属性域可与同一表、要素类或子类型的多个字段相关联，也可以与多个表和要素类中的多个字段相关联。

5.4 数据表信息挖掘

对于图形数据通过分析，提取需要的信息；对于数据表，同样可以进行分析，提取应用信息。从数据角度，这种通过数据运算获取隐含在其中信息的过程称为数据挖掘。从数据挖掘角度，地理信息分析属于信息挖掘问题，对于数据表信息挖掘，已经有专门的工具集如 SQL 工具。由于数据中存在大量有用的信息，因此对数据挖掘的研究已经成为一项研究专题，而大数据的信息发现，是信息挖掘的扩展。

5.4.1 信息挖掘问题

"数据挖掘"、"信息发现"等都是针同一问题的不同说法。需要是发明之母，数据挖掘引起了信息产业界的极大关注，其主要原因是存在大量数据，可以广泛使用，并且迫切需要将这些数据转换成有用的信息和知识。获取的信息和知识可以广泛用于各种应用，包括商务管理，生产控制，市场分析，工程设计和科学探索等。

1. 数据中隐含大量的重要信息

数据挖掘利用了来自如下一些领域的思想：
（1）来自统计学的抽样、估计和假设检验。
（2）人工智能、模式识别和机器学习的搜索算法、建模技术和学习理论。数据挖掘也迅速地接纳了来自其他领域的思想，这些领域包括最优化、进化计算、信息论、信号处理、可视化和信息检索。一些其他领域也起到重要的支撑作用。特别地，需要数据库系统提供有效的存储、索引和查询处理支持。源于高性能（并行）计算的技术在处理海量数据集方面常常是重要的。分布式技术也能帮助处理海量数据，并且当数据不能集中到一起处理时更是至关重要。

数据挖掘是借用采矿的一个概念。数据好比一个丰富的矿藏，这个矿藏存储的是信息，信息的存储状况、存储形式需要通过一定的分析才能获得，这就是数据挖掘问题。数据挖掘从概念上比较新，但是并不神秘，尤其从 GIS 角度。用地形数据经过坡度分析生成坡度图就是一种数据挖掘。

信息以数据为主要载体，在把信息抽象为数据后，一些信息被有意无意地隐藏了，另外，有一些信息即使在信息抽象前，也没有明确的显示出来，因为这涉及专业知识和智慧以及经验。

以地图信息为例，地形从古代的写意到用等高线来表达，使地形信息具有独特的较为精确的可量测功能，但是等高线的表示使坡度、坡向等信息被隐藏起来。在遥感图像中，古代的陨石坑有时能够看到，但是对于不懂陨石坑状况、对陨石坑没有兴趣的人，显然难以觉察。

2. 数据挖掘方法

数据挖掘有分类方式、估计、预测、相关性分组或关联规则、聚类、复杂数据类型挖掘（Text、Web、图形图像、视频、音频等）等。图 5-5 是一个数据挖掘模型。

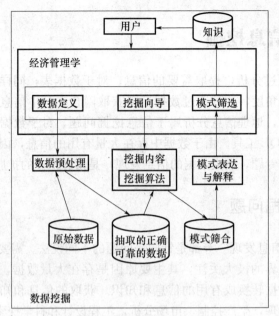

图 5-5 数据挖掘逻辑过程

3. 通过信息关联挖掘信息

1912 年 4 月 14 日晚 11 点 40 分，泰坦尼克号在北大西洋撞上冰山（大约在 41°43′55.66″N 49°56′45.02″W 附近），2 小时 40 分钟后，即 4 月 15 日凌晨 2 点 20 分沉没，1 523 人葬身海底。

根据保留下来的乘客记录和一些学者计算结果，进行数据整理，挖掘隐含的信息（表 5-6）。

表 5-6 泰坦尼克数据统计表

分组	年龄组		性别组		身份组			
	成年	未成年	男	女	一等舱	二等舱	三等舱	船员
幸免数	661	57	374	344	203	118	179	219
死亡率%	68.5	47.7	78.5	26.8	37.5	58.6	74.8	75.4

从表数据分析可以发现一些重要的信息，对于年龄组，显然成年人比未成年的自救能力强，而死亡率高的原因显然是成年人救助未成年人的结果；性别组也反映了类似情况；身份组中，舱等的设施和救生设备有别，而船员显然具有最强的自救能力，但死亡率却很高，隐含了在危机面前船员的职业操守。这次灾难的数据反映了危难之际人性的光辉，这些信息隐含在数据之中，即"字里行间"，通过数据分析，"挖掘"获得。通过数据挖掘，获得数据中隐含的信息。

5.4.2 统计汇总

统计汇总既是数据分析的一种方式和分析结果表达，也是一种常规应用需要。对于一幅土地利用图，分类进行面积统计，作为土地利用规划和土地利用政策制定和调整的依据。对于数据表和属性表，数据库技术提供了大量的体积汇总方法和工具。

1. 分类统计

对于数据表，可以按照字段进行分类统计。在统计时，首先要进行分类。以地形坡度为例，把地形坡度按某种应用标准分为不同坡度等级，然后可以进行坡度分类统计。对于土地利用类型，也可以分类统计。当地图图层含有的信息分类体系复杂时，可以进行多字段条件统计，这实际也是信息挖掘的简单应用。

2. 图表

图表指依据表数据制作的图形，用数据表的数值字段可以制作图表，图表类型有柱状图、饼图和各种曲线图。图表以直观的方式展现表数据的特征，图 5-6 是一份统计图表样例。

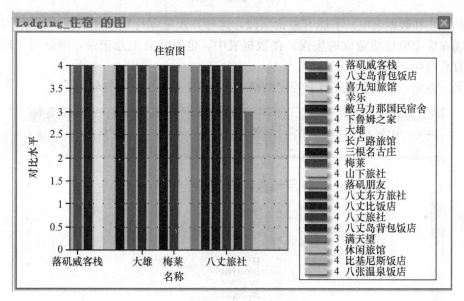

图 5-6　统计图表

3. 汇总表

使用汇总统计数据计算报表会使报表更易于理解。汇总统计数据和报表中的各条记录结合在一起，显示要报告的图层或表格的完整信息集。例如，可以计算任何数值字段的总和、平均值、计数、标准差、最小值和最大值。

统计运算可用于此工具：总和、平均值、最大值、最小值、范围、标准差、计数、第一个和最后一个。常见的统计参数如下：

（1）SUM——添加指定字段的合计值。

（2）MEAN——计算指定字段的平均值。

（3）MIN——查找指定字段所有记录的最小值。

（4）MAX——查找指定字段所有记录的最大值。

（5）RANGE——查找指定字段的值范围（MAX – MIN）。

（6）SSTD——查找指定字段中值的标准差。

（7）COUNT——查找统计计算中包括的值的数目。

（8）LAST——查找"输入表"中最后一条记录，并使用该记录的指定字段值。

5.4.3　报表

在数据库中，数据表有严格的规范模式，但是在数据输出时，要使用常规的方式，这样，需要在数据表的基础上，为输出建立报表。

1. 数据表与报表的区别

表中套表情况。在数据表中，不能有传递关系，比如，在表中有一个字段表示商品价格，另一个字段为商品数量，这时可以计算：

$$单价×数量＝总价$$

但是，在数据表中，不能有总价字段，这种方式是保持数据库数据的独立性，避免传递在应用中可能造成的失误。在数据表中，也不能有汇总记录，但是对于输出，需要有总价栏，也需要有汇总栏。

另一方面，输出报表还要有特定的格式。图 5-7 是一个报表样例。

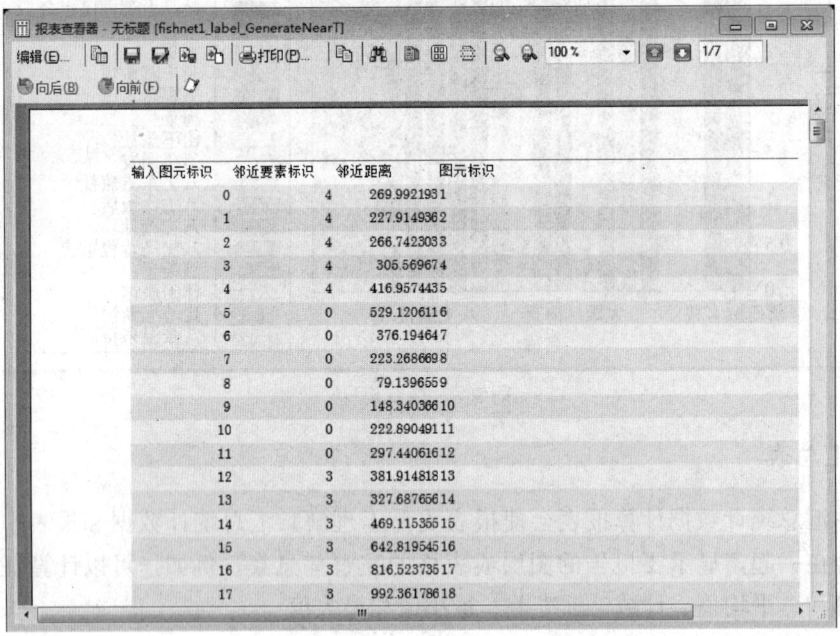

图 5-7　报表样式

2. 生成报表

报表呈现分析背后的事实和数字，对于所创建的地图而言是不可或缺的辅助工具。可以有效地利用报表来显示有关地图要素的属性信息。报表中显示的信息直接来源于存储在地图中的地理数据或独立表格中的属性信息。

在报表中，可以选择显示表格中的哪些字段以及显示方式。创建报表后，就可以将报表放置在地图布局上靠近地理数据的位置，或者将报表保存为用于分发的文件。

5.4.4 知识发现

知识发现是从数据集中识别出有效的、新颖的、潜在有用的，以及最终可理解的模式的非平凡过程。知识发现是发现隐性信息的技术、过程和方法。知识发现将信息变为知识，从数据矿山中找到蕴藏的知识金块，将为知识创新和知识经济的发展做出贡献。信息用数据表示，数据中含有信息，数据中的信息异常丰富也异常复杂，在大量的数据中提取特别的信息，已经成为信息技术的应用核心。

1. 关于知识发现

知识发现（Knowledge Discovery in Database，KDD），是"数据挖掘"的一种更广义的说法，即从各种信息中，根据不同的需求获得知识。知识发现的目的是向使用者屏蔽原始数据的繁琐细节，从原始数据中提炼出有意义的、简洁的知识，直接向使用者报告。

基于数据库的知识发现（KDD）和数据挖掘还存在着混淆，通常这两个术语替换使用。KDD 表示将低层数据转换为高层知识的整个过程。可以将 KDD 简单定义为：KDD 是确定数据中有效的、新颖的、潜在有用的、基本可理解的模式的特定过程。而数据挖掘可认为是观察数据中模式或模型的抽取，这是对数据挖掘的一般解释。虽然数据挖掘是知识发现过程的核心，但它通常仅占 KDD 的一部分（15%～25%）。因此数据挖掘仅仅是整个 KDD 过程的一个步骤，对于到底有多少步以及哪一步必须包括在KDD 过程中没有确切的定义。然而，通用的过程应该接收原始数据输入，选择重要的数据项，缩减、预处理和浓缩数据组，将数据转换为合适的格式，从数据中找到模式，评价解释发现结果。

2. 知识发现技术

知识发现过程的多种描述只是在组织和表达方式上有所不同，在内容上并没有非常本质的区别。知识发现过程包括以下步骤：

（1）问题的理解和定义：数据挖掘人员与领域专家合作，对问题进行深入的分析，以确定可能的解决途径和对学习结果的评测方法。

（2）相关数据收集和提取：根据问题的定义收集有关的数据。在数据提取过程中，可以利用数据库的查询功能以加快数据的提取速度。

（3）数据探索和清理：了解数据库中字段的含义及其与其他字段的关系。对提取出的数据进行合法性检查并清理含有错误的数据。

（4）数据工程：对数据进行再加工。主要包括选择相关的属性子集并剔除冗余属性、根据知识发现任务对数据进行采样以减少学习量以及对数据的表述方式进行转换以适于学习算法等。为了使数据与任务达到最佳的匹配，这个步骤可能反复多次。

（5）算法选择：根据数据和所要解决的问题选择合适的数据挖掘算法，并决定如何在这些数据上使用该算法。

（6）运行数据挖掘算法：根据选定的数据挖掘算法对经过处理后的数据进行模式提取。

（7）结果的评价：对学习结果的评价依赖于需要解决的问题，由领域专家对发现的模式的新颖性和有效性进行评价。数据挖掘是 KDD 过程的一个基本步骤，它包括特定的从数据库中发现模式的挖掘算法。KDD 过程使用数据挖掘算法根据特定的度量方法和阈值从数据库中提取或识别出知识，这个过程包括对数据库的预处理、样本划分和数据变换。

5.4.5　大数据

大数据（big data，mega data）是近来兴起的一个概念，大数据指数据量很多的数据。大数据中包含极为丰富的信息，可以用于决策、预测。大数据或称巨量资料，指的是需要新处理模式才能具有更强的决策力、洞察发现力和流程优化能力的海量、高增长率和多样化的信息资产。

1. 大数据特点

大数据分析相比于传统的数据仓库应用，具有数据量大、查询分析复杂等特点。《计算机学报》刊登的"架构大数据：挑战、现状与展望"一文列举了大数据分析平台需要具备的几个重要特性，对当前的主流实现平台——并行数据库、MapReduce 及基于两者的混合架构进行了分析归纳，指出了各自的优势及不足，同时也对各个方向的研究现状及作者在大数据分析方面的努力进行了介绍，对未来研究做了展望。

大数据的 4 个"V"，或者说特点有四个层面：第一，数据体量巨大。从 TB 级别，跃升到 PB 级别；第二，数据类型繁多。有网络日志、视频、图片、地理位置信息等。第三，处理速度快，1 秒定律，可从各种类型的数据中快速获得高价值的信息，这一点也是和传统的数据挖掘技术有着本质的不同。第四，只要合理利用数据并对其进行正确、准确的分析，将会带来很高的价值回报。业界将其归纳为 4 个"V"——Volume（数据体量大）、Variety（数据类型繁多）、Velocity（处理速度快）、Value（价值密度低）。

从某种程度上说，大数据是数据分析的前沿技术。简言之，从各种各样类型的数据中，快速获得有价值信息的能力，就是大数据技术。明白这一点至关重要，也正是这一点促使该技术具备走向众多企业的潜力。

大数据最核心的价值就是在于对于海量数据进行存储和分析。相比起现有的其他技术而言，大数据的"廉价、迅速、优化"这三方面的综合成本是最优的。

2. 大数据意义

大数据是变革价值的力量。未来十年，决定中国是不是有大智慧的核心意义标准，就是国民幸福。一体现到民生上，通过大数据让事情变得澄明，看在人与人关系上，做得是否比以前更有意义；二体现在生态上，看在天与人关系上，做得是否比以前更有意义。总之，从前 10 年的意义混沌时代进入未来 10 年意义澄明时代。

大数据是变革经济的力量。生产者是有价值的，消费者是价值的意义所在。有意义的才有价值，消费者不认同的，就卖不出去，就实现不了价值；只有消费者认同的，才卖得出去，才实现得了价值。大数据从消费者这个源头识别意义，从而帮助生产者实现价值。这就是启动内需的原理。

　　大数据是变革组织的力量。随着具有语义网特征的数据基础设施和数据资源发展起来，组织的变革就越来越显得不可避免。大数据将推动网络结构产生无组织的组织力量。最先反映这种结构特点的，是各种各样去中心化的 WEB2.0 应用，如 RSS、维基、博客等。大数据之所以成为时代变革力量，在于它通过追随意义而获得智慧。

思考题

　　1. 关系表的特征是什么？
　　2. 数据表可以做哪些分析？
　　3. 数据表的连接练习：按照数据表链接关系，建立公交线路与道路的连接。
　　4. 制作一份数据报表。
　　5. 试选择一个数据表，进行信息分析和提取，练习数据挖掘。

地形分析

在自然地理要素中，地形要素具有特殊的作用，在自然地理现象、过程和事件中，地形可以看做主导要素，其他自然地理要素都一定程度受地形影响，如降水到达地面，受地形制约形成河系；气候状态和变化与地形有关；同样，植被的类型、分布也受地形制约。因此，通过地形分析，能够揭示区域自然地理特征，具有重要的实践意义。

6.1 地形分析原理

地形分析实际上是在地形特征和应用需要的基础上，利用矩阵代数进行栅格数据的处理过程，不同的应用要求，数据处理方式不同，就构成了地形分析的不同方法和不同类型。

地形分析以 DEM 为基础，可以以之进行地形高程分级、坡度分析、坡向分析，山影分析，结合 GIS 的数据处理功能，还可以进行填挖方计算。

6.1.1 地形数据处理

在地图平面，通过等高线和高程点表达地形。地形等高线指在地形图上把高程相等的相邻各点所连成的闭合曲线。等高线也可以看做是不同海拔高度的水平面与实际地面的交线，在等高线上标注的数字为该等高线的海拔高度。在 GIS 中，对于等高线数据，需要进行一定的处理，形成适宜进行地理空间分析的数据特征。

1. 地形图的地形表达

在地图上，地形用等高线、高程点表达。在地形分析中，地形的这种表达的不足之处是只有在等高线、高程点上有高程值，在等高线高程点之外没有高程信息。这种状况的数据不利于用计算机进行地形分析。为此，在 GIS 中，地形分析首先要建立地形面。地形面是一种三维面，通过等高线、高程点等按照一定的方法和规则建立，形成具有三维形态的、覆盖研究或工作区域范围的地图图层数据。

等高线是等值线的一种，特指地形高度，一般的非地形特征的等值线，也可以通过模型，建立三维形态，用于相应地理事物的三维空间分析。如等值线是连接等值点（如高程、温度、降雨量、污染或大气压力）的线。线的分布显示表面上值的变化方式。值的变化量越小，线的间距就越大；值上升或下降得越快，线的间距就越小。

沿着特定的等值线，可以标识具有相同值的位置。通过查看相邻等值线的间距，可以大致了解值的分布层次。

2. 地形面

等值线具有观察效果，有经验的人员可以以之解析和识别地形特征，但是对于计算机以之直接建立地形特征就比较困难，困难的意思是计算机程序特别复杂，为此，为了便于计算机解析三维特征，需要首先以等值线为基础，进行某种运算，生成覆盖等值线区域的三维面。这种三维面可以是不规则三角面或规则的网格。无论什么形式，其共同的特征是覆盖等值线区域，并在其中任意一点都能获得相应的第三维数据的图形，这种三维面作为三维特征分析的基础。

栅格面生成用插值方法，这种方法把区域空间划分为规则格网，利用等高线和高程点，按照数学方法进行格网点插值推算，形成栅格数据。

3. 地形的三维特征

客观世界是三维的，即使在纸张上写字，字迹墨水也占据一定的厚度，但由于厚度很小，可以视为平面。对于三维形态如地形及其类似描述，三维特征有高低起伏程度，斜面的方向，高度等、高差等，分别对应与地形内容为地形的高程、坡度、坡向、坡位、形态（梁峁）、结构等。

地形分为平原、山地、丘陵、高原、盆地等。从概念上容易划分，但实际的地形非常复杂，以丘陵而言，有形态差异，有分布差异，有大小差异，有高低差异，若与其他对象类别有空间混合，则状态更加复杂。

对栅格地形进行地形分析，需要建立定量的指标，然后建立模型，进行分析运算。地形起伏状况造成地形的复杂特征。

6.1.2　生成 DEM

DEM 是地理信息的一个重要数据表达方式，是地形分析的基础，广泛地应用于地理信息分析和专业问题分析中。DEM 一般通过对矢量数据的插值生成，插值方法有多种，对于地形生成，以等高线和高程点为插值计算基础。

1. DEM

DEM 有广义狭义之分。广义的 DEM 指三维地形，从表达数据格式上包括 grid、tin、terrain 等。狭义 DEM 专指栅格数据类型的地图图层，在 ArcGIS 中为 grid。DEM 的生成是根据已有高程数据如等高线、高程点等，进行区域空间插值，这个过程首先把区域空间划分为网格，网格范围为包括区域范围的矩形区域，栅格大小根据需要设定，然后以网格为中心，搜索周围范围一定数量的高程点。由于高程点一般疏密不等，通过变换搜索半径，形成一个圆形区域，计算其中的点数；最后，根据采用的插值模型，计算每一个网格的高程值。

2. 插值方法

DEM 插值方法有多种，常用的有反距离平方法（IDW）。其在插值点周围选择一定数量的已知点，然后根据每个点到插值点的距离计算插值贡献。由于点空间分布的不均匀性，因此一般采取变动圆，即以插值点位为圆心绘制一个圆，圆内插值点数量少于规定量则扩大圆，反之缩小圆（图 6-1）。

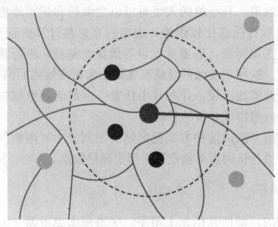

图 6-1　变动圆插值过程

3. 插值器

降水到达地面产生径流，水流过程以及许多水文特征如流向、流域等都需要通过地形数据分析获得，DEM 模型的生成原理是把区域空间划分为栅格单元，根据地形数据进行插值形成矩阵，对于地形，就是 DEM。由于 DEM 通过地形点位插值生成，而点位的分布状况与程序只依据给定的法则进行数据处理，就会造成 DEM 不能充分反映地形特征，比如水文地貌形态的不一致状况。一是河流从上游到下游，河床高度是逐渐降低的，但在生成的 DEM 上加载的河流，地形并不一定符合这种状况；另外就是 DEM 的沟谷流水线与河流可能不重合。

这些情况的产生是由于在插值中缺少关于河流的数据。并不是插值计算时没有河流数据，而是插值方法中没有考虑应用这类数据。澳大利亚国立大学研究者研发了一种 DEM，这种 DEM 与一般 DEM 的生成方法和原理有区别，故为分别起见，称为 ANUDEM。该模型的特点是在三维地形生成过程中保持水文地貌形态的一致性。因为一般的 DEM 只根据地形高程，不再考虑其他因素，完全遵从数学计算模型生成，这样难免在河道部分形成不合理情况，如河道下游有比上游高的情况。

ANUDEM 在生成过程中除纳入河流要素外，还考虑了与地形有关的其他要素层如境界、高程点、等高线、湖泊等，更新版本的 ANUDEM 还考虑了悬崖、海岸等要素。

ArcGIS 把这种插值方法纳入，称为地形转栅格（topo to raster）。这种方法把高程点、等高线、境界、河流、湖泊、断崖等都予以考虑，作为约束条件，在地形转栅格时内插高程值，从而确保地形结构连续，准确呈现输入等值线数据中的山脊和河流。因此，它是唯一专门用于智能地处理等值线输入的 GIS 插值器。

考虑这些要素，在生成 DEM 过程中，同时进行这些要素在插值栅格内的状况分析，可能还要考虑相邻栅格状况。例如，对于境界，则境界之外的栅格不再进行插值计算，直接赋值 nodata，对于湖泊，当插值栅格在湖泊范围，这直接以湖泊范围地形最低点作为栅格值。

ANUDEM 是在 ArcINFO 工作站版本用宏编程语言 AML 编写，在 ArcGIS 中，把其作为一个工具条予以实现，工具条英文名为 Topo to Raster，中文为"地形转栅格"

4. 生成水文地貌一致 DEM

本模型生成需要的数据是：高程点、等高线，二者同有或选其一，其他可选数据有范围面、断崖线、河流线、湖泊等。生成的一个水文地貌一致的地形模型如图 6-2 所示。

图 6-2 水文地貌一致地形

5. 对 ANUDEM 扩展

ANUDEM 提供了灵活的应用，可以利用其特征处理另外相关的问题，例如，可以利用湖泊图层的处理功能，把建筑物区域的地形整平，避免在三维加载建筑物时的建筑物浮起或部分被掩埋状况。另外，对于湖泊，虽然能方便生成，但生成的湖泊是平底的，对于要考虑湖泊地面起伏不平的实际状况，如果有湖底点位高程或等高线，则不要使用湖泊图层。

6.2 基本地形分析

坡度表达地面起伏状态，在城乡规划中，对地形坡度有划分标准，不同的地形坡度，在城市规划中利用的目标和类型不同。通过坡度分级，确定土地利用特征。

6.2.1 地形坡度分析

地形坡度指地形斜面的倾斜程度，在计算中，用两点之间的高差与水平距离之比的函数作为坡度值。坡度分析就是通过三维地形生成坡度图，用 DEM 生成坡度的原理是逐栅格计算，基本原理是以相邻栅格的高差与水平距离之比。对于一个栅格，有 8 个邻元，坡度计算值是指各像元中 z 值的最大变化率，即对于所有相邻栅格计算坡度，区坡度最大的一个作为本栅格的坡度值。

1. 坡度表示

坡度值可以取角度，也可以取高程增量百分值。用角度表示，坡度范围从 0° 到 90°。对于高程增量百分比，范围为 0 到接近无穷大，其中，平坦表面为坡度为 0%，45° 表面为 100%，随着表面变得越来越接近垂直，高程增量百分比将变得越来越大。

2. 生成坡度和坡度重分类

应用坡度工具，可以从地形面生成坡度图，此时生成的坡度图是连续栅格，在实际应用中，还需要根据应用需要进行坡度重分类，把连续栅格重分为特定的坡度序列。表 6-1 是坡度分类的应用分类。

表 6-1　不同坡度对城市土地利用的影响

坡度等级	5% 以下	5%～15%	10%～15%	15%～45%	45% 以上
土地使用	适宜各种土地利用	只适宜住宅小规模建设	不适宜大规模建设	不适宜大规模建设	不适宜大规模建设
建筑形态	适宜各种建筑形态	适宜各种建筑和高级住宅	高级住宅	只适宜阶梯式住宅和高级住宅	不适宜建筑
活动类型	适宜各种大型活动	只适宜非正式活动	只适宜自由活动或山地活动	不适宜活动	不适宜活动
道路设施	适宜建各种道路	适宜建主要和次要道路	小段坡道	不适宜	不适宜
水土保持	不需要	不需要	不需要	应铺草皮保护	水土保持困难

3. 坡度分析应用

坡度图在很多应用中都要重要应用，作为用地评价因子，在水土保持规划、城乡规划、生态评价、环境保护等方面，都要考虑坡度类型。

退耕还林，把地形坡度分为 25° 以上和以下两种类型。在土地适宜性评价中，坡度是不可或缺的因子。在山地的用地适宜性评价中，对于地形坡度的考虑是，坡度越小则适宜建设性越好。为了便于营造居住环境，特将允许建设的坡度范围确定为 55° 以下。其中规定坡度小于 5% 是基本不影响城市建设的用地类型；坡度在 5%～15% 之间的地块，可稍加处理后在利用；坡度在 15%～55% 之间的情况，则需要特殊处理；当坡度人于 55% 时，作为禁止开发建设的地块。

6.2.2　坡向分析

地形坡向与太阳辐射和光照情况密切相关，太阳辐射指地面接受的辐射能量，光照指地面光线明暗状况，通过坡向分析作为地面这些特征分析的基础。坡向分析可以用于种植作物种类布局，林业树种选择等。

1. 坡向概念

坡向指坡面的朝向，对于一个地块，如果是倾斜的，则斜面法线（垂直于斜面的线）在平面投影所指的方向，在 DEM 中，用于标识从每个单元到其相邻单元方向上值的变化率最大的下坡方向。坡向可以被视为坡度方向。输出栅格的值将是坡向的罗盘方向。

坡向的计算是从北方向算起，顺时针按 360°计算。从地形直接生成的坡向图是连续栅格。

2. 坡向分析应用

通过坡向分析，确定一条线路的坡度分布状况，例如，作为搜索最佳滑雪坡线路的一部分，查找某座山上所有朝北的坡；作为确定各地区生物多样性研究的一部分，计算某区域中每个位置的日照强度；作为判断最先遭受洪流袭击的居住区位置研究的一部分，在某山区中查找所有朝南的山坡，从而判断出雪最先融化的位置；识别出地势平坦的区域，以便从中挑选出可供飞机紧急着陆的一块区域。

坡向按照顺时针方向进行测量，角度范围介于 0（正北）到 360（仍是正北）之间，即完整的圆。不具有下坡方向的平坦区域将赋值为−1。

3. 坡向算法

移动的 3×3 窗口会访问输入栅格中的每个像元，而每次位于窗口中心的像元的坡向值将通过一种将纳入八个相邻像元值的算法进行计算。这些像元使用字母 $a \sim i$ 进行标识，其中 e 表示当前正在计算坡向的像元（图 6-3）。

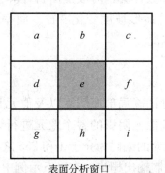

表面分析窗口

图 6-3 坡向算法示意图

像元 e 在 x 方向上的变化率将通过以下算法进行计算：

$$[dz/dx] = [(c+2f+i) - (a+2d+g)]/8 \tag{6-1}$$

像元 e 在 y 方向上的变化率将通过以下算法进行计算：

$$[dz/dy] = [(g+2h+i) - (a+2b+c)]/8 \tag{6-2}$$

代入像元 e 在 x 方向和 y 方向上的变化率，坡向将通过以下算法进行计算：

$$aspect = 57.29578 \times atan2([dz/dy], -[dz/dx]) \tag{6-3}$$

然后，坡向值将根据以下规则转换为罗盘方向值（0°~360°）：

$$if\ aspect < 0$$
$$cell = 90.0 - aspect$$

```
else if aspect＞90.0
    cell＝360.0－aspect＋90.0
else
    cell＝90.0－aspect
```

4. 坡向生成和分类

在城乡规划设计中，坡向对建筑的布置有一定影响，在一定的规划区域内，提取出不同地区所需的最佳位置可为建筑区域的选择提供参考。将坡向作为城市建设用地适宜性评价的必不可少的因子之一，坡向一般可分为北、东、南、西四个坡向，或北、东北、东、东南、南、西南、西、西北八个坡向。朝向能满足建筑节能要求，我国多数地区尤其是坡地地区对坡向的要求比较高。

坡向分析一般用于建筑设计、林业规划、土地利用规划等。

6.2.3 地形的其他分析

对于地形在坡度坡向常规分析基础上，还可以做其他分析，包括曲率分析、山影分析等。这些分析用于解决专业的一些应用问题。

1. 曲率分析

曲率特指计算输入表面的二阶导数，具体计算的结果解释属于专业问题。例如，从地形生成坡度实际是一阶导数计算，对坡度图再计算一次坡度，就是对地形面计算曲率。对于这种曲率的解释是地形坡度变化特征。曲率值大的栅格，坡度变化剧烈，可以用于水土流失强度分布状况。

2. 山影分析

通过对阴影进行建模，可计算局部照明度以及像元是否落入阴影内，以确定在一天的特定时间对将要落入其他像元阴影的各个像元进行识别。位于其他像元的阴影中的像元编码为 0；所有其他像元的编码为介于 1 和 255 之间的整数。可将所有大于 1 的值重分类为 1，从而生成二进制输出栅格。在以下示例中，黑色区域位于阴影内。两张图像中的相位角相同，只是太阳角度（高度）被进行了修改。图 6-4 为山影分析示例。

太阳角度较低的阴影 　　　　　　　　太阳角度较高的阴影

图 6-4　山影分析

3. 剖面图

依据地形可以制作剖面图，剖面图可以用剖面图工具绘制剖面线生成，也可以用已有的图层选择生成，可以使用直线，也可以使用折线。

地形剖面为地形的纵断面，在地形表面确定一条线路，这条线路随地形起伏，生成该线路的剖面图。线路可以是直线，也可以是折线，可以即时绘制，也可以用已有线图层。地形剖面如图 6-5 所示。

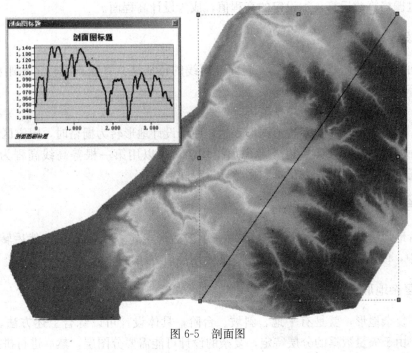

图 6-5　剖面图

6.3　填挖方计算

地形平整是为了满足建设需要，把复杂的起伏地形平整为规则的地形，如平面、斜面等。地形平整是规划经常遇到的设计问题。在 GIS 中进行地形平整的数据处理过程相对比较简单。

6.3.1　地形设计

地形设计指把目标地形通过图形表达出来。地形复杂，有平面、坡面、台面等类型。在设计中，通过设计等高线进行地形设计。地形平整就是把现状地形平整为设计状态。由于地形的复杂性，设计地形需要考虑随山就势，由此形成设计地形的复杂性。

1. 设计成平面

平面地形设计最为简单，方法是绘制一个填挖区域的多边形，给多边形属性一个数字字段，填入设计高程为属性值，然后把多边形转换为栅格图形即可。

在设计地形时，核心问题是设计高程。除特定的要求外，一般设计高程要求填挖土方量基本相等，以减少废方或弃方。利用 GIS 技术，可以采用测试法确定设计高程。具体方法是：

（1）设计高程暂时定为 0，转换为栅格，栅格值为 0。

（2）填挖方计算，对计算结果图的属性表进行填挖方量求代数和。一般地形高于 0，因此全部为挖方。填挖总量除以填挖面积为填挖均衡高程，可以作为设计高程。

（3）把多边形再进行栅格转换，设计高度用计算结果，或者把已经转换的栅格数据，通过栅格算数运算，加设定的高程值，成为设计高程面。

2. 设计成斜面

斜面地形一般用等高线表达。斜面等高线的特征是：直线、平行、平距相等。据此，用等高线设计斜面。其中需要注意的是：

（1）等高线范围要大于填挖范围。

（2）填挖范围用一个多边形图形表达，用于设计地形转为栅格时，限定区域范围。

斜面的设计高程，如果也要考虑填挖均衡，可以用第一根等高线高程为 0 开始，转换为栅格后，进行填挖方试算和调整，过程同前。

3. 台阶地形设计

台阶地形设计采用多边形方法，每一个多边形给定一个高程值，然后转为栅格。在 GIS 中，使用多边形转栅格方式，不能使用插值方法。

4. 复杂地形设计

所谓复杂地形，就是有平地、斜坡、台阶，具体设计可以综合上述方法。需要强调的是，由于矢量数据的分层特定，复杂的设计可能需要分图层，然后进行拼接。

6.3.2 填挖计算

在 GIS 中，填挖计算获得填挖分布图，属性表记录每一个填挖区域的填挖面积和填挖方量，计算结果作为设计、评价的基础。

1. 填挖计算过程

填挖方计算的本质是栅格减法运算，之所以作为一项专门功能在于进行栅格相减后的统计，如内嵌区域划分分辨填挖方地块，计算每个地块的填挖方量等。填挖方计算分为多个步骤，通过模型构建器，可以形成专门工具条，进行填挖方计算。地形平整的可视化模型原理如图 6-6 所示。

2. 例

上述模型可以作为填挖计算模型的基础。对于填挖方，GIS 中直接计算是输入地形面和设计面，生成填挖图表。利用这个模型在设定数据输入输出后，可以作为一个嵌入的用户工具条，用此工具条执行。图 6-7 是某区域填挖计算的结果。

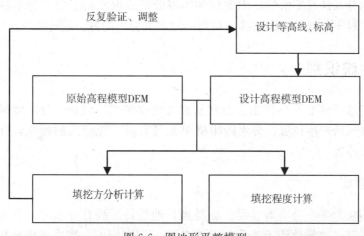

图 6-6　图地形平整模型

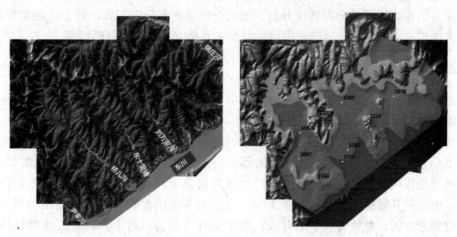

图 6-7　填挖方计算（左图地形改造前，右图地形改造后）

　　填挖方设计中难度最大的部分是设计高程。设计高程通常要考虑填挖方均衡问题，在 GIS 中，可以通过试算方法进行填挖高程计算。

3. 填挖深度

　　在地形平整时，会出现有填有挖的区域，在填挖方计算中，能够确定每一个填挖区域和填挖面积以及填挖量。借此，可以计算填挖方深度。填挖方深度对于黄土地区的规划设计极为重要。由于黄土的强湿陷性，因此在土地平整填方深度比较大的区域，需要特别注意地基处理。填挖深度图用原地形与设计地形的栅格减法运算获得。具体方法是，用原地形减去设计地形，可获得填挖深度图，然后进行填挖深度分级，确定适合和不适合建设的区域。

6.4　地貌分析

　　地貌的水文特征可以用来进行地貌分析，对于水文物理过程研究而言，由于山脊、山谷分别表示分水性与汇水性，山脊线和山谷线的提取实质上也是分水线与汇水线的提取。因此，对于山脊线和山谷线就可以利用水文分析的方法进行提取。

6.4.1 地貌识别

地貌分析基于地形栅格数据，原理从水文角度考虑，例如，分水岭是这样的栅格单元，发生降水后产生径流，分水岭栅格单元是有流出无流入的栅格，在地面上，这是山脊、山峁位置。

1. 地貌类型

地貌类型从形态上分有塬、梁、峁类型，地貌特征线有分水岭、合水线、悬崖线等，基于此，可以进行地貌类型识别。在各种工程应用中，需要考虑地貌类型。地貌分析与地形分析有一定区别，主要是地貌类型识别。

在 GIS 中，对于地形有坡度分析、坡向分析等基本分析工具，对于地貌类型识别，没有直接工具，但可以利用已有的数据处理工具建立地貌类型分形模型。

2. 地貌类型特征

山峁的等高线形态为闭合的近圆形，并且从外向内高程增加，而一般典型洼地的状况则与之相反，对于以 DEM 呈现的地形，可以按照这种设计算法。

基于 DEM 的这种地形表面流水物理模拟分析的原理是：对于山脊线而言，由于它同时也是分水线，那么对于分水线上的那些栅格，由于分水线的性质是水流的起源点，通过地表径流模拟计算之后这些栅格的水流方向都应该只具有流出方向而不存在流入方向，也就是其栅格的汇流累积量为零。通过对零值的汇流累积值的栅格的提取，就可以得到分水线，也就得到了山脊线；对于山谷线而言，由于其具有汇水的性质，那么对于山谷线的提取，可以利用反地形的特点，即是利用一个较大的数值减去原始的 DEM 数据，而得到了与原始地形完全相反的地形数据，也就是原始的 DEM 中的山脊变成负地形的山谷，而原始 DEM 中的山谷在负地形中就变成了山脊，那么，山谷线的提取就可以在负地形中利用提取山脊线的方法进行提取。

6.4.2 地貌分析应用

地貌分析在工程建设中有很多应用，在道路建设、建筑设计中，需要考虑地基安全状况，这种状况与地貌类型密切相关。

1. 滑坡危险区确定

黄土高原某区域的城乡规划中，需要进行区域潜在的滑坡灾害位置鉴识。滑坡是山区常见的一种地质灾害，规划区内是否存在滑坡灾害、滑坡危害范围及危害程度的大小等都直接影响着居民的生命安全和财产安全。因此滑坡的威胁程度是规划区城市建设用地适宜性评价的一个重要因子。

对于黄土高原地区，滑坡地块的地形特征是陡崖或坡度大、土质疏松的崖体部分。

对于滑坡产生的灾害来说，只有达到一定规模时，滑坡才能造成灾害。这个规模为潜在滑坡地块的面积。滑坡体规模与地形高差有关，同时，滑坡体影响的范围为下坡方向，这是滑坡体的堆积区域。堆积区域大小与崖体高度和土方量有关。以此作为滑坡范围的识别特征。

对于用 GIS 技术进行滑坡分析，根据识别的滑坡特征，确定滑坡分析以地形数据为基础，潜在滑坡和危险区的具体指标是：坡度在 35°以上、面积大于 $100m^2$、高差大于 30m 的地块为滑坡潜在地块；滑坡影响区域设为 50m 的危险区和 100m 的较危险区。危险区通过缓冲实现。图 6-8 是滑坡分析的地理信息模型。

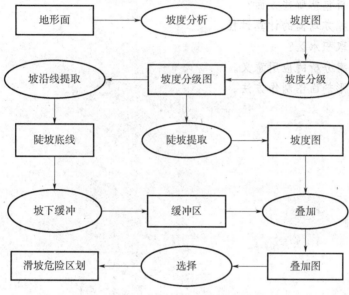

图 6-8　规划区潜在滑坡分析

根据模型确定的数据流程进行数据处理，就可以确定区域滑坡潜在位置以及危险区域。数据处理可以按照图 6-8 的流程逐步依序操作，也可以在模型构建器中运行可视化模型实现。在模型构建器中，可以改变输入数据，形成不同区域的潜在滑坡区分布图。实例规划区域的滑坡危险区结果如图 6-9 所示。

图 6-9　潜在滑坡图

2. 城市集水区提取

在暴雨时，城市低洼地及一些排水不畅的区域会形成积水，影响城市的交通以及建筑安全，对积水区识别和提取采用水文分析的填洼方式，以地形现状为基础，生成无洼地形，然后用填洼后地形减去原地形，获得城市集水区，作为城市排水设计的数据。

思考题

1. 地形分析包括哪些方面？
2. 叙述填挖方均衡的计算过程。
3. 怎样提取积水区？
4. 坡度变率分析的应用意义。
5. 论述地形剖面图制作方法。

水文分析

水文分析主要是对河流和流域的水文状况的分析。在规划、资源管理、环境保护等方面，对水文状况都十分关注。"水往低处流"，可见地表水流与地形密切相关，而了解和掌握地表水文状况具有重要的应用意义。水文分析基于 DEM，通过水文分析，提供有关水文方面的地理特征，包括分水岭、流域、汇流量、河流分级等，作为地表水文问题研究分析的基础。

7.1 水文分析功能与原理

降水到地面形成径流，径流汇集流入江河湖海。降水形成径流有其自身特征和规律，这种特征和规律与地形有关，因此可以通过地形进行有关水文方面的分析。

7.1.1 水文分析功能

水文分析用于识别汇、确定流向、计算流量、描绘分水岭和创建河流网络。水文分析以地形为基础，通过地形分析地表水流向、汇流量、水流长度等，对于区域水文状况了解和过程提供水文信息。

1. 水文分析内容

GIS 把水文分析作为一个专题内容，提供了关于水文分析的工具集，包括流向分析、水流长度分析、分水岭分析等（表 7-1）。需要强调的是，作为通用软件，ArcGIS 的水文分析是仅仅是基础性的，因为对于解决水文分析问题，还要更多的方面，如流速计算、洪峰流量计算等。

表 7-1　水文分析功能

工　具	描　　　述
盆域分析	创建描绘所有流域盆地的栅格
填注	通过填充表面栅格中的汇来移除数据中的小缺陷
流量	创建每个像元累积流量的栅格。可选择性应用权重系数

续表

工 具	描 述
流向	创建从每个像元到其最陡下坡相邻点的流向的栅格
水流长度	计算沿每个像元的流路径的上游（或下游）距离或加权距离
汇	创建识别所有汇或内流水系区域的栅格
捕捉倾泻点	将倾泻点捕捉到指定范围内累积流量最大的像元
河流连接	向各交汇点之间的栅格线性网络的各部分分配唯一值
河网分级	为表示线性网络分支的栅格线段指定数值顺序
栅格河网矢量化	将表示线性网络的栅格转换为表示线性网络的要素
分水岭	确定栅格中一组单元之上的汇流区域

2. 水文分析过程

GIS的水文分析涉及流向分析、河流长度分析等，这些分析之间有一定的关联关系。一般在进行水文分析中，先要进行流向分析，流向分析对于应用而言是一个中间过程，但却是水文分析的基础。根据流向识别汇水区，由于地形的水文渗点存在，为了便于后续分析，需要进行地形填洼，然后在此基础上进行其他分析（图7-1）。

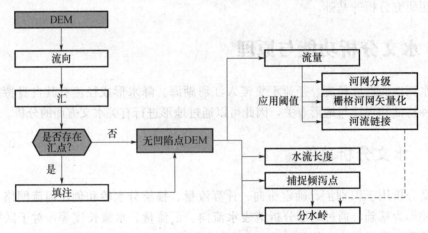

图 7-1　水文分析数据处理关系图

3. 水文分析对象

水文特征描述有分水岭、合水线、流域以及河流分级。水文分析在基本工具的基础上，与水文模型结合，可以进行洪水、水淹没等的分析。具体的分析内容如下。

（1）填洼（Fill）

在二维地形面上有局部积水区，这种积水区可能是数据形成的缺陷，也可能是真实的地形状况。但是，这种地形状况不利于依据地形进行水文状况分析计算。通过填洼，生成无洼地的地形，对于水文分析，代表当洼地蓄满水后的地面径流状况。填洼具体就是通过填充表面栅格中的汇来移除数据中的小缺陷，利于后续有关水文分析。

（2）盆域分析（Basin）

盆域指流域盆地，当于汇水区。通过盆域分析能够划分一个区域的汇流分区。盆域分析在流向分析和汇流分析的基础上进行。

（3）流量（Flow Accumulation）

创建每个像元累积流量的栅格。可选择性应用权重系数。

（4）流向（Flow Direction）

创建从每个像元到其最陡下坡相邻点的流向的栅格。

（5）水流长度（Flow length）

计算沿每个像元的流路径的上游（或下游）距离或加权距离。

（6）汇（Sink）

创建识别所有汇或内流水系区域的栅格。

（7）捕捉倾泻点（Snap pour point）

将倾泻点捕捉到指定范围内累积流量最大的像元。

（8）河流连接（Stream link）

向各交汇点之间的栅格线状网络的各部分分配唯一值。

（9）河网分级（Stream Order）

为表示线状网络分支的栅格线段指定数值顺序。

（10）栅格河网矢量化（Stream to Feature）

将表示线状网络的栅格转换为表示线状网络的要素。

（11）分水岭（Watershed）

确定栅格中一组像元之上的汇流区域。

上述的水文分析内容是基于地形进行的有关水文分析内容。从水文学的角度，这远远不是水文分析的全部，甚至不是就地形可以进行水文分析的全部。

4. 水文分析原理

流域盆地是将水和其他物质排放到公共出水口的区域。流域盆地的其他常用术语还有分水岭、盆地、集水区或汇流区域。该区域通常定义为通向给定出水口或倾泻点的总区域。

倾泻点是水流出某个区域的点。该点通常是沿流域盆地的边界的最低点。两盆地之间的边界称为流域分界线或分水岭边界。水文分析用于为地表水流建立模型。通过水流模型，了解水来自何方，要流向哪里，水流汇集区域以及汇集量等。

当发生降水后，到达地面的水在蓄渗之后（对于强度大的暴雨可能会有超渗产流现象）会在地面流动从而产生径流。接收降水的区域以及降水到达出水口前所流经的网络被称为水系。对于水文过程而言，流经水系的水流只是通常所说的水文循环的一个子集，水文循环还包括降雨、蒸发和地下水流。在 GIS 中，水文分析重点处理的是水在地表上的运动情况。

5. 水文分析建模

水文建模用于识别汇、确定流向、计算流量、描绘分水岭和创建河流网络。水文分析功能帮助建立水在地表上的运动情况模型、从 DEM 中提取水文信息以及水文分析。许多应用都需要了解某个区域中水的流动方式以及区域内发生哪些变化会对水流产生影响。

利用 DEM，可以进行的水文分析包括：

（1）生成地表径流流向图。

（2）生成分水岭、汇流区图。

（3）生成水流长度。

（4）建立河流网络连接。

（5）进行河网分级。

（6）生成地表汇流量图。

7.1.2　基础数据处理

水文分析基于地形数据并做一定处理，使之符合具体分析对数据状况的要求。其中，原始地形的洼地会使地表径流中断，需要把地形转变为无洼地类型。而流向是水文其他分析的基础。

1. 水系构成

流域盆地是将水和其他物质排放到公共出水口的区域。流域盆地的其他常用术语还有分水岭、盆地、集水区或汇流区域。两盆地之间的边界称为流域分界线或分水岭边界。水系构成如图 7-2 所示。

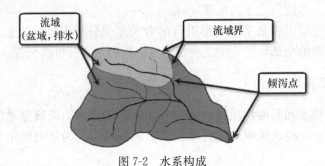

图 7-2　水系构成

2. 流向

流向指水流方向，是其他水文分析的前提，因此水文分析的第一步是流向分析。由于水流在地表流动，因此流向分析以地形数据为基础进行。在流向计算中，首先进行流向编码，以需要计算的栅格为基础，以 8 个相邻栅格作为编码值，若水流流向右边栅格，则计算栅格的流向编码值为 0，向右下为 1，逆时针方向用 2^n 计算编码值。据此编码进行计算，形成流向图（图 7-3）。

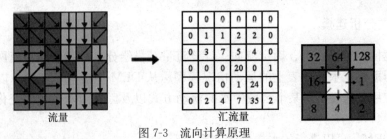

流量　　　　　汇流量

图 7-3　流向计算原理

对于地形，进行流向计算，可生成流向图（图7-4）。

3. 汇流点

地面降水产生径流，水流按照确定的流向在某点汇集，这个汇集到位置为汇流点。汇是水流汇集流入区域。按照汇的特征，汇有不同的级别。使用汇工具可识别出原始 DEM 中的所有汇点。汇通常是一个低于周围值的值，通常形成洼地。洼地的存在对水文分析造成一定困难，因为流入这些洼地的水均无法流出。为确保流域制图的正确性，这些洼地可通过填洼工具填充。

图 7-4　流向图

4. 填洼

在水流通道上若存在低洼地，则水流首先要填满该洼地，然后才继续出流。对于实际地表水流，这是一种通常情形，但对于水文计算就形成断点，因为需要计算流量才能计算填满洼地的水量，这又涉及流速计算问题，使计算变得复杂。作为一般的水文计算，为避免此，计算针对无洼地形。在 GIS 中，根据流向图可以识别洼地，然后进行洼地填充，形成无洼地形，作为水文分析的数据基础。

7.2　水文分析方法

水文分析虽然都生成图形，但从图形的水文性质方面，可以分为关于河流、流域、分水岭的一类水文骨架分析，另一类是关于水文状况的计算，包括汇流量和汇流长度，这些分析为更进一步的水文分析奠定基础。

7.2.1　水文骨架分析

水文骨架指河流要素，包括分水岭、河流网、流域等。通过水文骨架分析生成的数据体系，作为地表水流计算的基础：通过流域面积计算汇水量，通过分水岭确定汇流分区。

1. 生成河流网络

河流是由线构成的有向网络体系，在流向分析的基础上生成汇流量图，因为流向图的每个像元值为像元水流流动方向，也就建立了像元之间的水流练习，因此可以在汇流量图基础上生成河流网。河流网表现水流之间的连接关系。可使用流量分析方法，通过数字高程模型 描绘河流网络。如果以最简单的形式表示，流量就是流入每个像元的上坡像元数。使用条件函数或设为空函数计算阈值，可以描绘河流网络。例如，要创建在 NoData 背景上以值 1 表示河流网络的栅格，对于条件函数工具，需要考虑以下参数：

输入条件栅格数据：flowacc

表达式：″Value > 100″

输入条件为真时所取的栅格数据或常数值：1

输入条件为假时所取的栅格数据或常数值：″″

输出栅格：stream_net

或者对于设为空函数工具：

输入条件栅格数据：flowacc

表达式：″Value <= 100″

输入条件为假时所取的栅格数据或常数值：″1″

输出栅格：stream_net

两个示例中，所有流入像元数超过 100 的像元都被赋予了值 1，所有其他像元都被赋予了值 NoData。要进行后续处理，必须在值为 NoData 的背景上以特定值来表示河流网络（一组栅格线状要素）。创建河流网络后，可以使用河网分级、河流连接和栅格河网矢量化工具对其进行进一步分析，以分别对河流进行分级、为河流连接分配唯一的标识或创建要素数据集。确定表示常流河或河道的起点的阈值时需要考虑的因素不仅包括汇流区域，还包括气候、坡度和土壤特征，河流网生成示例如图 7-5 所示。

2. 分水岭

分水岭是将流体（通常是水）汇集到公共出水口使其集中排放的上坡区域。它可以是较大分水岭的一部分，也可包含被称为自然子流域的较小分水岭。分水岭之间的边界被称作流域分界线（图 7-6）。出水口或倾泻点是表面上水的流出点。它是分水岭边界上的最低点。

图 7-5　生成河流网

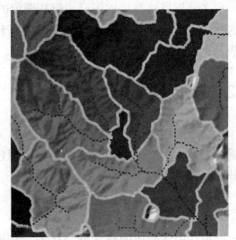

图 7-6　分水岭

要创建河流网络，可使用流量工具计算流到某位置的上坡像元数。条件函数常用语法的一个例子是 newraster＝con（accum>100，1）。像元流入量超过 100 的所有像元均将成为河流网络的一部分；要表示网络中每条线段的分级情况，可用的分级方法包括 Shreve 法和 Strahler 法。盆域、汇流和河流分级如图 7-7 所示。

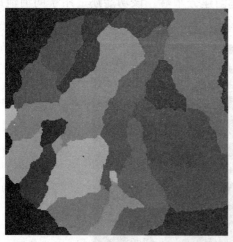
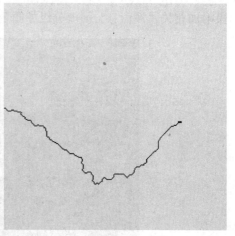

图 7-7　盆域和汇流

3. 河流分级

　　河流有支流，支流还有支流，形成一个河流网络体系。在这个网络中，不同分支的水文性态、在河流网中的作用有所不同，因此需要将河流网进行分级。河网分级是一种将级别数分配给河流网络中的连接线的方法。此级别是一种根据支流数对河流类型进行识别和分类的方法。仅需知道河流的级别，即可推断出河流的某些特征。

　　河网分级工具有两种可用于分配级别的方法。这两种方法分别由 Strahler 和 Shreve 提出，二者都是从最末梢开始，定位一级。不同的是，前者两个一级级别合成 2 级，低级与高级合流，合流后级别采用原高级级别，仅当同等级别合流，级别才升级；后者凡是有合流，级别即升级（图 7-8）。

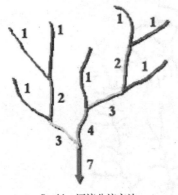

Strahler 河流分流方法

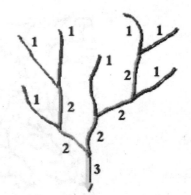

Shreve 河流分级方法

图 7-8　合流分级方法

　　河网分级提供了两种可用于为河流网络中的连接分配数值顺序的方法。最为常用的方法是默认的 Strahler 方法，而 Shreve 方法也具有其自身的优势，即受进一步分析时所执行的添加或移除连接的操作的影响相对较小。

　　河流连接功能可用于为栅格线性网络中的各连接分配唯一值。该功能最为适用于分水岭工具的输入，以基于河流交汇点快速创建分水岭。该功能还适用于向河流的各个河段附加相关属性信息。河流分级如图 7-9 所示。

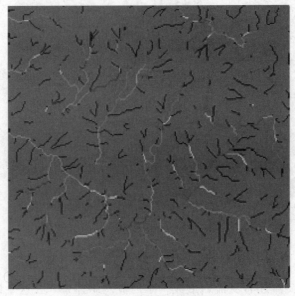

图 7-9 河流分级

4. 沟谷

河流是经常流水的水道，在地貌起伏不平的区域，暴雨到达地面汇流，对地面冲刷，形成流水沟，暴雨后这些沟通常没有水流，称为沟谷。河流和沟谷形成河网，这是水文分析中的骨架体系。通过河网分析可以提取河流和沟谷，如图 7-10 所示。

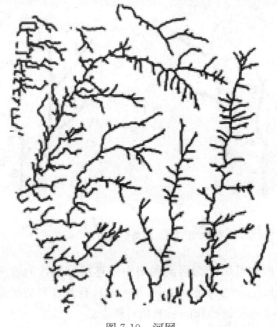

图 7-10 河网

7.2.2　水流分析

降水到达地面形成径流，径流汇集形成河流，分析地表水聚集过程和聚集特征，可以用于水资源分析。

1. 汇流量

在地表径流模拟过程中，汇流累积量是基于水流方向数据计算而来的。对每一个栅格来说，其汇流累积量的大小代表着其上游有多少个栅格的水流方向最终汇流经过该栅格，汇流累积的数值越大，该区域越易形成地表径流。

在汇流分析中，属性字段 Stream link 记录着河网中的一些节点之间的连接信息，主要记录着河网的结构信息。为每一段河流分配一个独立的 ID 号，这些出水口点的确定可为集水区域的进一步划分做准备（图 7-11）。

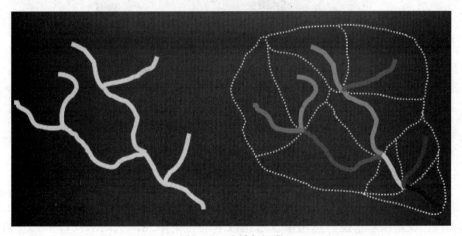

图 7-11　流域与河段

2. 汇流长度

汇流长度计算地表上任何一点到所在集水区域的入水口或出水口的最长水流投影距离。包括计算上游和下游水流长度。汇流长度可以作为河流长度。对于栅格数据，每一个栅格都可能接收上一个栅格汇入的水流，因此每一个栅格都可以有一个水流长度性质，以汇集的栅格数量和栅格大小作为栅格值，对于一个栅格有多个相邻栅格汇入的情况，记录其中流径最长的。因此，河流长度与传统的理解有所不同，不仅是河道的长度。河流长度计算需要在流向和汇流分析的基础上。

3. 集水区

流域的分割首先是要确定小级别的流域的出水口的位置。因为 Stream link 数据中隐含着河网中每一条河网弧段的联结信息，包括弧段的起点和终点等，相对而言，弧段的终点就是该汇水区域的出水口所在位置，所以可以根据分段的河流对水流贡献区进行划分。

流域划分不同层次，对于小的区域，把汇水范围称为集水区，在 GIS 中称为盆域。在 GIS 中，通过盆域工具可生成盆域图，如图 7-12 所示。

图 7-12　盆域

4. 洪水分析

洪水分析有两种方法，第一种为给定洪水水位下的淹没分析，其方法是选定洪水水源入口，设定洪水水位、选出洪水水位以下的三角单元，从洪水入口单元开始进行三角格网连通性分析，能够连通的所有单元即组成淹没范围，得到连通的三角单元，对连通的每个单元计算水深 W，即得到洪水淹没水深分布。

另一种是给定洪量（Q）条件下的淹没分析。进行灾前预评估分析时可以根据可能发生的情况。给定一个洪量，或者取洪水频率对应的流量的百分数。评估分析时洪量 Q 值可以根据流量过程曲线和溃口的分流比计算得到，有条件的地方，可以实测，不能实测的可以根据上下游水文站的流量差，并考虑一定区间来水的补给误差计算得到。

7.2.3　等流时线

暴雨降到地面，一部分被植被拦截下渗，一部分形成地表径流。对于一个流域，地表径流汇集有一个过程，可以通过计算汇流的时间过程，分析洪水状况。

1. 等流时线概念

等流时线是指流域内径流能同时到达流域出口的所有地点的连线。按一定的流速，在流域地图上可做出许多条汇流时间的等值线，使得在同条等值线上的水质点能在该汇流时间同时集中到流域出口，这就是等流时线图（图 7-13）。

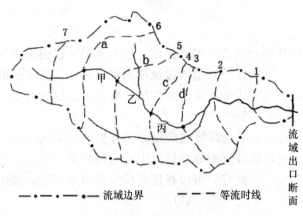

图 7-13　等流时线

2. 等流时线用途

等流时线用于计算径流汇集的时间顺序，从而作为洪水量、洪峰推算的基础。对于水文分析有其专门的方法和模型，在 GIS 中，等流时线的生成没有直接的工具，需要按照水文学原理构建模型来生成。

7.3　地下水分析

地下水由于不能直接观测，因此难以把握，而在应用中又需要对其有充分的了解。虽然难以直接观测，但是地下水有其自身的特征和规律，这些特征和规律被模型化，在 GIS 中对这些模型予以地理空间实现。

7.3.1　地下水分析方法

对地下水特征的地理空间实现从地理空间角度更易了解和把握。对于地下水的分析有达西原理，即按照地下水的壤中流状况进行推算。

1. 地下水分析内容

地下水分析依据达西流原理，在 GIS 中，地下水分析见表 7-2 所列的内容。

表 7-2　地下水分析功能

工　　具	描　　述
达西流	计算蓄水层中稳流的地下水量平衡残差以及其他输出
达西速度	计算蓄水层中稳流的地下水渗流速度矢量（方向和模）
粒子追踪	通过速度场计算粒子的路径，以返回粒子追踪数据的 ASCII 文件和追踪信息图层
孔隙扩散	计算与时间相关的二维浓度分布，形式为在某一离散点瞬时注入垂直混合蓄水层的单位体积溶质质量

2. 粒子追踪

地下水分析构建基本的对流—扩散模型。达西流用于根据地质数据生成地下水流速场；粒子追踪用于计算从点源开始通过流场的对流路径；孔隙扩散用于计算在沿流路径对流时瞬时点释放某种成分的水动力扩散。地下水建模的典型顺序按照执行达西流、粒子追踪和孔隙扩散的顺序。

粒子追踪工具采用的粒子追踪算法应用的是可根据局部速度场来预测粒子未来位置的预测校正方案，它根据最近的栅格像元中心进行插值。粒子的连续位置与栅格像元的分辨率或位置无关，因此它们可以在速度场中自由地变化。使用孔隙扩散和粒子追踪检查污染物的分布和踪迹（图 7-14）。

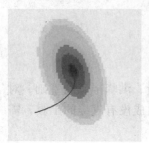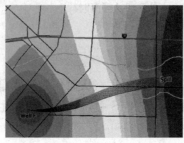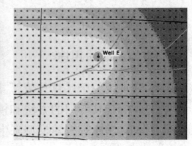

图 7-14　粒子追踪

使用粒子追踪工具从污染物泄漏点向抽水井进行粒子追踪。通过此分析可以确定污染是否会波及附近城镇的饮用水，使用达西流和达西速度工具确定地下水的流向，从而了解污染物流经地下水的方式。

3. 空隙扩散

溶质在孔隙介质中的传输涉及两个主要机制：对流和水动力扩散。对流描述了溶质随传输液体进行的被动传输。扩散是通过液体在孔隙空间内的差异运动将溶质和液体混合在一起的过程。孔隙扩散假定蓄水层垂直混合，即整个垂直部分内的浓度相同。这样便可按栅格数据模型的要求，应用二维数学模型。

7.3.2　达西流

地下水工具可用于针对地下水中的成分构建基本的对流—扩散模型。达西流分析对水头独立于深度的二维、垂直混合、水平且稳态的流进行建模。

达西流分析的用途是双重的。首先，它用于检查地下水数据集的一致性和生成地下水流向矢量栅格。其标准输出栅格是测量进出每个像元的水流差值的地下水水量平衡残差栅格。由于流向计算针对四个像元墙分别执行（流向由相邻像元之间的差值控制），因此流入某个像元的水量可能比流出的多（或少），从而得出正（或负）水量平衡残差。

没有源和汇的平滑一致的输入栅格会产生接近零的小残差。大残差值则表示水头栅格在导水系数、孔隙度和厚度栅格方面不够合理。水头栅格包含栅格中每个像元的地下水位高程值。水头通常是高于某些数据（如平均海平面）的高程。当输出为大残差时，则表示输入数据不一致并会生成没有意义的结果。

达西流分析的第二个用途是使用达西定律来计算流场。流场是地下水渗流速度的矢量字段，由两个栅格来表示，一个表示模，一个表示方向。地下水流向建模的第一步是确定流场中每个点的流速和方向。达西流会执行此操作并计算每个像元内的水量平衡值，在没有源或汇（例如井、渗透或泄漏）的情况下，水量平衡值会较小。零水量平衡残差表示流进和流出像元的水量保持平衡。假定流场处于稳态（不随时间而变化）。

7.4　应用示例

水文分析可以用于工程建设和水资源分析和监测中。对于河流污染，基于 GIS 技术，可以分析河流污染状况和特征。对于城市给排水，可以通过网络分析，进行优化设计。

7.4.1　河流水污染监测设计

水污染是一个重大的环境问题。河流污染一般源于对河流的非法排污。由于排污的隐蔽性，因此需要一定的技术方法获取相应的信息。

1. 问题简述

河流污染多源于河流两岸的非法排污，而排污的非法性也导致排污的隐蔽性，包括排污时间在夜间几个小时集中排放，修暗沟、布暗管，甚至生产加工企业本身也隐蔽在村落之中，造成污染源查询的困难。

2. 水污染的水文学特征

污染在河流中具有自净化性，这是与稀释性有关的情况，离排污源下游越远，污染物越稀释。据此，可以进行水污染状况监测。

水污染的监测通过水样采集进行化学分析获得。要了解河流水污染的时空分布特征，需要合理设置采样点，使采样数据能够反映水污染状况，捕捉水污染的分布。

3. 监测方法

对于水样采集，可以布置一次监测，在河流中隔一定距离进行一次水质采样，作为基于 GIS 建设分析的条件。具体方法是，可能的话，在整个河段定距设置采样点。比如 10km 一个采样点，对于一些重点河段，可以进行加密采样。

4. 分析方法

对于采集的水样进行水污染分析，记录采样地点，污染物类型，污染物浓度，做成数据表，该数据表可以作为 GIS 点事件数据，导入到 GIS 成为图层。

具体分析设计如下：

（1）污染源追踪

由于河流的污染自净化功能，对于监测到的一种污染，与上下邻点的同类污染浓度比较，根据浓度的距离变化，可以推算出排放该类污染的位置。

（2）排污时间确定

非法排污的偷排性在于在一个时段内排放，通过污染强度变化和水流速度，可以推算排污时间。

7.4.2 城市防洪排水

由于城市排水能力低下，在暴雨时期很多城市形成内涝，经常出现在城市"去看海"的景观。为此，在 2013 年 6 月份，住建部启动了城市防洪排水规划方案编制项目，许多城市开展了此项目。住建部对该项目提出明确的信息要求，需要以地理数据库提交方案。并征集开发了关于项目的专业 GIS 软件。

1. 现状调查

按照项目要求，需要对排水体系从地理信息角度进行调查和收集数据，以建立地理数据库，用于排水现状分析和设计计算。

现状调查在收集设计图、竣工图和实地测量的基础上，获得城市排水的管井分布信息，然后把这些数据输入到数据库，作为现状分析的基础。

在管线调查的基础上，还需要收集城市 DEM 数据和暴雨数据，用来进行城市集水区识别和排水能力分析。

2. 排水设计

使用水力模型进行城市内涝风险评估。通过计算机模拟获得雨水径流的流态、水位变化、积水范围和淹没时间等信息，采用单一指标或者多个指标叠加，综合评估城市内涝灾害的危险性；结合城市区域重要性和敏感性，对城市进行内涝风险等级进行划分。

3. 成果评价

通过采取综合措施，直辖市、省会城市和计划单列市（36 个大中城市）中心城区能有效应对不低于 50 年一遇的暴雨；地级城市中心城区能有效应对不低于 30 年一遇的暴雨；其他城市中心城区能有效应对不低于 20 年一遇的暴雨；对经济条件较好、且暴雨内涝易发的城市可视具体情况采取更高的城市排水防涝标准。

4. 技术体系

项目工作采用专业技术公司开发的相应的数据输入和方案分析软件，其中，方案分析软件依据提交的规划地理数据库为核心，进行排洪能力计算和评价。

在 GIS 技术支持下，可以针对暴雨与地形和排水管道分析排水能力是否满足问题。

思考题

用一个 DEM 数据进行水文分析，分别进行如下操作分析：

1. 生成流向图。
2. 生成汇流量图。
3. 产流强度计算。
4. 生成流域图。
5. 生成河流分级图。

8

三维分析

三维分析就是以三维地理信息为基础进行的分析，这种分析的依据是基于客观世界是三维的这样一种理念。不仅地理事物是三维的，同时，地理事物之间的关系和作用也具有三维特征。通过三维分析，了解、认识地理事物的三维空间关系。

8.1　三维关系

从三维世界来看，客观事物之间的关系、影响、作用更加广泛和复杂，公路上车辆废气排放的污染区域是一个三维区域，其强度分布只有从三维角度才能准确描述。认识三维关系，才能更好把握和掌握客观世界的作用和影响。

8.1.1　三维分析特征

三维分析的主要内容是在三维条件下事物之间的关系和影响。对于三维事物，有时并不是以客观的三维体，而是以三维作用和影响范围作为分析对象。

1. 二维和三维分析区别

世界是三维的，二维只是一种简要抽象模式，把三维变为二维分析应用，能够满足基本应用需要，但是，由于客观世界的三维本质，只有三维分析，才能满足应用需要。以缓冲分析为例，在二维条件下，缓冲分析生成一个面，但是对于管线碰撞，需要三维分析，三维缓冲形成一个围绕目标的三维体，对于点，是个球体，对于线、体是三维体。显然，当没有三维分析，很难实现这种操作。

三维简要表示为 3D，3D 一般主要是三维显示，GIS 的 3D 除显示之外，还有一些特殊的功能，尤其在三维分析方面。GIS 的 3D 视图中的图层不只用来显示，也可用于描述表面。这意味着在 3D 视图中图层可以有不同的角色。再次，因为可以从倾斜角度看数据，所以 3D 视图范围不能描述为一个简单矩形（在 2D 中描述为一个简单矩形）。这意味着 3D 视图中的当前范围必须以不同于 2D 的方式来处理。最后，图层绘制优先级不再像内容列表中的顺序那样简单（图 8-1）。

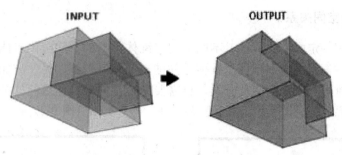

图 8-1　三维多面体叠加

2. 三维数据特征

三维分析针对三维数据，对于矢量数据，三维数据有两种表达方式，一种是三维图形，其坐标为三维的，另一种是二维图加一个属性数字字段。

三维 GIS 数据的定义 (x, y, z) 中包含一个额外维度（z 值）。z 值作为测量单位，同传统 2D GIS 数据 (x, y) 相比，其可存储和显示更多的信息。虽然通常意义上的 z 值为地形高程值（如海拔高度或地理深度），但是对于从信息处理角度，z 值可用于表示许多内容，例如化学物质浓度、位置的适宜性，甚至完全用于表示等级的值等，从数据角度，系统并不特别鉴别 z 值的内容，只是依据程序进行数据处理。对于非地形的数据，系统可以按照地形内容进行分析，如坡度分析、坡向分析等，但是分析结果的了解和解释，就是应用者自己的问题了。

3. 三维多面体

体可以视为由面构成的，因此把体称为多面体，也用面来表达体，如同用边界线表达多边形一样。三维多面体是一个三维矢量图层，利用三维面构造三维体。在 GIS 中，三维体作为一种要素类型，一般通过三维信息转换生成。

利用多面体可以进行三维分析，包括多面体的空间叠加识别以及多面体与三维线的叠加分析等。

4. 三维分析应用

三维分析具有很多实际用途，环境、林业和土木方面可使用三维分析去了解和塑造地形，以便考虑雨水径流和洪水等事件；矿业公司、地理学家及研究人员可使用三维分析的各项功能去深入了解地表以下的地质或矿藏实体，例如斜井和地下岩层的 3D 交汇；地方政府、城乡规划者以及军事组织可利用三维分析询问有关人造结构的复杂 3D 问题，例如有关市区内的当前和规划通视线问题。

8.1.2　三维分析内容

三维具有体的形态和结构，因此三维分析就是针对不同类型三维之间的几何接触关系进行分析。另外，三维体从分析角度，可以是一种认识构造，对于突然发生的有毒有害气体泄漏的危险区范围，从平面考虑是一个多边形范围，从三维考虑是一个多面体。

1. 三维的空间关系

三维体占据一定的空间范围，不同类型三维体占据的空间范围可能发生重叠，通过三维体空间占据状况识别不同三维体之间的空间相互关系。另一方面，对于有多个单元构成的三维体，进行不同的分类，也需要分辨不同三维体之间的关系。三维关系本质是几何关系，几何关系包括相交、差、并、与等类型（图 8-2）。

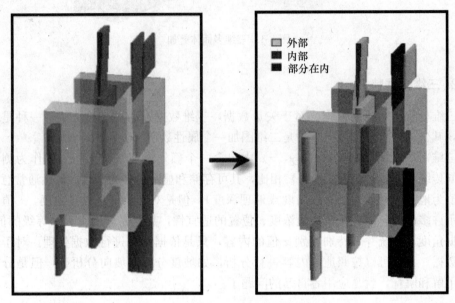

图 8-2　三维关系

2. 邻近

对于多个三维体单元，在空间不重叠的情况下，邻近关系也是一种三维空间关系，如果从三维的空间重叠角度而言，邻近性实质意味着把对象三维体按邻近尺度进行扩大，形成新的三维体，再考察与其他三维体的重叠关系。

应用中，邻近分析的方法就是设定搜索距离，然后根据确定输入要素中的每个要素与邻近要素中的最近要素之间的距离。

邻近城市道路的居民地受到道路车辆噪声影响，通过噪声强度确定影响范围，然后搜索在该影响范围内的住户，就可以用邻近方法分析。

3. 内部

内部关系是指多面体完全位于另外的多面休内部状况的判断，测试每个要素来判断是否落在多面体之内。如果落在多面体要素内，那么会向新表中写入一个条目，指明所落入的要素。

对于处于交通噪声内部的居民点，是防噪需要重点考虑的部分。

4. 相交与差异

相交指多面体在空间完全重合的部分。差异指两个多面体空间相交，对原来的一个多面体去掉相交的部分，用逻辑表达式是：

$$A \cup B - A \cap B \tag{8-1}$$

基于逻辑关系运算，可以识别和提取三维叠加体的任意关系部分。

三维分析基于三维图形，三维图形有地形、多面体等类型。三维地形从数据结构性质上有不规则三角网（Trangle irregular network，简为 TIN）栅格以及 terrain 等类型。类型不同，生成的方法也不同。

8.1.3　三维体面体积

在工程中经常面临表面积和体积的计算问题。表面积指起伏表面的面积，一般的面积值为水平面投影面积。利用地形数据，可以计算特定位置（高度）以上或以下范围的表面积和体积。低于计算高度一定范围内的面体积，可以分次计算，再运用减法运算。

1. 面体积计算原理

表面积指起伏表面的面积。一些工程应用需要计算曲面的表面积，如道路坡面保护工程，需要计算地形面的面积，进行工程量和投资计算，也作为工程施工安排的参照。

表面体积可计算某个表面相对于给定基本高度或参考平面的投影面积、表面面积和体积。该表面可以是栅格、TIN 或 terrain 数据集。结果将写入以逗号分隔的文本文件。

如果输入表面是 TIN 或 terrain 数据集，将对每个三角形检查以确定其对面积和体积的影响。这些部分的总和将用作输出。如果输入表面是栅格，其像元中心将连接到三角形中。然后使用与 TIN 三角形相同的方式处理这些数据。

输出文本文件是以逗号分隔的 ASCII 文本文件，结果将写入该文件中。如果该文件已存在，会将结果追加到其中。文件的第一行中包含字段标题。这些标题分别是"数据集"、"平面高度"、"参考"、"Z 因子"、"2D 面积"、"3D 面积"、"体积"。后续行中包含实际值。

图 8-3 示例绘制了两种情况：参考平面被设置为 ABOVE，平面高度值将平面分别设置为在表面下方和与表面相交，计算结果见表 8-1。

图 8-3　面体积计算示意图

表 8-1　面体积计算表

数据集	平面高程	参考位置	Z 比例	2 维面积	3 维面积	体积
D:\ternp\GP\dtrn_tin	100.00	ABOVE	1.00	15984467.82	16354331.40	1886012931.07

2. 体积计算

对于地形平整，需要计算填挖方量，这属于三维面上的体积计算问题。在 GIS 中，基于栅格数据的体积计算依据栅格值和设计面值。

面的各边界与表面的内插区相交。这会确定两者之间的公共区域。然后计算所有三角形及其落在相交面内的部分的体积。体积表示选中的表面部分与高程字段参数中所指定高度处水平面之间的立方体区域。如果选择 ABOVE，则会计算平面与表面下侧之间的体积。如果选择 BELOW，则会计算平面和表面上侧之间的体积。此外，还会计算同一表面部分的表面积。然后体积和表面积将分别写入对应的体积和表面积参数中。

8.2 天际线相关分析

天际线是从观察点观察的地表地物与天空的分界线，城乡规划中有时需要绘制天际线。在 GIS 中，提供了天际线分析工具。天际线分析是一种三维分析，在 GIS 中，天际线分析化为天际线、天际线图、天际线障碍三个部分。

8.2.1 天际线分析

天际线又称城市轮廓或全景，通俗说，天际线就是站在城市中的一个地方，向四周环顾，看到的天与地相交的那一条轮廓线。在城乡规划中，天际线亦被作为城市整体结构的色彩、规模和标志性建筑。一些经典的天际线有美国的自由女神像、上海东方明珠塔、澳大利亚的悉尼歌剧院、香港会展中心以及广州塔等。

1. 天际线

在 GIS 中生成天际线实际是 3D 折线，该折线所表示的线是从观察者位置的角度将天空与表面和/或与天空接触的要素划分开形成的折线。在天际线生成中，需要输入添加的内容包括观察点、表面函数或虚拟表面、方位角的范围（起始角度和终止角度），还可包括要素（通常表示建筑物）。

另外，天际线分析还可用来生成轮廓，反过来，天际线等轮廓可由天际线障碍物工具使用，以生成阴影体。如果未提供要素（观察点除外），那么天际线就称为水平线或山脊线。会创建一个要素类，以包含输出的天际线。

如果在输入观察点要素中提供了多个观察点，则会为每个点创建单独的天际线。生成的每条线都具有一个属性值，用于指示与其关联的观察点的图形标识。

天际线的生成过程是通过从观察点投射出一条通视线来生成水平线，投射方向为起始方位角的方向，接着再做一次投射并使通视线扫向右侧，如此反复，直到到达结束方位角；每次增加方位角增量的大小后，都会对通视线进行检查。这些值的单位均为度。增量越小，则意味着采样次数就越多，从而可更精确地表示山脊线。生成的山脊线为 3D 线，其上各折点均为沿各条采样通视线分布的最远可见点。如果观察者在给定方向上可以全方位地看到表面的边，那么会在通视线与表面边的交点处生成折点。

如果提供了最大可视半径（正值），那么折点将仍然处于通视线方向上，但是与观察点之间的距离不会大于指定的最大值。

输入要素可以是多面体、折线和面的任意组合。如果折线或面要素类显示在 3D 图层中且带有基本高度和拉伸信息，则会使用该信息将要素拉伸为虚拟多面体，再为天际线考虑这些要素。如果折线或面要素类显示在任何其他图层中，则会使用形状内各折点的 z 值将每条边（直边）添加到天际线中。如果折线或面要素不具有 z 值且不存在基本高度和拉伸信息，则要素将不会被添加到天际线中。

2. 天际线图

计算天空的可见性，并选择性地生成表和极线图。所生成的表和图用于表示从观察点到天际线上每个折点的水平角和垂直角。

天际线图实际是以一个天际线观察点为中心的天际线平面投影图，这个图表示了天际线的平面分布状况（图 8-4）。

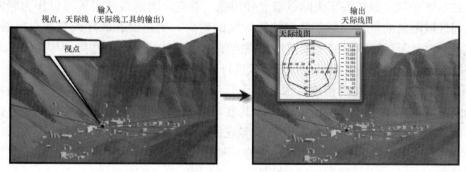

图 8-4　天际线与天际线图

3. 天际线障碍

天际线障碍生成一个表示天际线障碍物或阴影体的多面体要素类。此障碍物从某种意义上说是个表面，而且看起来类似于从观察点到天际线的第一个折点画一条线，然后扫描通过天际线的所有折点的线所形成的三角扇。可选择添加裙面和底面来形成一个封闭的多面体，呈现出实体外观。可将此封闭的多面体创建为阴影体。如果输入是轮廓（多面体要素类）而不是天际线（折线要素类），那么会将多面体拉伸为阴影体。

天际线障碍物工具可根据天际线生成高度控制面。这些面将定义在观测点和与这些点关联的天际线之间。障碍物非常适合用在城乡规划方案中，因为通过它们可判断出提议的建筑物是否会对天际线产生影响。还可用于测试要素与地平线的接近程度。天际线障碍图如图 8-5 所示。

4. GIS 中天际线分析的意义

在 GIS 中，天际线生成可以考虑观测范围以及地球曲率影响。因此在 GIS 中，天际线可以精确实现。不仅如此，还可以生成天际线障碍区，就是用观察点和天际线生成的不规则三维体。

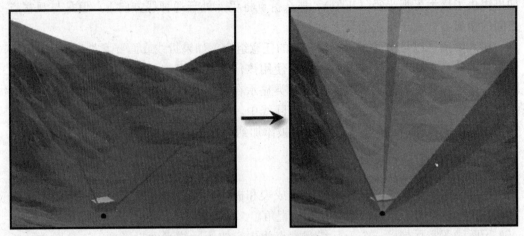

图 8-5　天际线障碍

在 GIS 中的实现扩展了天际线概念和用途。首先，天际线障碍区可以作为竖向以及空间区域限制的依据。对于要保持天际线的轮廓，则建设在天际线与视点区域内，建筑不能超过天际线障碍的平面范围，高度不能超过障碍体，即在障碍体内部。对于要保持天际线下的景观，则不能在障碍区进行城市建设。

从天际线的 GIS 实现角度，深化了天际线的概念，并扩展了天际线的应用，使天际线成为规划的一个有机构成部分。其实，在提出天际线概念时，学者或者就有天际线这种应用的思想，只是鉴于技术实现问题，成为当前的天际线应用状态。从这一点，GIS 天际线实现是对规划理念的一种技术实现。在这一方面，可能还有更多的探究。

8.2.2　天际线分析示例

利用 GIS 的 3D 天际线工具进行天际线分析，根据需要生成天际线、天际线障碍和天际线图，作为城市规划和景观设计以及城市建设管理的信息依据。

1. 生成天际线

设定观察点和观察方向，采用天际线工具生成天际线（图 8-6）。在城市规划中，天际线的特殊应用意义是城市景观设计和保护。由于天际线的特征，因此在观察方向的建筑物会形成或改变天际线，对于良好的天际线景观，通过天际线分析确定建设对天际线的影响，作为城市建设的参考。

2. 天际线图生成

天际线图示一个以观察点为中心，以观察半径绘制圆，以观察方位为范围，绘制的天际线三维曲线的平面图，从该图可以看到天际线的空间分布。在 GIS 中，在生成天际线的同时，还生成天际线图（图 8-7）。

图 8-6　天际线

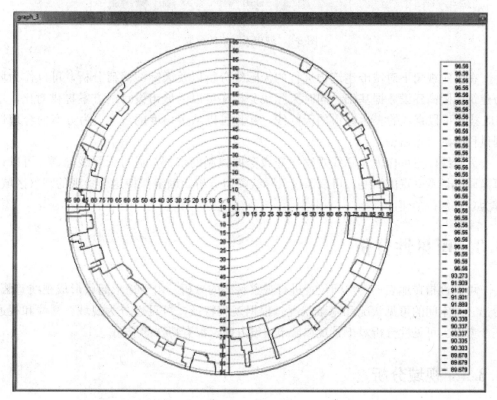

图 8-7　天际线图

3. 生成天际线障碍图

城市规划控规阶段需要对建筑高度进行控制引导，从城市整体天际线高度出发，同时出于对历史文化遗址的保护等方面，需要对局部建筑进行限高。GIS 计算可以提供对天际线的分析以及对建筑限高提出一定的参考。

首先在GIS中，将二维图转为三维视图，在通过GIS软件提供的分析方法，对城市的天际线进行分析，同时也可以进一步对天际线障碍进行分析，从而对建筑高度进行控制（图8-8）。

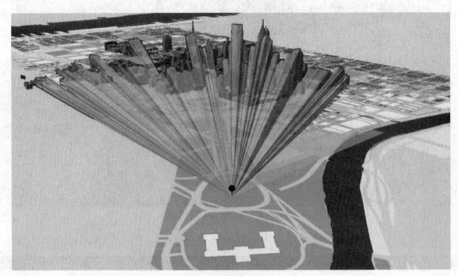

图8-8　城市天际线的提取

在一定视角下对城市建筑物进行的天际线分析以及天际线障碍分析，可以作为城市建筑的限高建设数据基础，同时天际线分析还可以为城市设计的方案提供对比，用GIS技术可以直观的表达城市的天际线，并且可以从多角度的观察，为方案的合理性提供科学的参考依据。

天际线障碍可作为天际线观察区建设竖向控制的依据，通过天际线障碍，可以计算障碍区任意一点的高度，可以通过天际线障碍分析，确定保持这个景观的观察区域，作为景观保持禁建区。

8.3　可见性分析

可见性指在地表三维空间位置进行观察状态的分析，由于地形起伏形成视线遮蔽，分出三维空间的可见状况和隐蔽状况。根据观察特征，可见性分为视域、视线和视通三个方面。可见性分析对于景观和城市建设方面，都有特殊的应用。

8.3.1　视域分析

视域指从一点观察，在观察方向依据地形起伏状况。确定观察对象的可见性。分析的结果是一个栅格数据层，分别表示可见区域与不可见区域。

1. 视域概念

视域可识别输入栅格中能够从一个或多个观测位置看到的像元。输出栅格中的每个像元都会获得一个用于指示可从每个位置看到的视点数的值。如果只有一个视点，则会将可看到该视点的每个像元的值指定为 1，将所有无法看到该视点的像元值指定为 0。视点要素类可包含点或线。线的结点和折点将用作观测点，图 8-9 为视域分析一例，从观察点向一个方向观察，地形起伏形成遮挡，分出可见（红色）与不可见（绿色）区域。

图 8-9　视域分析

2. 视域分析原理

视线分析中，把可见部分与隐藏段用不同颜色表示，这里的隐藏和可见并不是指从观察点到目标观察可见和隐藏的范围，而是出于视线之上或之下的范围（图 8-10），因为显然在观察线中。出现一点遮挡，则其后的部分全部被遮挡，剖面图制作也是采用这样的原理。

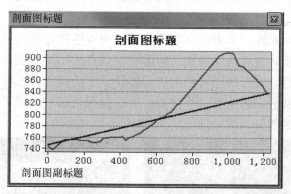

图 8-10　视线的可见性观察

3. 视域分析特征

视域分析结果创建一个栅格数据，以记录可从输入视点或视点折线要素位置看到每个区域的次数。该值记录在输出栅格表的 VALUE 项中。输入栅格上已指定 NoData

的所有像元位置在输出栅格上被指定为 NoData。

（1）当使用输入折线时，沿每条输入弧的各个结点和折点都会作为单独的观测点进行处理。输出栅格的 VALUE 项中的值给出了对于每个像元可见的结点和折点数。

（2）如果输入视点要素表中不存在 SPOT 属性项，则会使用双线性插值确定每个观测点的高程。如果距某观测点或折点最近的栅格像元具有 NoData 值，该工具将无法确定它的高程。在这种情况下，该观测点将从视域分析中排除。

（3）观测点与其他像元之间介入的 NoData 像元将被计为不可见，因此不会影响可见性。

4. 视域分析应用

视域分析直观上是分析视觉观察问题，但是其方法原理可以应用到其他方面，如在山区设置电视差转台，雷达观测站的点位选择，都可以通过视域分析，确定覆盖范围和盲区，作为优化布局的依据。对于视觉景观安全格局分析，是必不可少的方法。

8.3.2 视通和视线

通视线是两点之间的一条线，可显示沿着该条线从观察点的角度能够看到或不能够看到表面的哪些部分。创建通视线可用于确定是否可以从另一个点看到给定点。如果地形隐藏了目标点，可以看到沿着通视线障碍物位于何处以及哪些对象能够看到或不能够被看到。可视线段显示为绿色，而隐藏线段显示为红色。线起点处的黑色点表示观察点位置。蓝色点表示观察点与目标之间的障碍点。线终点处的红色点表示目标位置。

1. 视通概念

视通分析指观测点之间的视线通达性，与视域分析不同，是针对观测点的可见情况，对于起伏不定的地表上的物体，从观察点到目标点高程形成一条视线，实体分析确定视线的通达性。

从观测点向目标观察，由于地形起伏会造成视线遮挡，形成观察视线通道的障碍状况。对于具体分析，实际是以两点之间形成一条直线作为视线，以该视线与地形的交叉状况确定障碍性，地形高于视线为障碍段，低于为可见段。可见段并不是说从观察点就可以看见的部分，因为有一个障碍，其后的到目标点都不可见，因此这里指视线高于和低于地面的部分（图 8-11）。

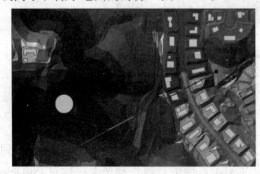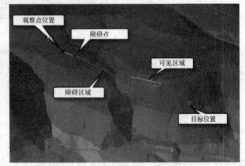

图 8-11　视通分析

2. 示例

视线可以视为直线，确定两个点，一个作为观测点，一个作为目标点，二者连接成为一条空间三维直线，这条直线可能会与地形、建筑体发生穿插，进而形成视觉遮挡情况。

视线是两点之间的一条线，可显示沿着该条线从观察点的角度能够看到或不能够看到表面的哪些部分。构造视线可用于确定是否可以从另一个点看到给定点。如果地形遮挡使得目标点不可视，沿着视线可以看到障碍物位于何处以及哪些对象能够看到或不能够被看到。可视线段显示为绿色，而不可视线段显示为红色。

3. 视通分析应用

视通分析可以解决如下问题：

（1）如果给定一组火警瞭望塔位置，则看到整个研究区域所需的最小塔数是多少？

（2）哪些栅格位置只能看到垃圾堆置场和输电塔？

（3）在确定房地产的价值、通信塔位置或军事力量的分布时，从某位置能看到什么非常重要。3D模块可用于确定在表面上沿给定视线两点之间或在整个表面上的视域的可见性。

8.3.3 视点分析

视点分析是指在一个观察点向多个目标观察的可见性，与视域分析不同，视点分析是针对特定的点，与视线分析不同，不是确定视点与目标之间的可见与不可见段。视点分析与视线和视域又有一些相同之处。

1. 视点分析问题

在很多应用中，常有关于在一个观察点对多个目标点的可见性问题，这种情况采用视点分析方法解决。视点分析建立观察点与目标点之间的视线，从数据方面，是创建表示视线（从一个或多个视点到目标要素类的要素）的线要素，如图8-12所示。视线作为观察线。

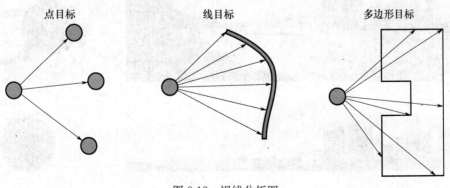

图 8-12　视线分析图

2. 视点分析应用

视点分析有以下方面的应用，首先是分析可见性，确定对一组观察点要素可见的栅格表面位置，或识别从各栅格表面位置进行观察时可见的观察点；其次是视点分析，识别从各栅格表面位置进行观察时可见的观察点；再次是通视分析，确定穿过由表面和可选多面体数据集组成的障碍物的视线的可见性。

视点分析形成视线通道，因此也称为视通分析。图 8-13 是视通分析的直观示例。

图 8-13　视通分析原理

视通分析确定视线穿过潜在障碍物的可见性。潜在障碍物可以是栅格、TIN、多面体和拉伸面或线的任意组合。

3. 例

在一项规划中通过视点分析，确定视觉景观，如图 8-14 所示，右图为观察的平面位置与方向，左上为实际观察景观，左下为视点分析景观。二者比较，可以看到有相当的接近性。

图 8-14　视点分析案例

8.4　三维分析案例

三维分析具有二维分析所不具备的功能，因此一些分析只能在三维分析下实现，如管线碰撞分析、防空与侦查风险分析等。

8.4.1　管线碰撞分析

地下管线种类多样，布局复杂，其中某些管线之间相互有影响，如燃气管和电力线，强电和弱电。这类管线在地下铺设需要保持一定安全距离，但是由于地下管线的不透明性和分部门设计管理特征，在地下往往形成突破安全距离状况，称为管线碰撞。

1. 管线碰撞问题

强电的电磁波影响在线路的一定范围内，处于该范围的的通讯弱电会受其干扰而影响通讯，这是强电和弱电碰撞情况；地下燃气管道可能会发生燃气泄漏，当碰到火花会引起爆炸，而地下电力线路若在燃气管道空间安全距离范围内，就有引发爆炸的危险。除此之外，按照不同事物之间的空间影响角度，可以把地下给排水管道对建筑物的影响也作为碰撞情况。

2. 管线碰撞分析

在 GIS 中，管线碰撞最简单的方法是三维缓冲分析，以管道为对象建立三维缓冲区，成为一个三维管状体，用三维缓冲区提取碰撞对象，相当于形成不同类型三维多面体之间的空间叠加关系，然后提取其中的碰撞对象，作为操作对象。

对于管线设计，可以采用这种方法检查设计管线的碰撞情况，从而进行设计方案修改，避免碰撞，对于地下管线管理，可以通过碰撞分析，确定需要维修的管段。

在 ArcGIS10 以前版本，没有三维缓冲功能，但是提供了三维符号化和符号转为多面体的操作，基于此可以实现与三维缓冲分析的同样效果。即按照管线的缓冲距离作为管线符号的尺度，进行管线符号化，然后把符号转换为三维多面体，对于碰撞管线，三维多面体在空间会产生穿插，按照三维体空间关系进行提取即可。

3. 管线碰撞分析延伸

碰撞问题具有普遍性，对于穿越道路的管线，从埋深上有一定的深度要求，因此可以采用类似管线碰撞的思路，设计或检查管线与道路的"碰撞"情况；给排水管道泄漏对土壤浸泡会导致土层塌陷，若塌陷离建筑物比较近，就会影响到建筑物的安全，尤其对于高大建筑物，因此在建筑设计规范上，要求与地下给排水管线距离建筑物保持一定距离。对于建筑规划和设计，需要考察建筑区域安全距离范围的给排水管线情况，对于管线布设设计，需要考虑安全距离范围的建筑物分布状况，以此确定管线走向或对管线位置修改。对于已有的给排水管线和建筑物，通过"碰撞"分析，可以确定管线和建筑分布不合理的区域，作为重点监测、管线改造或建筑迁建的依据。

8.4.2 电视差转台空间优化布局

电磁波的穿透性有一定的距离范围，地形起伏和地面建筑都会对穿过的电磁波形成阻抗，强烈的阻抗使电磁波接收信号的强度会发生变化。因此，在电磁波传播设施的布设中，需要考虑优化布设位置和覆盖区域，减少设备设施的建设和维护。此类设施有电视信号差转台和雷达系统。

1. 电磁波设备的布设问题

电视差转台利用外差法改变接收到的电视信号的载频并经放大再转发出去的装置。可使电视覆盖面增大，在山顶设差转台，可使山背后能收到电视节目。设备简单，能几次差转，起到中继接力作用。由于地形的起伏对电磁波的屏蔽，在山区布设差转台就有一个空间优化布局问题。从三维空间优化方面，这实际是一个视域分析问题，需要考虑地面地面观察点位和视域。

对于视域分析，是确定特定点位的可见区域，对于优化布设，点位选择以及视域是问题核心。对于视域有专门的工具，因此问题归为确定观察点。

2. 设备布设优化

从常识角度，处于山顶的观察点是有最效地观察位置，因此，观察点的候选位置应当在山顶，并且，越高的山顶，覆盖范围越广。基于此，可以采用减点法进行优化布局。具体思路如下：

（1）对于一个需要布设差转台的区域如一个县，找出所有山顶。从地形上，所有的山峁、梁顶都是候选点；

（2）通过可见性分析进行优化。

这种方法的缺点是选点基本通过手工操作交互，优点是可以确定最大覆盖区。

另一种思路是对于需要接收信号的区域，反向分析，确定布设位置，这种方法的优点是具有针对性的选点，不足是对于未来有新建居民点，当不在已有布设点覆盖范围时，需要新设布设点，这些布设与已有布设在总体上的空间优化方面可能被破坏。

二者结合的方法是可以考虑的方法，具体留待研究思考。而判定的指标应当是布设数量少，覆盖范围广，盲区少，布设少，减少维护，节省投入，降低故障影响等。

8.4.3 防空与侦察风险分析

军事和安全上，有侦察和反侦察的军事对抗。现代的侦察有空中飞行侦察，反侦察有对空火炮防御，以此为例进行分析。对于雷达侦察、卫星侦察、反侦察也有另外的方法和手段，不在分析之内。

1. 防空侦察

对于飞行侦察，需要抵近目标，设在 5km 范围内才能侦察，在 3km 之内才能有效侦察，这种情况防御方非常清楚，于是设定火炮 3km 的有效防护范围和 5km 的防御范围，对于进入范围的侦察机进行有效防护。

对于防御方，进入范围的有效防御能力也不是100％，这样对于侦察有风险，对于防护也有漏洞。

侦察方也清楚侦察目标防护情况，于是设计侦察方案。这样，侦察和防御成为一种军事对策。对于侦察方，进入防御范围有风险，不进入侦察无效，需要评估侦察风险。

2. 风险评估

防御，可以火炮位置为球心，分别形成一个3km和5km距离的半球，作为防御范围，对于侦察，可以用进入防御范围的距离和从基地飞行距离进行风险分析判断。

在GIS中，这个问题的分析可以用半球和三维空间线路的三维几何空间关系分析，假定飞行距离为100km，在5km防御范围的长度为4km，在3km的防御范围距离为2km，则飞行风险为6km/100km＝6％，可作为风险概率。

这样的算法有一个问题，就是把从基地起飞距离计算在内，极端假定起飞在防御5km范围内，则风险为100％，显然不合理，但是把起飞距离计算在内计算风险，也有某种军事意义。这里重点是用GIS计算分析应用问题的过程和方法（图8-15）。

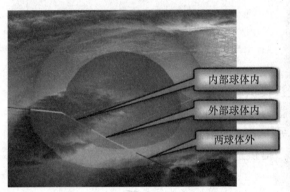
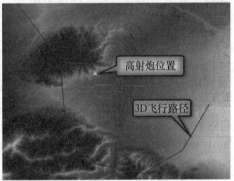

图8-15　侦察与防空风险评估

在GIS中，并没有直接的飞行路径与防空风险评估直接功能，而是把问题化为飞行路径与防空的几何三维体之间的关系。

对于特定防空位置，飞行路径越长，风险越小，似乎加长飞行路径，风险降低，而无效的飞行，对风险的意义不大。可以这样理解，对于侦察，飞行距离越长，获得信息越多。

思考题

1. GIS中，三维分析实际是把应用问题化为三维几何问题，用这种思路分析一个规划问题。

2. 三维分析的类型有哪些？

3. 可见性分析的类型有哪些？

4. 进行一个视域分析练习。

9

空间分析

GIS 的空间分析是一个既抽象又具体的概念，抽象在于凡是地理空间分析都是空间分析，具体的是，把一些特别的分析作为空间分析问题。在 GIS 中，空间分析包括表面分析、水文分析、区域分析等。其中有些分析作为专题在其他章节论述，本章论述叠加分析、多元分析、密度分析等。

9.1 空间分析原理

对于地理信息，以地图方式可以直接提供或获得很多信息，但是，更多的信息需要通过分析获得。对于地图信息，人的智力分析能力有时是计算机难以达到的，因此 GIS 提供信息显示作为分析的基础，但另一方面，信息的复杂关联会干扰影响人的观察思维分析深度，因此借助于信息分析，提供适合观察的信息，或者是应用需要的信息，这就是信息分析的基本依据。

9.1.1 空间分析目的

空间分析，主要是通过对数据的某种加工，把期望的信息明确表达出来，如遥感图像处理的灰度拉伸，当灰度级间距较小时，人的视力观察难以分辨，通过拉伸，加大灰度级差，便于人的视力分辨。对于图像数据，尽管灰度级差很小，在数值上是不同的，这也是灰度拉伸的数据条件，也即是说，计算机是能够明确识别这些灰度级的。

1. 从现有数据中获取新信息

对于地图应用，GIS 提供了许多不同的途径对空间数据进行分析。有时只需通过视觉分析即可：创建一个地图，通过该地图来掌握作出决策所需要的全部信息。但在其他时候，仅凭一个地图很难得出结论。当地图构造完成后，制图人员会进行各种选择：包含或不包含哪些要素、如何对要素进行符号化、选择分类阈值以确定是将要素显示为鲜红色还是略为柔和的粉红色，以及如何为标题措辞等等。所有这些制图元素都有助于传达所分析问题的背景和涉及范围，也可以改变所见现象的特征，从而改变解释方式。

　　空间统计可帮助克服一些主观因素的影响，使分析人员更直接地了解空间模式、趋势、过程和关系。如果所分析的问题难度特别大，或者基于分析所作出的决策非常关键，则最好从多种角度研究数据以及问题的背景。

　　空间统计提供了一系列功能强大的工具，可以在空间数据分析方面有效地补充和增强视觉统计方法、制图统计方法以及传统的（非空间）统计方法。应用空间分析工具可基于源数据创建有价值的信息。

　　空间分析基于点、折线或面数据得出距离；根据特定位置的测量数量计算出人口密度；将现有数据重新分类为适宜性类；基于高程数据创建坡度、坡向或山体阴影输出（图9-1）。

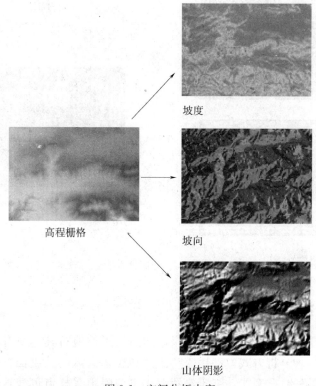

坡度

高程栅格

坡向

山体阴影

图 9-1　空间分析内容

2. 查找适宜位置

　　通过合并信息图层，针对特定目的查找最适宜的区域，例如为新建筑物选址，或分析洪水或泥石流高风险区域。

　　以位置选择为例，有一组事先设定的输入条件对某开发项目的最适宜区域进行了定义：地形坡度最小且距离公路最近的空置土地。根据这组条件进行分析，可以获得选择位置的状况，分类为最适宜的位置，适宜度为中等的位置以及适宜度最低的位置。

3. 执行距离和行程成本分析

　　如果不考虑实际距离，可以创建欧氏距离面以推算两个位置间的直线距离，或者创建成本权重距离面，根据一组指定的输入条件来推算从一个位置到另一个位置所需的成本，或者确定两个位置间的最佳路径。

在考虑经济、环境和其他条件因素的前提下，为道路规划、管线铺设或动物迁移确定最佳路径或最适宜的廊道。

4. 区域统计分析

基于每个单元值对跨多个栅格的数据进行计算，例如，计算多年期间的作物平均产量。通过计算某邻域内包含的物种种类等特性对该邻域进行研究。确定每个区域的平均值，例如每个森林区的平均高程值。如图 9-2 表示流域和坡度因子综合情况。

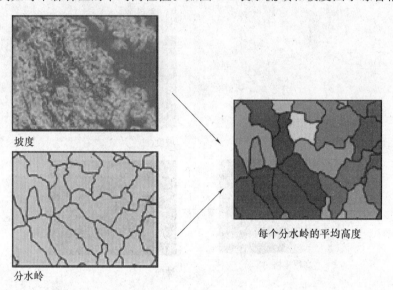

坡度

分水岭

每个分水岭的平均高度

图 9-2　叠加分析

5. 用采样点进行空间插值

对分散的采样地点的某现象进行测量，然后通过插值对其他所有地点的值进行预测，这是 GIS 的一种分析方式，即用采样点生成覆盖区域的三维面，表达采样现象的空间分布状况（图 9-3）。例如，基于高程、污染或噪声采样点创建连续的栅格面；使用一组采样点高程点和矢量等值线数据，创建符合水文特性的高程面。

9.1.2　空间分布特征

把人与环境的关系称为人地关系，在人地关系中，人是主动的一方，可以改变自然面貌、过程和进程，如移山填海、修筑大坝、修建道路、排放垃圾废气等。人类的这些行为和活动，最初都是利于人类生活和发展的，但是，在较长期的阶段，一些事件引起自然反馈和报复，如洪水肆虐、物种灭绝、环境恶化，反过来又影响到人类生产生活。这些涉及空间分析问题。空间分析主要为多元分析、密度制图、人口分布和区域分析等。在 GIS 中，分析具有多种分类特征，如密度制图既作为一种制图方法，也作为一种分析方法。

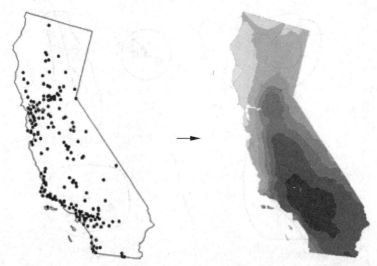

将采样点样本数据插入到连接栅格图

图 9-3 点成栅格

1. 空间分布特征分析意义

地理事物的存在由其自身的特点和环境状况确定的，不同的存在形式、结构，一定程度反映了环境和自身特点，这些正是人们期望了解和认识的，但又不容易直观看出的，需要进行一定的分析。

从地理空间角度，大熊猫的分布区有其适合的生存环境和条件，冬天梅花盛开，这是梅花适应冬天的条件，在其他时间对于人们认为较好的气候条件时，反倒不会开花，这是由地理事物的生态位决定的。

了解和认识这些生态位，就会顺从自然、利用自然，而不是盲目的移山填海、垦荒伐林。对于地理事物的空间分布，其分布的聚散性、位置性、关联要素等，就是这种生态位的反映，通过认识这种特征，可以认识相应的地理事物的状态、发展趋势、演化，从而在人地关系方面达到和谐。

地理事物的空间分布特征因事物和应用而异，因此在分析方法上，也有不同的模型与工具，例如人口分布以点位人口数量为基础，按照人口分布模型进行空间插值，与地形高程点的空间插值有本质区别。图 9-4 列出了一些空间关系。

2. 空间聚散性

人地关系的和谐在于人要认识自然、利用自然、适应自然和改造自然。由于自然过程的长期性、后效性和变化过程的缓慢性，因此，把握人地关系需要正确了解和认识自然特征和规律。

自然有哪些特征和规律？首先是时间演化规律，对于规律的认识需要在长期观察和分析思考的基础上，GIS 赋予辅助思考的工具。

对于点状事物或小块的面状事物，分析其分布特征从以下几个方面着手：当在一个区域有多个同类事物分布时，其空间集群与否，对于相互关系和影响都有极大不同。多个小商店集中在狭小的区域，相互之间竞争就会激烈，但信息交流和采取措施就会

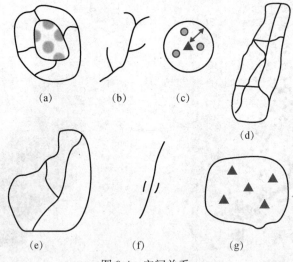

图 9-4　空间关系

及时，如商品定价策略；若分散开来，信息交流就不及时，但竞争激烈程度就下降，形成"仅此一家、别无分店"的情形。

　　分析空间聚散性，就能了解和掌握事物的地理特征，从而确定防止、措施和活动。以陕北古寨堡空间分布为例（图 9-5），古寨堡是古代军事防御的城堡，分布集中，则防御能力强，但是防御范围小，反之，防御能力弱，但防御范围大。当然，这种分析仅仅从地理空间角度看待问题，并不考虑其他问题如防御组织指挥调度问题。

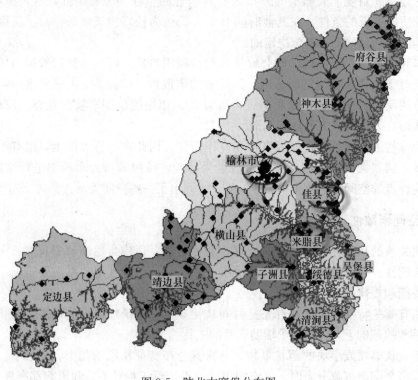

图 9-5　陕北古寨堡分布图

遗址点在三个区域内分布有明显的集中趋势，可能因为这三个区域内的自然资源条件较好，人类都选择生活在此，由此可以推断这三个区域内可能还存在一些未发现的遗址点。而这三个区域在现在来说发展也比较好，这就需要我们如何妥善处理好城市发展与古遗址保护的关系。

用 GIS 分析空间聚散性，针对有多个类型存在时，可以采用空间聚类方法；也可以用范围密度法或距离法。对于古寨堡这种地理事物，聚散性分析为考古的发现古寨堡提供线索。

3. 空间位置特征

空间位置特征指地理事物分布聚集的方位。例如，对于一个城市，聚集的事物是处于东西南北中的哪个方位。这种情况表明地理事物的位置敏感性。这种地理特征一般从观察上就可以判断，其有重要的地理特征价值。

以一个城市而言，不同的方位有不同的社会、文化、经济特点，这种特点放大来看就是区域性或区位性。

空间位置特征简单的识别通过制图显示进行主观了解和判断，用 GIS 分析方法可以把区域划分为多个规则区块，进行地理事物占区块的数量或比率来确定。

4. 关联要素

关联要素指地理事物分布与某些特定要素的关系，例如，桥梁一般处于道路与河流或沟谷的交叉处，山区道路多沿河边。对于地理事物，在分布上可能有明显的关联要素特征。例如，陕北古寨堡的分布与长城和河流有密切关系，显然这是军事防御的重要部位。

一个研究案例就是分析陕北古遗址空间分布的关联要素，其中选择黄河 9km 范围内有 26 个寨堡点；无定河 5km 范围内 18 个寨堡点。两条河流缓冲区内有遗址点 44 个，占总数的 27.5%。整个区域内遗址点密度为 0.37 个/100km^2，但黄河和无定河缓冲区范围内遗址点密度为 0.81 个/100km^2，统计数据表明古寨堡空间分布与河流有一定的空间联系，据此，在古寨堡的考古中可以把遗址点发现定位在长城和河流的一定距离范围，这是关联要素地理信息分析的重要启示。

沿河流作 1500m 的缓冲区，缓冲区宽度近似于河谷宽度。遗址点大多位于二级河流和三级河流的交汇处或附近（图 9-6）。

具体采用缓冲分析方法，以要素的一定距离作缓冲区，而要素的选择在直观观察的基础上，这就是地图读图思维和地理空间分析的关系。对于古寨堡，与长城关系的地理分析，发现距离范围较远，在 8~10km 左右，但是如果做长城 8km 平行线（这里的平行线不是数学平行线含义，可以理解为新长城南移 8km），再做 2km 的缓冲，则古寨堡在这个范围内占极大比例。

对于与城市犯罪案件的关联要素分析，可以发现，大多数盗窃案件与居民区、银行、车站、码头位置密切。

5. 空间分析步骤

在 GIS 中，通过地图来表示地理关系便于地图浏览者进行解释和分析。传统的这

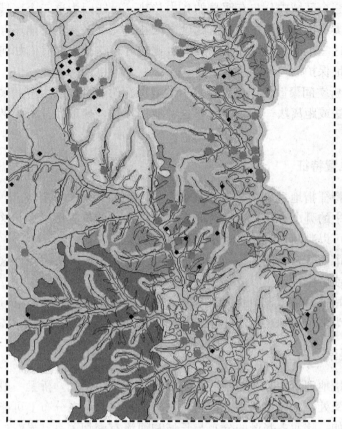

图 9-6　古寨堡关联要素分析

些空间关系由使用者自己识别。在 GIS 中，地理空间关系化为图形几何关系，可以通过程序识别。这样，对于地理空间的识别就系统化和完整化，空间分析步骤见表 9-1。

表 9-1　空间分析步骤

步　骤	内　容
1	设立目标并列出想要解决的问题
2	收集、组织和准备分析所需的数据
3	构建分析模型（通常使用地理处理执行此任务）
4	执行模型并生成结果
5	探究、评估、制图、汇总、解释、可视化、理解和分析结果
6	得出结论、作出决策并记录结果
7	提出结果和发现

9.2　多元分析

遥感图像有多个波段，每个波段反映不同的地理事物类型，有对水体敏感的波段，有对叶绿素敏感的，有的波段反映土壤特征。通过图像处理，获取地物信息。GIS 的栅格数据有遥感图像的类似特征，可以应用图像处理的一些方法，提取信息。

9.2.1 栅格数据分类

栅格数据的栅格值是一个数值，既可以表示事物的特征量，也可以作为事物的类型代码，对于作为事物的特征量，通过分类，变为类型编码。栅格分类在于把事物特征划分类别便于分析或应用，如把地形坡度分为不同的等级。

1. 关于类

类是具有某些共同特征的集合。对于个体，通过分类形成聚合。不同特征的个体聚合成 不同的类。把个体分成类的原因在于，其一，应用针对的个体特征是一定范围，用范围表达更便于操作；其二，个体具有分散性，通过分类，形成一定的聚集群体。

对于空间问题，分类尤为重要，以地形坡度为例，应用针对一定的坡度级，退耕还林针对 25°以上的耕地。另外，对于单个栅格的操作不如对栅格群的操作方便，分类使栅格分群。还有，分类后，类在地理空间通常具有空间结块性，对于事物空间分布的特征更易观察，图 9-7 的左图是没有分类的情况，不易进行类型观察，右图为分类图，空间分布情况清楚。

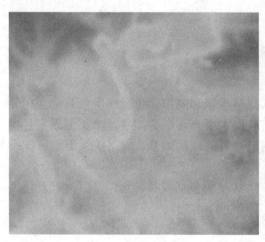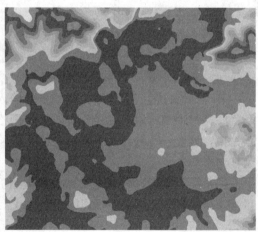

图 9-7 连续栅格图与栅格分级图

通常，一个类对应于一个有意义的位置分组。例如，森林、水域和小麦高产区都是类，并且具有空间集中的含义。

对于地理事物，栅格数据表示的可以是不同的事物，如土地利用类型，其栅格值只有标识含义而没有比较含义，即是说，值的大小没有表达对象的大小含义；栅格数据也可以表示的是同一事物，如地形坡度，栅格值的大小反映地形坡度的大小，这时的栅格分类实际是分级，即把坡度划分为不同的等级，也是分类的一种形式。

2. 分类方法

栅格分类是借用遥感图像分类的概念，在 GIS 中，栅格数据包含的范围比遥感图像更广，而分类要求则一致，因此，在 GIS 中直接纳入了遥感图像分类的理论与方法。

对于栅格数据的分类有两种类型：监督分类和非监督分类。监督分类是为分类过程提供类的样本，程序依据样本特征在图像范围类搜索，把具有与某个样本相似特征的栅格定为样本相同的类。监督分类的原理是通过提供一个类型的一个特征区域，分类程序进行样本特征解析，获得特征值，如灰度级、方差等统计特征，以这些特征识别同类区域。例如，在研究区域有一片针叶林，通过在地图上用一个面（或多个面）将其包围来标识它。然后，分别为麦田、市区建筑物和水域创建一个面来将其包围。继续执行此过程，直到有足够多的要素来表示类，且数据中的所有类均已标识为止。每组要素都被视为一个类，而包围该类的面便是训练样本。将训练样本标识完成后，对其进行多元统计数据计算以建立类内与类间的关系。统计数据存储在特征文件中。

非监督分类，顾名思义，不提供样本，分类程序通过对图像区域的特征统计，获得类别及其特征，然后进行图像区域识别和分类。这种分类不知道任何指定位置处的要素实际上是什么，即只是根据特征参数区分出了不同，但不能识别每类具体是什么。

3. 分类过程

执行分类的步骤有如下：

（1）创建和分析输入数据。

（2）为类和聚类分析生成特征。

（3）评估和编辑类和聚类。

（4）执行分类。

分类的输入类型有两种：要分析的输入栅格波段和要拟合位置的类或聚类。在分类的归类过程中，用于多元分析的输入栅格波段需要有影响力或是一个关键因素。也就是说，坡度、雪深和太阳辐射可能是影响雪崩可能性的因素，而对土壤类型可能没有任何影响。

一个类对应于一个有意义的位置分组。类的示例包括森林、水体、田地以及居民区等。派生自聚类的类包括鹿的栖息地或土壤侵蚀的可能性。

9.2.2 分类实施

如果可以按类的属性值对类进行分隔或区分，则已知类也可以在属性空间中形成聚类。可以将属性空间中对应于自然聚类的位置解释为自然出现的类。

1. 确定用于监督分类的类

在监督分类中，应清楚要将研究地点划分为哪些类，并且在研究地点中存在代表每个类的样本位置。例如，如果正在根据卫星影像创建土地利用地图，则可以将该地图划分为如下几个类：居民地、水域、森林、草地、道路等。这样做的目的是将研究区域内的每个位置分配给一个已知类。可以确定出的属于一个类的样本位置越多，类中的像元值越相似，所产生的分类结果就会越好。将用于确定已知类位置的实际位置称为训练样本。

可在面图层或栅格上标识训练样本。定义训练样本时，可以将现有栅格标识为参考。通常，将栅格中前三个图层的彩色合成显示为背景，并将其作为标识生成训练样本时要圈定区域的参考。

2. 在非监督分类过程中创建聚类

非监督分类过程的第一步是创建聚类。从统计学观点来看，聚类是数据中的自然产生的分组。自组织聚类（ISO）需要输入栅格波段、类数、输出特征文件的名称、迭代次数、最小类大小以及对计算聚类所依据的采样点进行提取时参照的时间间隔。

分类结果返回一个特征文件，其中包含关于所标识聚类的像元子集的多元统计信息。计算结果可以确定出像元位置与聚类之间的所属关系、聚类的平均值以及方差协方差矩阵。此类信息存储在 ASCII 特征文件中。对其余未采样的像元进行聚类和分类处理时，特征文件必不可少。

3. 特征文件

特征文件是用于存储感兴趣的每个类或聚类的多元统计信息的 ASCII 文件。该文件包括每个类或聚类的平均值、类或聚类中像元的数目以及类或聚类的方差协方差矩阵。可以使用任何文本编辑器来显示特征文件。

对于任何类或聚类，在方差协方差矩阵中从左上角移至右下角的对角线值是与特定输入栅格波段（通过波段矩阵中的行/列交集确定）相对应的变量的方差值。此方差协方差矩阵中的所有其他值都是协方差值。

4. 为非监督分类确定聚类

在非监督分类过程中创建聚类时使用名为 Iso Cluster 的算法。ISO 是一种用于执行聚类操作的方法。聚类是通过研究区域内像元的子集计算而来的。所有聚类计算都是针对多元分析属性空间中的像元值执行的，而不基于任何空间特征。也就是说，平均值是根据不同输入波段的属性值计算出来的。而方差值和协方差值则是根据波段内以及两个波段之间的方差计算出来的。

9.2.3 ISO 聚类

ISO 分析是一种分类方法，ISO 聚类采用改进的迭代优化聚类过程，也称为迁移平均值法。此算法在输入波段的多维空间中将所有像元分隔成用户指定数量的不同单峰组。此工具最常用于准备非监督分类。

1. ISO 聚类的工作原理

此类型的聚类采用的过程如下：在每次迭代期间，将所有样本分配给现有的聚类中心并为每个类重新计算新的平均值。通常，要指定的最佳类数是未知的。因此，应输入一个较大的数，分析所生成的聚类，然后使用较少的类数重新执行函数。

ISO 聚类算法是一种迭代过程，用于在将各个候选像元指定给聚类时计算最小欧氏距离。该过程从处理软件指定的任意平均值开始，每个聚类一个任意平均值（指定聚类数量）。将每个像元指定给最接近的平均值（多维属性空间中的所有平均值）。基于首次迭代后从属于每个聚类的像元的属性距离，重新计算各个聚类的新平均值。重复执行此过程：将各个像元指定给多维属性空间中最接近的平均值，然后基于迭代中像元的成员资格计算各个聚类的新平均值。可指定该过程的迭代次数。该值应该足够大，才能确保执行指定次数的迭代后，像元从一个聚类迁移至另一个聚类的次数最少；并使所有聚类变为稳定状态。迭代次数应该随着聚类数的增加而增加。

2. 聚类分析

指定的类数目值是聚类过程可产生的最大聚类数。但是，输出特征文件中的聚类数可能与指定的类数不同。这种状况发生在下列情况下：

(1) 数据值和初始聚类平均值分布不均匀。在某些像元值范围内，这些聚类的出现频率可能接近于零。因此，某些最初预定义的聚类平均值可能无法吸收足够多的像元成员；

(2) 在迭代结束时，将消除由数量少于指定最小类大小值的像元组成的聚类；

(3) 如果聚类稳定后统计值相似，则聚类将与邻近的聚类进行合并。某些聚类可能彼此间非常接近并且具有十分相似的统计数据，这使得将其分开会导致数据被不必要地分割开。

9.3 密度制图

密度分析可以对某个现象的已知量进行处理，然后将这些量分散到整个地表上，依据是在每个位置测量到的量和这些测量量所在位置的空间关系。以人口分布为例，人口是流动的，人口的统计量是以居民点为单位，但是人的活动有一定的范围，据此建立人口空间分布模型，进行人口空间分布分析。

9.3.1 人口分布

人口的空间活动特征是流动性和固定性的一种结合方式，人口集中于居住小区或公共场合，但是人口又活动于整个地理空间。在应用方面，需要按照区域进行人口数量统计。如设立公交站点，需要考虑一定距离范围内的人口数量，这种数量是按人口空间分布密度计算得来，而不是依据就近的社区人口作为计算依据。

1. 人口空间分布特征

人口统计数据以社区为单元，而空间定位点为社区管理机构位置，除此之外也没有更合理的定位点。而人口在城市区域空间的活动又是分散的，也不能具体定位，需要采用模型进行空间分布插值。

在城市的一些规划和设计中，需要计算人口数据，例如需要考虑一定服务半径的人口数量。这时，需要通过人口的统计点进行空间插值，形成人口的空间分布状况，再进行特定范围的人口统计。

人口空间分布通过模型把人口数量依据点位进行空间分布，同时分布的人口数量要近似于统计数量。

2. 人口空间插值模型

人口空间分布模型要把人口的点位数据分散到区域空间，而分散的区域空间人口总量与点人口总量不能有大的出入。同时，人口分布不能进行空间密度平均，而需要采用以人口点位位置为中心的密度下降的模式。

由于人口的点位分散性，因此空间分布模型还要考虑点位分布协调。人口空间分布采用密度模型生成人口分布图。

3. 人口空间统计

在很多应用中，要进行人口地理空间汇总统计，对于建设一个公园、一个超市等，需要统计在其服务或吸引力范围内的人口总数，作为规划和规模设定的依据。在用点位生成人口空间分布密度图后，可以进行区域人口统计计算。在 GIS 中，这个计算实际是把范围内的栅格值相加即可。

密度分析可以对某个现象的已知量进行处理，然后将这些量分散到整个区域，依据是在每个位置测量到的量和这些测量量所在位置的空间关系。

密度表面可以显示出点要素或线要素较为集中的地方。例如，每个城镇都可能有一个点值，这个点值表示该镇的人口总数，但是想更多地了解人口随地区的分布情况，由于每个城镇内并非所有人都住在聚居点上，通过计算密度，可以创建出一个显示整个地表上人口的预测分布状况的表面。

4. 矢量统计符号形式

使用条形图和柱形图作为分布特征的地图表示。条形图和柱形图能够以一种醒目的方式来显示大量的定量字段。通常，当图层中含有大量需要进行比较的相关数值属性时，可绘制包含条形图和柱形图的图层。条形图/柱形图可用于显示相对量而不是比例或百分比。

图 9-8 所示为使用条形图和柱形图来按年龄显示每个县的人口分布。

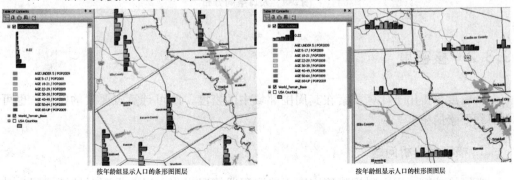

按年龄组显示人口的条形图图层　　　　　　　　按年龄组显示人口的柱形图图层

图 9-8　人口分布制图

5. 人口分布密度图

"密度分析"将输入点图层的测量量分布到整个地表上，以生成一个连续的表面。密度分析应用的一个示例是，考虑在某特定地区拥有多家店面的连锁零售店。对于每家店面，管理部门都保存有与顾客有关的销售数字。管理部门假定顾客根据路程的远近来选择光顾哪家店面。在本示例中，很自然地就会假定任何一个顾客总是会选择最近的那家店面。距离最近的店面越远，顾客到那家店面要走的路也就越远。但是离得比较远的顾客也可能光顾其他店面。管理部门想研究顾客居住地点的分布状况。根据这些家店面的销售数字和空间分布情况，管理部门需要将顾客巧妙地分散到区域，以此创建显示顾客分布情况的表面。

要完成这项任务，"密度分析"工具将考虑店面之间的相互关系、光顾每家店面的顾客数量以及需要共享测量量（顾客）的某一部分的像元的数量。离测量点（即店面）较近的像元占有测量量的比例要高于那些离测量点较远的像元。

图 9-9 给出了一个密度表面的示例。相加到一起时，像元的人口值将等于原始点图层人口的总和。

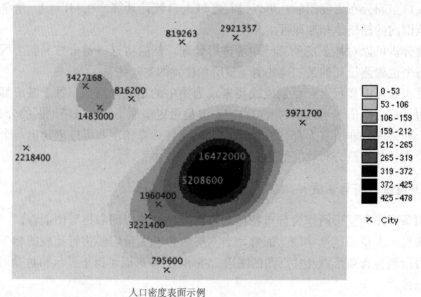

人口密度表面示例

图 9-9 人口空间分布

9.3.2 核密度

核密度分析用于计算要素在其周围邻域中的密度，既可计算点要素的密度，也可计算线要素的密度。

1. 核密度分析问题

核密度分析可用于测量建筑密度、获取犯罪情况报告，以及发现对城镇或野生动物栖息地造成影响的道路或公共设施管线。也可以根据要素的重要程度赋予某些要素比其他要素更大的权重，还允许使用一个点表示多个观察对象。例如，一个地址可以表示一栋六单元的公寓，或者在确定总体犯罪率时可赋予某些罪行比其他罪行更大的权重。对于线要素，分车道高速公路可能比狭窄的土路产生更大的影响，高压线要比标准电线杆产生更大的影响。

2. 线要素的核密度分析

核密度分析还可用于计算每个输出栅格像元的邻域内的线状要素的密度。概念上，每条线上方均覆盖着一个平滑曲面。其值在线所在位置处最大，随着与线的距离的增大此值逐渐减小，在与线的距离等于指定的搜索半径的位置处此值为零。由于定义了曲面，因此曲面与下方的平面所围成的空间的体积等于线长度与人口字段值的乘积。每个输出栅格像元的密度均为叠加在栅格像元中心的所有核表面的值之和。线密度分析如图 9-10 所示。

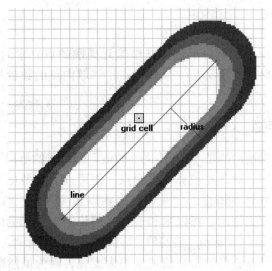

图 9-10　线密度分析

线密度分析用于计算每个输出栅格像元邻域内的线状要素的密度。密度的计量单位为长度单位/面积单位。从概念上讲，使用搜索半径以各个栅格像元中心为圆心绘制一个圆。每条线上落入该圆内的部分的长度与人口字段值相乘。对这些数值进行求和，然后将所得的总和除以圆面积。图 9-11 对此概念进行了说明。

图 9-11 中显示的是栅格像元与其圆形邻域。线 $L1$ 和 $L2$ 表示各条线上落入圆内部分的长度。相应的人口字段值分别为 $V1$ 和 $V2$。因此有：

$$\text{Density} = \left[(L1 * V1) + (L2 * V2) \right] / (\text{area\_of\_circle}) \tag{9-1}$$

如果人口字段使用的是除 NONE 之外的值，则线的长度将等于线的实际长度乘以其人口字段的值。

线密度分析可用于了解对野生动物栖息地造成影响的道路密度，或者城镇中公用设施管线的密度。可使用人口字段赋予某些道路或公用设施管线比其他道路或公用设施管线更大的权重，具体根据它们的大小或类而定。

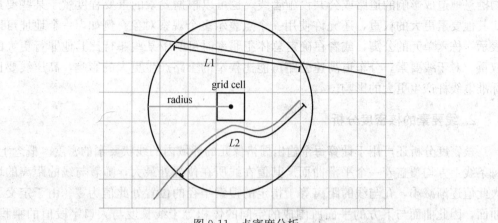

图 9-11　点密度分析

9.3.3　点密度

点密度分析工具用于计算每个输出栅格像元周围的点要素的密度。从概念上讲，每个栅格像元中心的周围都定义了一个邻域，将邻域内点的数量相加，然后除以邻域面积，即得到点要素的密度。

1. 点密度分析问题

如果人口字段设置使用的是 NONE 之外的值，则每项的值用于确定点被计数的次数。例如，值为 3 的项会导致点被算作三个点。值可以为整型也可以为浮点型。如果选择的是面积单位，则计算所得的像元密度将乘以相应因子，然后写入到输出栅格。例如，如果输入地面单位是米，将以米和千米为单位的单位比例因子进行比较，会得到相差 1000000（1000m×1000m）倍的值。

增大半径不会使计算所得的密度值发生很大变化。因为虽然落入较大邻域内的点会增多，但计算密度时该数值要除以的面积也将更大。更大半径的主要影响是计算密度时需要考虑更多的点，这些点可能距栅格像元更远。这样会得到更加概化的输出栅格。

2. 点密度分析特征

点密度分析具有如下特征：

（1）半径参数值越大，生成的密度栅格的概化程度便越高。值越小，生成的栅格所显示的信息越详细。

（2）计算密度时，仅考虑落入邻近地区范围内的点。如果没有点落入特定像元的邻域范围内，则为该像元分配 NoData。

（3）如果面积单位比例因子的单位相对于点间距非常小，则输出栅格值可能会很小。要获取较大的值，应使用单位较大的面积单位比例因子。

（4）输出栅格的值将始终为浮点型。

定量专题地图，将在其上面随机放置一定数量大小相同的点，点数和与区域相关联的数值属性成一定比例。点密度图用于表示属性的密度信息（图9-12）。

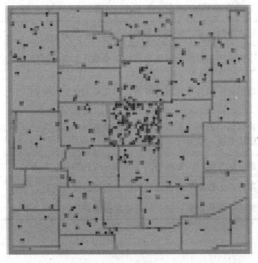

图 9-12　点密度图

9.4　区域分析

"区域分析"用于对属于每个输入区域的所有像元执行分析，输出是执行计算后的结果。虽然区域可以定义为具有特定值的单个区域，但它也可由具有相同值的多个断开元素或区域组成。区域可以定义为栅格或要素数据集。栅格必须为整型，而要素必须拥有整型或字符串类型属性字段。

9.4.1　区域分析方法

有些区域分析会对输入区域的某些几何或形状属性进行量化，并且不需要其他输入。其他区域分析使用区域输入来定义将用于计算其他参数的位置，如统计数据、面积或值频数等。还有一种区域分析用于使用沿区域边界找到的最小值填充指定区域。

1. 区域分析问题

栅格数据的属性以分类值汇总表示，比如某栅格数据有值为30，共有200个栅格单元，并且分散在不同的位置，在属性表中，该类型只有一条记录，值为30，数量为200。在应用中，有时需要区分出各个区块，同时，可能还要对各个区块的某些特征进行分析计算，这就是区域分析的实质。

分区几何统计返回栅格中各个区域的几何或形状的相关信息。区域不必是单个连续实体，它可以由多个不相连的区域组成。

通过分区几何统计可以计算四种类型的几何，具体根据以下几何类型参数确定：各个区域的面积，各个区域的周长，区块厚度即区域中最深的点距其周围像元的距离以及区块的质心。区域分析包含的内容见表9-2。

表 9-2　区域分析内容

分析内容工具	描　　　述
面积制表	计算两个数据集之间交叉制表的区域并输出表
区域填充	使用权重栅格数据沿区域边界的最小单元值填充区域
分区几何统计	为数据集中的各个区域计算指定的几何测量值（面积、周长、厚度或者椭圆的特征值）
以表格显示分区几何统计	为数据集中的各个区域计算几何测量值（面积、周长、厚度和椭圆的特征值）并以表的形式来显示结果
区域直方图	创建显示各唯一区域值输入中的像元值频数分布的表和直方图
分区统计	计算另一个数据集的区域内栅格数据值的统计信息
以表格显示分区统计	汇总另一个数据集区域内的栅格数据值并将结果报告到表

2. 面积分析

进行分区后，可以计算分区面积。对于输入栅格中的各个区域而言，分区面积决定了各个区域的总面积，并将其指定给输出栅格上的区域中的各个像元。通过将构成区域的像元的数量乘以当前像元大小来计算面积。

将计算出所有区域的面积并求和，以便将唯一值指定给输出中的区域。面积以平方地图单位表示。

分区几何统计面积（折像元大小为 1）：

$$OutRas＝ZonalGeometry（InRas1,"VALUE","AREA")\qquad(9\text{-}2)$$

3. 周长分析

从景观生态观点上，区域形状与斑块的功能有关，而形状由面积和周长关系决定，因此需要计算区域面积。分区周长确定了输入栅格中各个区域的周长，并且将其指定给输出栅格上的各个像元。通过对构成区域边界的像元长度求和来计算区域的周长。外部边界和内部边界（岛屿）均列入考虑范围。

如果区域（zone）具有多个区块（region），那么将对各个区域的周长求和，以便将唯一值指定给输出中区域。周长值以线性地图单位表示。输入栅格的几何类型设置为周长：

$$OutRas＝ZonalGeometry（InRas1,"VALUE","PERIMETER")\qquad(9\text{-}3)$$

输入栅格的几何类型设置为厚度：

$$OutRas＝ZonalGeometry（InRas1,"VALUE","THICKNESS")\qquad(9\text{-}4)$$

分区厚度分析表达"可以在区域中走多远"这个问题，例如森林，可分析出在走出森林之前所处的最深点。

分区厚度可用于数据清理，从而移除可能成为数据中的噪点的细小区域或与分析无关的信息。可重点使用"条件"和"提取"集中的工具移除小于某些值或厚度的区域。其他可用于数据清理过程的选项包括"面积"和"周长"输出，以及"栅格综合"工具边界清理、主滤波和收缩。

4. 质心分析

质心直观上指质量分布重心，用来确定一个几何体的平衡支点，对于地理空间事物，在 GIS 中，以椭圆中心反映几何空间重心，通过创建固定在各个分区空间形状质心的椭圆，分区质心分析可获得各个区域的几何近似，计算各个区域的特征值和特征向量。椭圆的方向为第一特征向量的方向。椭圆长轴和短轴的比值与其特征值的比值相同。每个椭圆的面积与其表示的区域面积相等。

查找每个区域的质心。将区域质点所在的输出栅格的像元设置为区域的值。通常，输出栅格中的非 NoData 像元的数量将与输入栅格中的区域数量相等。但是，如果两个或更多的分区质心位于同一个输出像元中，那么会将像元值设置为这些区域中的最低区域值。

5. 椭圆

输出栅格的属性表中包含一些附加项，用于描述各个区域的椭圆近似的形状。定义椭圆形状和大小的参数为长轴、短轴和方向。这些项始终列在属性表中的"值"和"计数"项之后。各椭圆的面积与为其分配的区域的面积相等。其中包括长轴的长度，短轴的长度，以地图单位表示，定向值的单位为度，取值范围为 0~180。方向定义为 x 轴与椭圆长轴之间的角度。方向的角度值以逆时针方向增加，起始于东方向（右侧水平位置）的 0° 值，在长轴垂直时为 90° 位置。如果某个特定区域仅由一个像元组成，或者该区域为单个像元方块，那么会将椭圆（在此情况下为圆）的方向设置为 90°。

通过典型分析可确定描述所有区域的椭圆的参数。这种机制通常称作标准差椭圆，其中像元中心的坐标将作为用于计算扩散的点。

9.4.2 四区区划

四区区划也称为空间管制规划，空间管制作为一种有效而适宜的资源配置调节方式，目的在于按照不同地区的资源开发条件、空间特点，通过划定区域内不同建设发展特性的类型区，制定其分区开发标准和控制引导措施，从而实现社会、经济与环境协调可持续发展。而空间管制区划是以空间管制为手段和目的的空间规划形式，且这种空间规划在内容和方法上与传统的空间规划有很大的区别。

1. 四区类型

四区区划分为不同的类型，依据不同的理论，具有不同的应用目的，设计的要素和类型也不同，有基于限制要素的，有基于景观安全的，有基于资源管制的。从 GIS 角度，所使用的方法基本相同。

（1）基于限建要素的空间管制区划

此方法是基于限建要素来判定城市管制范围的，并划定城市的禁限建区。基本步骤是首先通过专题研究、专家调查和公众参与等方式进行单一限建要素分析，确定限建要素类型和空间属性；其次，结合限建单元模型生成禁限建单元；再次，基于限建单元进行建设限制性综合分区和指定区域建设条件分析；最后，形成规划图则，并给出禁限建单元的限建导则，作为指导城市规划管理和城市建设的依据。

优点：通过划定禁止及限制建设的空间单元，对城市规划管理和城市建设提供了依据，对解决城市中"不该生长"空间的控制问题起到一定的作用。

缺点：此方法由于研究角度的局限性，仅分析影响区域或城市建设或布局的限制因素及条件，缺乏对城市整体优势资源的分析，对整个城市的空间资源如何合理配置以及城市发展方向及优势的确定问题指导意义不足。

（2）基于景观安全格局因素的空间管制区划

该方法借鉴理论地理学的最小阻力模型来模拟自然、生物、历史文化及生态游憩过程，辨识每一过程的安全格局，再叠合成高、中、低三种等级的综合景观安全格局，根据城市建设的实际情况选择其中一种格局作为禁建区，并以此来划分城市空间管制区域。使用的技术方法多是GIS工具提供三维可视性分析方法对区域的安全格局进行分析。

优点：把城市作为一个整体的景观格局，分析保证景观格局安全的各类因素的现状及过程，编制相应的规划。规划编制的框架体系完整，方法可行性强，可以在空间管制区划中借鉴。

缺点：更多的是从景观因素考虑划分空间管制区域，并以非建设用地的研究为重点，缺乏对前区域内其他空间和资源的考虑。

（3）基于空间资源与空间利用的空间管制区划

这是最常用的一种空间管制区划的方法。区划时，首先根据合理保护空间资源原则，选择适当的分析评价因子，对空间资源进行综合分析评价，并在此基础上进行空间资源区划；其次依据之前的空间资源区划并结合各地的实际状况定性的划分空间利用区域。其实，空间利用区划是以在空间资源区划为前提的，是更进一步确定区划范围用地的使用功能，以便于指导具体的土地利用和规划建设。在空间资源区划是多采用地图叠加法对所选的单因子进行叠加分析。

优点：全面的考虑了空间资源与空间利用对空间管制区划的影响。

缺点：把空间资源保护区划与空间资源利用区划分开操作，在选择区划因子时失去全面性，而且使得空间管制区划的编制结果不够全面。

2. 区划方法

基于GIS技术的四区区划方法是按照区划因素收集数据，形成各种图层，按照区划对各种因素的指标进行单要素分区，通过各种单因子图层叠加，生成综合四区区划。其中涉及的数据图层见图9-13。

3. 自然生态敏感性区划

文化遗址保护中生态区划是主要考虑的方面，按照自然生态敏感性分析单因子分类，分别为基本农田、河湖水系、绿地作为保护的方面，然后在按照属性划分具体的二级因子，分类结果见表9-3。

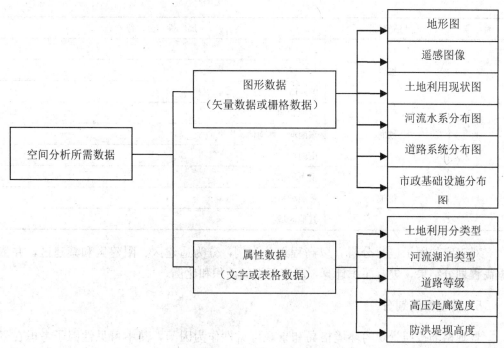

图 9-13　四区区划图层

表 9-3　生态敏感因子分类

编　号	生态敏感性因子	属 性 分 级
1	基本农田保护	基本农田
		其他区域
2	河湖水系	湖泊水体
		100m 缓冲区
		其他区域
3	绿地	核心古柏林
		生态控制区、生产防护绿地、开敞及公园绿地
		其他区域

依据生态敏感因子，区划结果为高敏感区，敏感区类型。

4. 用地适宜性区划

用地适宜性区划通过地形高程、坡度、坡向和植被等作为划分因子，并且根据各因子的特征，划分不同的等级，具体划分指标见表 9-4。

表 9-4　建设用地适宜性因子分级及权重

编　号	土地适宜性因子	属 性 分 级
1	高程	720～815m；1005～1148m
		910～1005m
		815～910m

编　号	土地适宜性因子	属　性　分　级
2	坡度	25°以上
		15°～25°以上
		0°～15°
3	坡向	其他朝向
		东南向、西南向、东北向
		南向
4	植被	重点种植区
		普通种植区
		其他区域

对确定的因子进行分析，以高程划分为例，分为适建区、限建区和禁建区，并依据高程划分结果，进行面积计算，确定每类的面积和比例。

5. 景观格局划分

景观格局按照景观的环境格局和景观可见性作为因子，其中可见性因子考虑在景观观察中由于地形起伏的遮挡形成的可见与非可见区域。以环境和可见性综合划分出相应的区域，见表9-5，划分标准见表9-6。

表 9-5　景观格局区划因子选取分级

编　号	景观格局因子	属　性　分　级
1	环境格局	核心区
		其他区域
2	可见性	可见区域
		不可见区域

表 9-6　景观资源因子分级标准

编　号	景观资源保护	属　性　分　级
1	风景资源保护区	核心区
		一级区
		二级区
2	人文及文物 古迹资源保护区	特级保护区
		一级、二级保护区
		三级保护区

6. 综合区划

对单因子的区划仅表现出单因子状况，通过因子综合，生成综合结果，具体方法是图层叠加，按照因子区划类型确定综合类型，其中，对于叠加中所有类型都为禁建型，则综合类型为禁建型，其他按照因子影响状况确定区划类型，见表9-7。

表 9-7　综合因素属性及分级图

编　号	规划区空间管制区划因子	属 性 分 级	区 划 类 型
1	生态敏感性	高敏感性	禁止开发区
		中敏感性	限制开发区
		低敏感性	适度开发区
2	建设用地适宜性	不适宜建设	禁止开发区
		较适宜建设	限制开发区
		适宜建设	适度开发区
3	景观格局	禁止型保护区	禁止开发区
		限制型保护区	限制开发区
		适宜型保护区	适度开发区
4	自然文化遗产保护	禁止型保护区	禁止开发区
		限制型保护区	限制开发区
		适宜型保护区	适度开发区

　　对于四区区划，从 GIS 角度，不仅作为区划成果，也可以从信息角度作为规划管理的信息体系。另外，从规划思想和方法上，对于已建区，只是现状划分，采用 GIS 的方法，可以依据区划要素，对已建区进行分析，确定建设适宜性，对于已建区的区划要素不满足的情况，可以作为未来迁建或改造的依据。

　　在区划的基础上，可以进一步进行各区划类型的结构和分布状态分析，作为建设规划和设计的参考。例如，对于适建区，在地块上可能分为多块，每块大小不同，分布也有不同状况，其建设成本也会不同。

思考题

1. 空间分析涉及哪些内容？
2. 栅格分类的目的和作用是什么？
3. 人口分布图的插值特点与一般的插值如高程插值有何异同？
4. 区域分析的作用是什么？
5. 四区区划分为哪些类型？

10

网络分析

在某种意义上，城市可以看作为一种网络体系，道路系统构成道路网，河流构成水系网，其外有电讯网、供排水网等。网络分析就是分析网络体系中网络要素之间的关系，用于对网络体系的认识，进行网络规划设计以及管理、维护。

10.1　网络体系及数据结构

网络从图形角度，是点与线联接形成的体系，点作为网络流的源或汇，线作为网络流的通道，用以模拟客观世界的真实状况，并通过网络分析来指导客观实际的运行，如通过交通网络分析，进行交通管理和优化。在 GIS 中，网络分为几种类型，有地理网络、几何网络。不同的网络，功能结构应用有差别。

10.1.1　网络分析问题

网络分析是一种优化分析，分析过程涉及运筹、对策、决策问题。网络分析是在线路构成的网络体系中，寻找最优方案。

1. 网络分析涉及的问题

网络分析用于回答和解决与路径有关的一些优化问题，在日常生活中，不同的人或部门机构都会面临一些关于路径方面的优化问题，如从城市 A 点到 B 点的最快路线是什么？这种最快线路还与交通工具有关。关于优化，有如下一类问题：

（1）哪些房屋距离消防站的车程小于 5min？

（2）业务覆盖哪些市场区域？

（3）商场潜在客户应选择哪条路线可最快到达？

（4）哪些救护车或巡逻车能够最快对一起事故做出响应？

（5）一支配送或服务车队如何在提高客户服务质量的同时降低运输成本？

（6）在何处经营商店可最大化市场份额？

（7）如果某家公司必须缩减规模，那么它应该关闭哪家商店才能继续满足最为全面的需求？

这些问题是在社会和城市活动中经常出现和面临的问题，在 GIS 中，通过网络分析能够为这些问题的解决提供方案。

2. 网络分析数据

在 GIS 中，网络分析建立在网络数据集基础上，网络数据集是 GIS 的一种数据集类型，它建立在点和线一类地理要素数据基础之上，需要一些特定的条件和数据要求。例如，对于道路一类的线要素图层，在转为网络要素应用时，必须有道路路段相互连接的拓扑结构和道路长度或通行耗时或费用等一类进行道路在网络中的运算评价属性记录。

网络分析针对一类特殊的数据类型，是在要素数据集的基础上按照网络分析的数据要求进行专门构建的，其中需要考虑网络要素关系，网络的阻力和其他情况，如果说地理信息的一般数据只是对地理实体的记录，则网络数据集是现实网络的描述。

10.1.2 网络类型

在 GIS 中，网络分为不同类型，从现实网络和需要解决的问题特征来说，分为地理网络和几何网络，两种网络特征不同，解决的问题类型也不同，构建要求的条件也不同。

1. 地理网络

网络是一种由互联元素组成的系统，包括边（线）和连接交汇点（点）等元素，这些元素用来表示从一个位置到另一个位置的可能路径。

人员、资源和货物沿着网络行进：汽车和货车在道路上行驶，飞机沿着预定的航线飞行，石油沿着管道铺设的路线输送。使用网络构建潜在行进路径的模型，可以执行与在网络上的石油、货车或其他代理移动相关的分析。最常用的网络分析是查找两个点间的最短路径等。

地理网络是一种无向网络，针对物流运输状况。地理网络组要考虑网络边之间的连接拓扑关系，需要设置网络流通规则，例如对于道路网的单行道设定。

把地理空间抽象为一个二维欧氏平面，以一定规则将点和线连成分布于其间，即构成地理网络。亦即在一个地理系统中，通过无数"通道"互相联结的一组地理空间位置。一般而言，要求地理网络解决如下问题：从一个地理位置到另一个地理位置的通道方式；这些通道方式之间所进行的距离比较；联结各个地理位置之间的"最优"通道选择是什么？地理网络在地理系统的行为中执行什么功能？为回答这一系列问题，首先要将真实的复杂结构，简化到相对单调的"图"的水平，这类图包括一组点的集合，并表现为一般的拓扑结构，以便于所进行的必要的量化和数学处理。

2. 几何网络

几何网络是针对设施网的网络类型，如给排水网络、电力网络等。几何网络的特点是一种有向网络，在网络中的流沿特定的方向流动。

存储在同一要素数据集中的要素类可以参与几何网络。几何网络用于为定向的流动网络系统（如供水管网）建模。

网络连通性规则用于限制可以相互连接的网络要素的类型以及可以连接到另一种要素的任一特定类型的要素数量。通过创建这些规则，可以保持数据库中的网络连接完整性。

几何网络在构建中需要指定源和汇。

3. 逻辑网络

网络数据集可以视为逻辑网络，其中嵌入了执行网络分析所需的拓扑关系。网络构成的核心部分是点线之间的连接关系，从这一点上不涉及线的长度，由此可以用逻辑方式表达网络，所谓逻辑网络表明网络逻辑关系。表示的图形是逻辑示意，并不是真实路径。例如，对于地理空间的网络流，通常注重的是网络逻辑结构。

一个几何网络具有一个对应的逻辑网络。几何网络的要素几何真正构成了网络，而逻辑网络是网络连通性的物理表示。逻辑网络中的每一个要素都和几何网络中的几何要素相关联。逻辑网络示意图如图 10-1 所示。

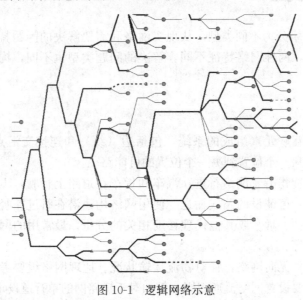

图 10-1　逻辑网络示意

10.2　网络构建

网络分析针对网络数据集，网络数据集是一种特殊的数据组织体系，在有关边、点数据的基础上，通过专门的方法组织构建。

10.2.1　网络构建的基本数据

网络由线和点构成，线作为网络流的边，是流动通道，点是网络流的流入流出位置，其中流入为汇，流出为源。网络构建依据线数据和点数据，分别对应线图层和点图层。

1. 线数据

作为简单线图层，并不能用于网络分析，原因在于没有网络拓扑关系。仅有街道要素类不能用于查找最短路径或执行其他网络分析。简单要素，例如表示街道的线要素，彼此并不识别。它们本身无法了解要连接到的内容，而且连通性对于网络分析是必不可少的。不过，网络数据集可存储要素的连通性。因此，不是直接使用街道要素，而是要根据街道创建一个网络数据集，然后通过网络分析，可以通过引用网络数据集而使用其中的任何要素。

线数据在构造网络过程中，还需要考虑与网络流有关的一些要素，这些要素需要用属性作为网络的流特性条件，如阻力、运费等。

2. 点数据

点数据在网络中作为网络流的出入点，如仓储点。其中，交汇点要素源以点要素类可作为交汇点要素源，转弯要素源以转弯要素类可作为网络中的转弯要素源。转弯要素源会明确建立边元素之间可能存在的过渡子集的模型。

每个以源形式参与到网络中的要素类都会基于自身指定的角色来生成元素。例如，线要素类可用作边元素的源，而点要素类可用于生成交汇点元素。转弯元素可根据转弯要素类来创建。生成的交汇点、边和转弯元素将组成基础图表（即网络）。

由于几何网络要素类被动态连接到几何网络，因此不可作为网络数据集源。要素类若作为网络数据集中的源，则可参与到拓扑中。

以一个简单交通网和参与该交通网创建的源为例。该网络中应具有可充当边源的街道要素类、可充当交汇点源的街道交叉点要素类、可充当边（铁路线、公交线路）的附加线要素类以及可充当交汇点（火车站和公共汽车站）的点要素类。

3. 构建网络数据集

网络数据集构建基于点数据和线数据，要经过一系列步骤，在 GIS 中，提供了网络构建的方法，提供一系列对话框和步骤以及选择，就可以构建成网络数据集。

需要说明的是，对于一些分析，数据集必须是地理数据库类型而不能是文件类型。

10.2.2　网络分析步骤

网络分析针对不同的问题，分析内容不尽相同，但是分析遵循一定的步骤和过程，所有的网络分析遵循这个过程，本节介绍 ArcGIS 的网络构建步骤。

1. 网络配置环境

ArcGIS 包含多个模块，一些应用模块需要加载后才能使用，包括 3D 分析模块，网络分析模块等。这些模块只是针对特定的应用，因此在通常使用时，为了减少系统消耗和提高运行效率，这些模块在系统启动时一般不直接加载，需要使用时专门加载。具体操作通过菜单的自定义菜单条打开的对话框选择，如图 10-2 所示。

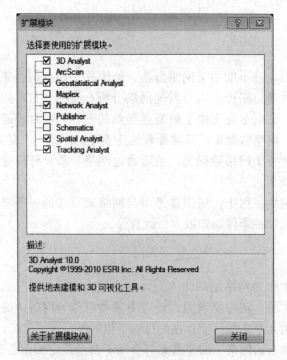

图 10-2　ArcGIS 扩展模块

　　ArcGIS 软件的网络分析模块为 Network Analyst，这是 ArcGIS 的一个扩展模块。在应用时需要加载，然后应用。扩展模块一旦加载后就生效，在后续应用中不必每次重新加载。

2. 添加网络数据集

　　网络分析应用网络数据集，网络数据集具有特定的数据组织结构，需要专门建立，一般利用现有的要素数据集建立。

　　网络分析的下一步是向添加网络数据集图层。如果尚未构建网络，则需要进行构建。如果源要素已经过编辑或引用源要素的网络属性已更改，则需要重新构建网络数据集。

3. 创建网络分析图层

　　网络分析图层用于存储网络分析的输入、属性和结果。它在内存中拥有一个工作空间，用于存储每个输入类型以及结果的网络分析类。网络分析类中的要素和记录称为网络分析对象。网络分析图层的某些属性允许进一步定义要解决的问题。

　　网络分析的执行将始终针对网络数据集。因此必须将网络分析图层与网络数据集绑定。如果使用地理处理工具创建网络分析图层，则将网络数据集设置为工具参数。在网络分析应用中，必须首先添加网络数据集，以便在创建分析图层后进行网络分析可将分析图层绑定到网络数据集。

　　添加的网络数据集称为网络数据集图层，或简称为网络图层。网络图层表示网络数据集，而网络分析图层表示网络分析的输入、属性和结果。对于网络分析有以下六种网络分析图层：

  （1）路径分析图层。

  （2）最近设施点分析图层。

  （3）服务区分析图层。

  （4）OD 成本矩阵分析图层。

  （5）多路径派发（VRP）分析图层。

  （6）位置分配分析图层。

4. 添加网络分析对象

  网络分析对象是在网络分析时用作输入和输出的要素和记录。例如，停靠点、障碍、路径和设施点都属于网络分析对象。

  可以向输入类添加网络分析对象，但不能将它们添加到仅输出类。仅输出网络分析对象只能由求解程序创建。例如，路径分析图层中的路径类仅为输出，因此只能由求解程序创建路径对象。

  可通过不同方式向类添加对象。有以下两种常用方法：一种是将多个要素一次加载到网络分析类；另一种是以交互方式一次添加一个对象。添加对象时，应设置其各自的属性。这些属性进一步定义其作为输入的功能。

5. 设置网络分析图层属性

  网络分析图层的某些属性与其网络分析对象的属性相比，在分析中要更加通用。常规的分析属性包括要使用的网络阻抗特性、要遵守的约束条件特性等。此外，还包括要执行的分析种类所特有的属性。通过分析图层的图层属性对话框可访问这些属性。

6. 执行分析并显示结果

  创建了分析图层、添加了输入网络分析对象并设置了分析对象和分析图层的参数后，就可以求解网络问题。

  网络分析的结果是一种图层，这个图层给出工具网络分析的出的结果，一般用矢量图层表示，例如常见的网络导航，就是一种分析结果的表达。

10.3 地理网络分析

  地理网络分析有多种类型，有优化路径、服务区、OD 分析等。每种分析针对不同的问题，生成特定结果。

10.3.1 网络分析特征

  网络分析具有一些共同点，就是作为网络成分之一的点，包括起始点、障碍点、目的地等。对于线要素，也存在障碍等。由于这些共同特征，软件提供分析的环境，在进行网络分析时，系统针对不同分析类型，提供一个相关的数据选择。

1. 网络分析类型

网络分析包括线路分析，用于确定优化线路，服务区分析确定服务点一定距离范围区域，这个距离是按照路径的距离。表 10-1 列举了网络分析图层类型以及网络内容。

表 10-1　地理网络分析类型

网络分析图层	网络位置
路线	停靠点，点障碍
服务区	设施点，点障碍
最近设施点	设施点，事件点，点障碍
OD 成本矩阵	起始点，目的地，点障碍
多路径派发（VRP）	停靠点，站点，点障碍
位置分配	设施点，请求点，点障碍

2. 网络分析算法

网络分析中的分形求解程序（路径求解程序、最近设施点求解程序和 OD 成本矩阵求解程序）均基于用于查找最短路径的 Dijkstra 算法。这三种求解程序中的每一种均可执行两种类型的路径查找算法。第一类算法可用于查找精确最短路径，而第二类算法则属于可以提高性能的等级路径求解程序。经典 Dijkstra 算法用于无向的非负加权图形中求解最短路径问题。可将该算法应用到实际交通数据中，选择诸如单行限制、转弯限制、交汇点阻抗、障碍和街边等约束条件进行运算。选用较适合的数据结构可以进一步提高 Dijkstra 算法的性能。此外，要求算法能够计算到边上的任意位置而不仅限于交汇点。

3. 网络分析工具

GIS 提供了网络分析的工具和执行环境，包括一个网络选择设置和网络图层（图 10-3），在选择环境中，制定网络条件，如点位数据图层、阻力等。

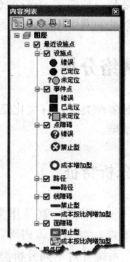

图 10-3　网络分析环境

10.3.2 网络基本分析

网络基本分析包括优化路径分析、服务区分析和服务设施分析。这是经常遇到的网络分析类型。

1. 优化路径

优化路径指在道路网络上特定点位之间通行的最优路径。所谓最优路径是指在考虑条件下的最优。在道路网络中，两点之间有多条路径连通，其中必然有一条是最优的，或者是线路最短，或者是费用最低，或者是运行时间最短等，具体取决于考虑的方面以及网络提供的计算内容。如果网络没有运行时间，则无法计算时间最优。

在道路网络中，一般求多点之间的优化路径，当多于 3 个点时，优化就增加了是否考虑顺序的情况，而是否返回也成为一个选项，因此路径优化就有顺序和返回的 4 种组合情况。路径优化状况如图 10-4 所示。

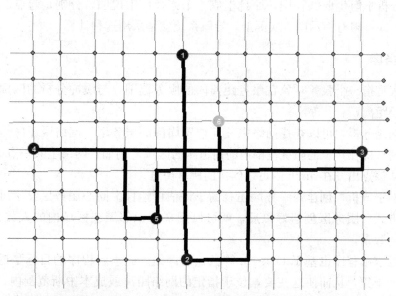

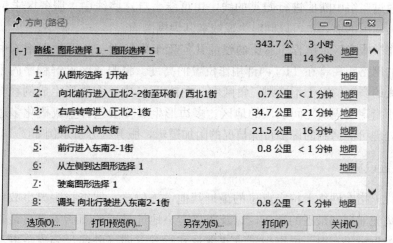

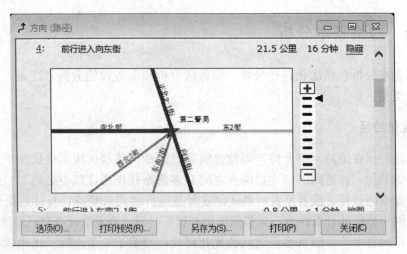

图 10-4 优化路径示例图

网络分析不但生成路径图，而且生成一个路径详细说明，分别是起点、到点、距离、方向，并且附有指示图。实际上，导航系统就是采用这种计算。

2. 服务区

服务区是指一个服务对象在服务距离内的服务范围，与缓冲分析的区别是，服务区考虑路径距离。

使用网络分析，可以查找网络中任何位置周围的服务区。网络服务区是指包含所有通行街道（即在指定的阻抗范围内的街道）的区域。例如，网络上某一点的 5min 服务区包含从该点出发在 5min 内可以到达的所有街道。

由"网络分析"创建的服务区还有助于评估可达性。同心服务区显示可达性随阻抗的变化方式。服务区创建好以后，就可以用来标识邻域或区域内的人数、土地量，或其他任何数量。

服务区求解程序也基于 Dijkstra 算法遍历网络。此求解程序的目标是返回已连接的边要素的子集，从而使这些要素位于指定的网络距离或成本中断范围内；此外，还可以返回通过一组中断值进行归类的线，边可能来自这些线中。服务区求解程序可以生成线或其周围的面，也可以同时生成线和其周围的面。

通过将被服务区求解程序遍历的线的几何置于不规则三角网数据结构中生成这些面。沿线的网络距离将在 TIN 内部用作位置的高度。将服务区求解程序尚未遍历到的位置以更大的高度值置于不规则三角网中。在该 TIN 中，多边形生成例程将用于划分出围绕位于指定间隔值之间区域的地区。多边形生成算法包含生成概化多边形或详细多边形并处理可能遇到的许多特殊情况的附加逻辑，服务区分析示例如图 10-5 所示。

3. 最近设施

最近设施指在网络上特定点位的最近其他设施位置，如查找距离事故地点最近的医院、距离犯罪现场最近的警车，以及距离客户地址最近的商店等都是最近设施点问题。查找最近设施点时，可以指定查找数量和行驶方向（驶向设施点或驶离设施点）。

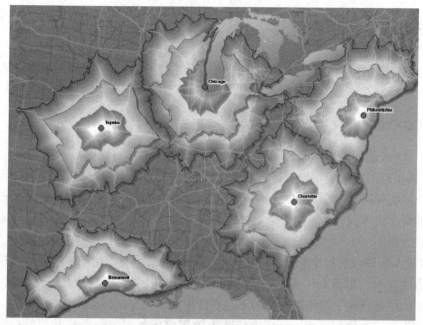

图 10-5　服务区分析

查找到最近的设施点后，可以显示驶向或驶离设施点的最佳路线，返回每个路线的行驶成本，并显示到每个设施点的指示。此外，还可以指定搜索设施点时不应超越的阻抗中断值。例如，可以建立最近设施点问题来搜索距离事故地点 15min 车程以内的医院。查找结果中将不会包含任何行程时间超过 15min 的医院。最近设施分析示例如图 10-6所示。

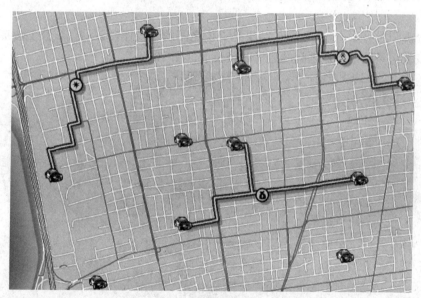

图 10-6　最近设施

最近设施的"最近"并不考虑具体距离，而是在所有空间网络分布的设施中离事件点最近的情况，例如在某事件点，最近设施的距离仅有数十米，在另外的点可能是数千米，同时要搜索最近设施数量依据设定确定。

10.3.3 网络高级分析

高级网络分析包括源汇分析，多路径配送和位置分配。这类分析解决比较复杂的网络优化问题。

1. OD 分析

OD（O 来源于英文 ORIGIN，指出行的出发地点，D 来源于英文 DESTINA-TION，指出行的目的地）分析是出发地到目的地的分析，这种分析是针对多个源点和目的地点的优化路径分析。OD 成本矩阵用于在网络中查找和测量从多个起始点到多个目的地的最小成本路径。配置 OD 成本矩阵分析时，可以指定要查找的目的地数目和搜索的最大距离。

OD 成本矩阵找到每个起始点到最近的目的地的最小成本路径。输出的图层类型被设置为生成直线。尽管 OD 成本矩阵求解程序不输出沿网络的线，但是存储在"线"属性表中的值却反映了网络距离，而不是直线距离。

最近设施点求解程序和 OD 成本矩阵求解程序所执行的分析非常相似；但两者的主要区别在于输出和计算速度不同。OD 成本矩阵可以更快地生成分析结果，但无法返回路径的实际形状或其路径指示。OD 成本矩阵用于快速解决大型 $M \times N$ 问题，因此，矩阵内部不包含生成路径形状和驾车指示所需的信息。而最近设施点求解程序则能够返回路径和指示，但在分析速度方面却比 OD 成本矩阵求解程序要慢。如果需要路径指示或实际形状，可使用最近设施点求解程序；否则应使用 OD 成本矩阵，以便减少计算时间。

在分析图层显示上，OD 分析结果是点位之间的直线连接表示，数据上形成一个属性表，该表记录的是两点之间的最优路径长度（图 10-7）。

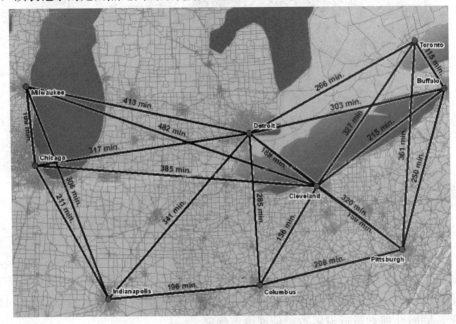

图 10-7 OD 分析示例图

2. 多路径配送

多路径配送分析多点配送的优化问题。通常，对于多点配送，车队的调度员需要做出有关多路径派发的决策。此类决策包括如何将一组客户以最佳方式分配给一支车队，以及安排它们的访问顺序和日程。解决此类多路径派发（VRP）的目标是通过遵循所有时间窗并使每个路线的整体运营和投资成本降至最低，为客户提供高水准的服务。在满足这些限制条件的情况下完成路线配送时，将基于现有资源，并满足司机倒班、行进速度和客户承诺所施加的时间限制。

GIS 提供了一个多路径派发求解程序，用来确定此类复杂车队管理任务的解决方案。以将货物从中心仓库位置运送到杂货店为例。仓库所在位置有三辆卡车可用。此仓库的营业时间为上午 8：00 至下午 5：00，所有卡车均必须在此期间内返回仓库。每辆卡车的载重量为 7500kg，这对其所能运送的货物量进行了限制。每个商店对需要运送的货物都有具体的数量要求，而且每个商店都对交货时限有具体的要求。另外，司机每天只能工作 8h，要求有午餐时间，且依据驾驶工作量和为商店提供服务的工作量来计算费用。目标是计算出每个司机的行驶线路（或路线），以便交货时既能够满足所有服务要求，又能够将司机花在特定路线上的总时间降至最低，显然，这是一个多限制参数的优化求解问题（图 10-8）。

图 10-8　多路径配送

网络有阻力，网络阻力用函数来表达。在 GIS 中，网络阻力化为一些参数。例如在交通运输中，道路阻力可以用道路长度的一个系数表示，各种组织都会使用一支车队来为各停靠点提供服务。例如，大型家具商场可能使用多辆货车将家具配送到各家各户。某专业化公司可能会从一个设施点发出几辆货车到各饭店接收用过的油脂。卫生部门可能会为每位卫生监督员制定日常监督访问计划。

3. 位置分配

位置分配就是在定位设施点的同时将需求点分配到设施点的双重问题。在可提供货物与服务的设施点以及消耗这些货物及服务的需求点已经给定的情况下，位置分配的目标就是以合适的方式定位设施点，从而保证最高效地满足需求点的需求。

乍看起来，一种位置分配分析似乎可解决所有问题，但对于不同类型的设施点而言，最佳位置并不相同。例如，快递中心的最佳位置不同于制造工厂的最佳位置。GIS的"位置分配"分析图层提供了六种不同的问题类型以解答特定种类的问题，所包含的问题与上面两个示例中陈述的问题类似。六种问题类型如下：

（1）最小化阻抗。

（2）最大化覆盖范围。

（3）最小化设施点。

（4）最大化人流量。

（5）最大化市场份额。

（6）目标市场份额。

位置分配分析中的设施点是表示候选地点或必需地点的点要素，但在某些情况下，它表示竞争设施点。位置分配求解程序会根据问题类型及所指定的条件，以最有效的方法选择最佳的候选设施点来分配请求。

4. 计算成本距离

成本距离可创建输入栅格，在栅格中为每个像元分配到最近源像元的累积成本。该算法应用在图论中使用的结点/连接线像元制图表达。在结点/连接线制图表达中，各像元的中心被视为结点，并且各结点通过多条连接线与其相邻结点连接。

每条连接线都带有关联的阻抗。阻抗是根据与连接线各端点上的像元相关联的成本（从成本表面），和在像元中的移动方向确定的。

分配给各像元的成本表示在像元中移动每单位距离所需的成本。每个像元的最终值由像元大小乘以成本值求得。例如，如果成本栅格的一个像元大小为 30，某特定像元的成本值为 10，则该像元的最终成本是 300 单位。

10.4　几何网络分析

通过几何网络，可以为现实世界中的公用网络和基础设施构建模型。例如，配水、电气线路、煤气管道、电话服务以及河流中的水流都是可以使用几何网络进行建模和分析的资源流。

10.4.1　几何网络构成

几何网络由一组相连的边和交汇点以及连通性规则组成，用于表示现实世界中公用网络基础设施的行为并为这种行为建模。地理数据库要素类用作定义几何网络的数据源。要定义各种要素在几何网络中所起的作用，并定义用来说明资源如何流过几何网络的规则。

1. 几何网络构造

几何网络在地理数据库的要素数据集内构建。要素数据集中的要素类用作网络交汇点和边的数据源。网络连通性基于用作数据源的要素类中要素的几何重叠。每个几何网络都有一个逻辑网络——地理数据库中表的集合，这些表将连通性关系和有关几何网络中要素的其他信息存储为可在追踪操作和流式操作中使用的单个元素。

几何网络由两种类型的要素组成：边和交汇点。几何网络中的边和交汇点是地理数据库中特殊类型的要素，称为网络要素。可以将其视为专用于某个几何网络的具有附加行为的点要素和线要素。与地理数据库中的其他要素相同，它们具有属性域和默认值等行为。由于网络要素是几何网络的一部分，因此它们具有附加行为，例如，它们知道自身是以拓扑方式相互连接以及如何进行连接；边必须在交汇点处与其他边相连；在网络中，流是通过交汇点从一条边传递到另一条边。图 10-9 为几何网络示例。

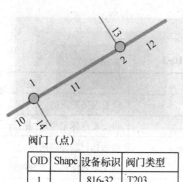

主管道（线图层）

OID	Shape	直径	材料
10		8	水泥
11		10	PVC
12		8	水泥

材料（线）

OID	Shape	设备标识	材料
13		1001	铸铁
14		1002	铜

阀门（点）

OID	Shape	设备标识	阀门类型
1		816-32	T203
2		816-45	Y53

图 10-9　几何网络

2. 几何网络功能

构建几何网络模型后，可以从执行各种网络分析中受益。表 10-2 列出了一些可以执行的分析，并且举例说明了可从各种分析中受益的对象。

表 10-2　几何网络功能

分　析	应　用
计算两个点之间的最短路径	各种公用事业公司都使用这种分析方法来检查网络的逻辑一致性，以及验证两个点之间的连通性
查找所有连接或断开连接的网络元素	电力公司可以查看网络的哪个部分断开了连接，并使用该信息确定如何重新连接该部分
执行网络环路或电路分析	可以发现电路短路
设置源或汇后，可以确定边的流向	管理人员或工程师可以查看沿边的流向，GIS 可以使用流向来执行特定于流的网络分析
从某个点向上游或下游追踪网络元素	自来水公司可在管道破裂时确定关闭哪些水阀
计算从一个点到另一个点的上游最短路径	环境检测站可以进一步了解河流中的污染源
可从多个点向上游查找所有网络元素，并确定哪些元素是这些点公有的	电力公司可以通过客户因发现停电而打来的询问电话来找出可能出现故障的变压器或线路

3. 网络流向分析

使用几何网络分析执行追踪操作，可以找到以下内容：

（1）网络中位于给定点上游的所有网络元素（追踪上游）。

（2）网络中位于给定点下游的所有网络元素（追踪下游）。

（3）网络中位于给定点上游的所有网络元素的总成本（上游蓄积）。

（4）网络中某点的上游路径（查找路径上游）。

（5）位于网络中点集合上游的公用要素（查找公用原型）。

（6）通过网络连接到给定点的所有要素（查找连接要素）。

（7）未通过网络连接到给定点的所有要素（查找未连接的要素）。

（8）可以在网络中的各点之间生成多条路径的闭合线（查找闭合线）。

（9）网络中两点间的路径。找到的路径可能只是这两点间的多条路径之一，具体取决于网络是否包含闭合线（查找路径）。

分析操作内容见表10-3。

表 10-3

按钮	名称	功能
	设置流向	设置网络的流向
	添加交汇点标记	将交汇点标记添加到网络
	添加边标记	将边标记添加到网络
	添加交汇点障碍	将交汇点障碍添加到网络
	添加边障碍	将边障碍添加到网络
	求解	执行追踪任务

10.4.2 逻辑网络

创建几何网络时，地理数据库还会创建一个对应的逻辑网络，用于表示要素间的连通性关系并为这种关系建模。逻辑网络是用于追踪操作和流式操作的连通图。边和交汇点之间的所有连通性都在逻辑网络中进行维护。

1. 逻辑网络构造

网络本质上是点之间的连接，基本的分析基于这种连接关系，因此为了便于管理维护，系统将逻辑网络作为由地理数据库创建和维护的表集合进行管理。这些表记录了几何网络所涉及的要素如何互相连接。通过逻辑网络，能够在编辑和分析期间快速发现几何网络中相连的边和交汇点之间的连通性关系并为这种关系建模。这可以实现快速的网络追踪，并便于在编辑期间建立动态连通性。

在几何网络中编辑或更新边和交汇点时，对应的逻辑网络也会进行自动更新和维护。无需重新构建要素的连通性或直接访问逻辑网络，地理数据库会维护逻辑网络。

图10-10显示了给水干管（在几何网络中由单个复杂边表示）在逻辑网络中由多个元素构成的方式。逻辑网络中与给水干管对应的表由GIS创建并维护。在对几何网络

中的给水干管进行编辑时，GIS 会自动更新逻辑网络中的对应元素，并且会保持几何网络中要素间的连通性。

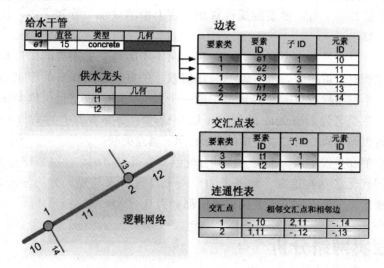

图 10-10　逻辑网络

2. 源头和汇点

对于有向网络，有源头和汇点。网络通常用于对现实中的某些系统进行建模，在这些系统中，明确定义了元素在整个网络中的移动方向。例如，电力网络中的电力就是从发电站流向客户。在供水管网中，流向可能不像电力网络中定义的那样明确，但水可能是从泵站流向客户或从客户流向污水处理厂。几何网络就是一个定向流动系统（其中每条边都有一个固定流向）的例子，例如，沿顺流方向流到水文河道内的河流网络。

网络中的流向基于一组源头和汇点计算获得。在上面的例子中，电流和水流由源头和汇点推动。以排污管网为例，水流从发电站或泵站（源头）离开，然后流向污水处理厂（汇点）。

几何网络中的交汇点可充当源头或汇点。在网络中创建新的交汇点要素类时，可以指定哪些交汇点要素类中的要素可以充当辅助角色（源头或汇点）或不充当任何辅助角色。如果指明这些要素可以充当源头或汇点，则会将一个"辅助角色"字段添加到相应要素类，以记录该要素是要充当源头、汇点还是两者皆非。如果属性表尚未存在名为 AncillaryRoleDomain 的域，则将创建此域并将其关联到充当源头或汇点的要素类。

例如，可能经报告得知排污管网中某处排水口有污水溢出，并想要找到溢出口上游的所有检修孔以隔离源头。通过将该排水口设置为汇点，系统会重新计算网络的流向，并且对网络的任何追踪都会受到该排水口状态造成的流向更改的影响，从而使可以找到所有上游检修孔。

3. 网络权重

网络可以具有一组相关联的权重。权重用于表示在网络中穿过某要素所造成的影响。例如，在供水管网中，在水流过整个输水干管时会由于管内的表面摩擦导致一定量的压强损失。

网络权重与几何网络中的一个或多个要素类关联，并存储在逻辑网络中。每个网络元素的权重值都基于对应要素的属性算出。在上面的输水干管例子中，权重值由要素的长度属性算出。

一个网络可以有任意多个权重与之关联。网络中的每个要素类的属性都可以与其中某些权重或所有权重关联，也可以不与任何权重关联。每个要素的权重由该要素的属性决定。一个网络权重只能与要素类中的一个属性关联。权重也可以与多个要素类关联。例如，一个名为 Diameter 的权重可以与给水干管要素类中的 Diameter 属性关联，同时也可以与给水支管要素类中的 Pipe_dia 属性关联。

网络权重值 0 是保留值，系统会将其分配给所有孤立交汇点。网络权重值 −1 表示要素受到阻碍且无法参与追踪。此外，如果一个权重值未与要素类的任何属性关联，则对应于该要素类的所有网络元素的权重值都会为 0。

10.5 逻辑网络分析

逻辑网络分析与几何网络和地理网络分析方法，解决的问题等都不同，网络构造也有区别。逻辑网络分析解决特定网络问题。

10.5.1 网络追踪操作

连接网络的操作应用网络追踪，障碍标记等。在网络数据集的基础上，进行要素选择，障碍设置，阻力设置，进行网络计算，获得网络分析结果图层。

1. 网络追踪

网络分析涉及网络追踪，或追踪。这里使用的术语"追踪"指的是根据某个过程构建网络元素集。可以将追踪看作在网络地图上方放置一层透明物，并将想要包含在结果中的全部网络元素描摹到透明物上。

使用网络时，追踪包含连通性。只有当网络元素以某种方式连接到追踪结果中的其他元素时，该元素才能包含在追踪结果中。追踪结果是追踪操作找到的网络要素集。

例如，假设想要查找河流网络中特定点上游的所有要素。使用放置在河流网络地图上方的透明物，可以描摹该点上游的所有河流支流。此后在透明物上绘制出的内容即为所需的结果。

2. 标记和障碍

如果要执行上游追踪，则可使用标记指定上游追踪开始的位置。标记可以放置在边上的任意位置或交汇点上。执行追踪操作时，GIS 使用基础边或交汇点要素作为起始点。与这些边或交汇点连接的网络元素都在追踪结果包含内容的考虑范围内。

障碍定义网络中追踪无法经过并继续的位置。如果只对追踪网络中的特定部分感兴趣，可以使用障碍隔离这部分网络。与标记类似，障碍可以放置在边上的任何位置或交汇点上。执行追踪操作时，追踪将基础网络要素视为已禁用，从而防止追踪超出这些要素继续执行。

3. 禁用要素和要素图层

禁用要素是在特定位置创建障碍的一种更加持久的方法。例如，在城市供水管网中如果给水干管因道路施工项目被挖开并封死，自来水将无法通过这段给水干管。如果禁用代表此给水干管的网络要素，将在此要素处停止追踪。

在某些情况下，可能有必要禁用整个图层。例如，通过禁用配电网络中的开关图层并从网络中的某点进行追踪，可以找出为在网络中隔离此点需要扳动的开关，即追踪操作停止处的要素。

4. 权重

边和交汇点可以关联任意数量的权重。权重是网络要素的一种属性，通常用于表示穿过边或移动通过交汇点的成本。边权重的一个示例是边长度。在最短路径分析中，如果要使生成的路径长度最短，则应选择此权重。另一个示例是在电网中穿过边的电阻。使用电阻权重，最短路径将是电阻最小的路径。

构建网络时，可以指定边和交汇点要素类的哪些属性将成为权重。可以使用这些权重指定将要素包含在追踪操作结果中的成本。在追踪任务中，仅"查找路径"、"查找路径上游"和"查找上游蓄积"使用权重计算追踪成本。

要了解使用这些追踪任务的成本，必须指定要使用哪些权重。对于交汇点要素，使用单个权重。对于边要素，可以使用两个权重：一个沿边要素的数字化方向（"自一至"权重），另一个边要素数字化的相反方向（"至一自"权重）。边要素的数字化方向是指要素形状节点在地理数据库中的存储顺序。可以为边的每个方向指定不同权重，此时从不同方向追踪边会产生不同的成本。

5. 权重过滤器

使用权重过滤器限制可以追踪的网络要素集。权重过滤器指定根据各自权重值可以追踪哪些网络要素。权重过滤器的作用与根据简单 SQL 查询选择网络元素相同，只是权重过滤器的性能要快得多。

使用权重过滤器，能够为可追踪的网络要素指定权重值的有效范围或无效范围。使用权重表示在追踪结果中包含要素的成本时，交汇点要素使用单个权重，而边要素可以使用两个权重。

6. 被追踪的要素与使追踪停止的要素

使用"查找连接的"、"追踪下游"或"追踪上游"追踪任务进行追踪时，可以返回被追踪的要素或使追踪停止的要素。被追踪的要素是那些通过操作实际追踪到的要素，而使追踪停止的要素是追踪无法经过并继续执行的要素。使追踪停止的要素包括：

（1）禁用的要素。

（2）放置障碍的要素。

（3）仅与另一个要素连接的被追踪要素（死角）。

（4）已使用权重过滤器滤出的要素。

7. 使用选择范围修改追踪任务

进行追踪时，有三种主要方式使用选择范围。使用"分析选项"对话框，可以指定是在网络中的所有要素上、仅所选要素上还是仅未选择的要素上执行追踪操作。仅追踪所选要素时表示未选择的要素将充当障碍，而仅追踪未选择的要素时表示所选要素将充当障碍。通过这种方式使用选择范围，可以执行追踪操作，为后续操作生成障碍集，或者可以构建选择范围查询来生成要执行追踪操作的网络要素集；可以指定执行追踪操作时选择哪些图层。可通过"选择范围"，指定可以选择和无法选择的图层。当以选择集的形式返回追踪操作的结果时，在"选择范围"中指定的设置将用于确定在追踪返回的选择集中应包含哪些要素。可以使用交互式选择方法来指定生成选择集的行为。可以创建新选择范围，将追踪操作结果添加到当前选择范围，以及从当前选择范围中选择追踪操作结果或移除追踪操作结果。通过选择功能，可以使用简单追踪任务执行复合而复杂的追踪操作。

10.5.2 逻辑网络分析应用

逻辑网络分析应用到很多方面。在两点最短距离问题之外，还有追踪应用、电力管理应用等。以下所列举的都是各种具体应用的不同方面和片段。

1. 找网络断点

网络的连接性作为一个特征，在网络管理中可以分析网络断点。网络作为设施的逻辑关系表达，当发生中断时，网络流会发生变化，通过网络流变化情况，确定断点。例如，电力公司根据停电的区域与线路，查看电力网络体系中网络的哪个部分的连接断开，并使用该信息确定如何重新连接该部分。对于给水网络，根据管道压力和断水小区位置，确定给水管线破裂点。

网络断点查找不仅适应于电力线路的日常管理，在在电力网络管理和突发事件应急处置方面，能够提供最有效最及时的信息。对于事故，通过查找发现断点，对于维修维护，确定需要关闭的闸阀位置。

2. 络环路或电路分析

对于有向网络，网络流的状态一定程度反映网络结构，据此可以发现电路短路。可从多个点向上游查找所有网络元素，并确定哪些元素是这些点公有的。电力公司可以通过客户因发现停电而打来的询问电话来找出可能出现故障的变压器或线路。

3. 定边的流向

对于几何网络，当设置源或汇后，可以通过网络查看沿边的流向，使用流向来执行特定于流的网络分析。

4. 踪网络元素

从某个点向上游或下游，自来水公司可在管道破裂时确定关闭哪些水阀。显然，对于给水管理，这是基本的信息要求，对于事故的处置，能够产生最有效的方案。

5. 短路径

在流通网络中，可以计算流中从一个点到另一个点的上游，对于河流体系，用此方法可以进一步了解河流中的污染源，各种公用事业公司都使用这种分析方法来检查网络的逻辑一致性，以及验证两个点之间的连通性。

思考题

1. 网络与要素之间有什么样的关系？
2. 网络有哪些类型？
3. 思考最优路径问题，类型、应用。
4. 叙述网络构建过程。
5. 了解网络的源和汇。

11

线性参考

对于地理信息数据组织，需要以应用为目标。对于实际应用，有打破图元的信息要求，例如在应用中通常出现线段按不同需要划分为不同段落的情况，常见的情况是道路线段，经常需要按照各种工程和管理要求，把一段路段划分为不同的段落，如按照路面铺设材料，分为沥青路面和水泥路面，按照管理责任由不同的管理工队管理。

在道路数据图层，图形一般并不按照这种情况分段，这样图形数据在此情况下就不能直接满足应用需要。为此，GIS 提供了一种线路量测功能，可以按照量测情况，对道路进行分段而不管原先的道路图层的线段划分情况。这种方式就是线性参考。线性参考通过一种技术方式，调和了数据组织与应用分化之间的关系。

11.1 线性参考问题

线性参考也叫线性参照，是使用沿测量的线状要素的相对位置存储地理位置的方法。距离测量值用于定位沿线的事件。线性参照也称为路径测量，因此其图性数据类型为 M（Measure），是以线数据为基础，给定测量起点，确定线路上点位的距离。线性参考是 GIS 的应用扩展，鉴于数据和应用之间的复杂关系，对于数据的功能通过程序进行延伸，扩大了数据的应用能力和应用范围。

11.1.1 什么是线性参照

通常的矢量线数据，以线段为单位进行属性记录，连接关系判断。但是这种数据模式的不足是，对于不同的专业应用，需要把线段分割才能满足应用需要。能否不进行道路分段，又能表达地理事件的方式？线性参照就是解决这类问题的。

1. 地理事件

在 GIS 中，把定位的点、线称为地理事件，即沿路径要素出现的线状要素、连续要素或点要素。路径要素上出现的或描述路径要素的任何事物都可以是事件。在运输字段中，事件可以是路面质量、事故地点和速度限制。

　　事件存储在事件表中。如图 11-1 所示，有一条线路图元，即一条线段，从地理信息组织中作为一个单元，但是这条路段上还有一些关联的事件，某一线事件是某条线路的一段，从线的测量值为 18 处开始，到测量值 26 处结束；L2 线从测量值 28 处开始并延伸 12 个单位；一个点事件在线路 12 单位处，另一点事件从线路 10 单位起的向前 4 个单位处。

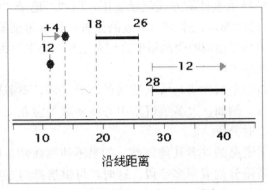

图 11-1　线性参照示例

　　按照通常的地理信息数据组织方法，当然可以把事件与要素一致起来称为独立图元，但是这会造成作为道路要素的破碎，另外，这些事件通常具有动态性，因此分为线段不是好的策略，于是在 GIS 中建立了一种线性参考的信息表达方式，它不割断线要素，而是以测量方式进行事件定位，通过属性表达事件。从地理事件的表示上，可以指定起终点位置，或者起点和到终点位置的测量值，也可以是距离某位置的距离值。

2. 路径

　　在 GIS 中，有网络中的路径在线性参考值，也有路径概念。线性参照以路径为基础，路径是在矢量线图层基础上生成的一种要素类，在 GIS 中，用于实现线性参照的数据类型主要有两种，一种是路径要素类，一种是事件表，使用动态分段，能够在路径要素类中的线要素上定位事件表中的事件。

　　路径要素类是具有已定义测量系统的线要素类。这些测量值可用于沿其线状要素集定位事件、资产和状况。术语路径是指具有唯一标识符和通用测量系统的任意线状要素（如城市街道、公路、河流或管线）。路径通过对线要素的测量形成。

3. 沿线路的距离测量

　　沿线路进行距离测量的情况，在工程实践中经常遇到，与 GIS 线表达方法不同，线性参考采用跨线段的测量方式，例如，在道路的某一点，标识一个具体事件，某一段，是一种特别的路面，这些不是线图形的线单元，而是跨越线单元，如果从 GIS 的线表达来说，线性参考可能在一段线段内，甚至跨越多个线段；另外，一条线段上可能有多个事件。显然，用线段分段属性记录的方法，使数据零碎、复杂，并且使作为线图层的基础数据被破坏，这与 GIS 数据组织和共享理念不适应。

4. 使用线性参考原因

从地理事件的测量表示可知，线性参考是在线图层基础上的一种地理信息表达方法，这种表达灵活、方便，即不需要对图元做编辑处理，这也导致线性参照用处广泛。使用线性参照的原因很多，以下是两个主要原因：

（1）沿线路记录事件

许多位置以沿线性要素事件的方式记录使用，例如，记录"沿国道 287 参照公里标记 35 以东 27m"这样的约定记录交通事故的位置；许多传感器使用沿线（沿管线、道路、河流等）的距离测量值或时间测量值来记录沿线状要素的条件。

（2）线性参照的属性关联

线性参照还用于将多个属性集与线状要素的部分关联，不需要在每次更改属性值时分割（分段）基本线。例如，大多数道路中心线要素类会在三个或更多路段相交以及路段的名称发生改变时分段。

通常想要记录有关道路的许多其他属性。如果不使用线性参照，可能需要在属性值更改的每个位置将道路分割成很多小段。这时，可供选择的方法是将这些情况处理为沿道路的线性参照事件，如图 11-2 所示。

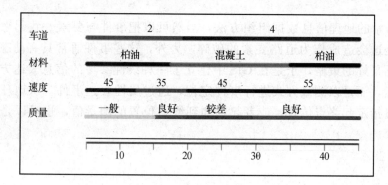

图 11-2　线性参照的属性

从线性参照方面可见，在 GIS 中，通过一定的技术方法，提高了数据的使用效率和信息共享能力。

11.1.2　动态分段

动态分段是使用线性参照测量系统计算事件表中存储和管理事件的地图位置以及在地图上显示它们的过程。

1. 动态分段问题

线性参照是在线路的基础上，不对线段做几何分段而表达地理信息的一种方法，尽管如此，地理信息表达毕竟要有确定的图形单元，在线性参照中，这个单元采用动态分段方式。由于测量只要有起点位置，而不考虑是否是线段的几何端点，因此，动态分段采用测量位置指定方式。

利用动态分段，可将多组属性与现有线状要素的任意部分相关联，无论其开始或结束位置为何。可以显示、查询、编辑和分析这些属性，而不会影响基础线状要素的几何。

在大部分数据模型中，线状要素将会在与两个或多个线要素相连的交点处被分割，在关键属性值变化（如道路名称变化）的位置也经常会被分割。

某些线状要素还具有频繁变化的属性，例如，描述沿主要基础设施网络（道路、管线等）的各段状况的观测值。而且，可能要随时间推移反复进行观测。例如，道路损坏并随后得到修复，这时道路的路面状况就会发生变化。线性参照可用于精确查找路面状况的多个观测值，同时，信息表达灵活性极大提高，应用能力随之极大扩展。

2. 线性参照术语

动态分段有一些特定术语，这些术语全面描述了线性参照。

（1）测量值

沿线状要素存储的表示与要素起点（或沿线状要素的某点）相对位置的值，而不是以 $X，Y$ 坐标形式表示。测量值以 m 值形式存储在路径顶点中。测量值可以采用任何测量单位，例如 km、m 等。

（2）m 值

添加到线要素的测量值。m 值以各顶点的 m 坐标的形式存储在路径要素中。m 值用于沿线要素测量距离。

（3）事件

事件是指沿路径要素出现的线状要素、连续要素或点要素。路径要素上出现的或描述路径要素的任何事物都可以是事件。在运输字段中，事件示例可能包括路面质量、事故地点和速度限制。事件存储在事件表中。

（4）事件表

事件表包含有关资产、条件和可以沿路径要素定位的事件的信息。表中的各行引用事件，并且其位置表示为沿路径要素的测量值。共有两种类型的路径事件表：点事件表和线事件表。

（5）动态分段

动态分段是沿路径要素计算事件表中所存储和管理事件的地图位置以及在地图上显示它们的过程。术语动态分段源于每次更改属性值时无需分割（也就是"分段"）线要素的理念，即可以"动态"定位线段。

利用动态分段，可将多组属性与现有线状要素的任意部分相关联，无论其开始或结束位置为何。可以显示、查询、编辑和分析这些属性，而不会影响基础线状要素的几何。

11.1.3　线性参照应用

线性参照是 GIS 信息组织强大功能的一种表现，这种信息组织方式，是针对应用的需要和管理的优化，也因此具有强大的应用功能。

1. 公路和街道

管理公路和街道的机构可以利用线性参照进行常规管理和日常操作，此时，线性参照的效用就得到充分发挥。

（1）评估路面状况

道路的不同路段路面状况不同，通过线性参照，进行路面状况分段标记，结合施工状况进行动态管理。比如，某一需要路面维护路段，确定起始位置，用线性参照方式记录，随着维护进展，进行起始位置修改，实现动态管理。

（2）维护管理和评估资产

线性参照从数据使用方面与一般的地理信息没有区别，因此，可以对于道路的交通标志和信号、护栏、收费亭以及环路检测器等，通过线性参照方式进行维护、管理、评估等。

（3）组织桥梁管理信息

对于桥梁通过线性参照的管理更显优越性，通过线性参照对于桥梁的工程结构、路面划分，作为工程的组织信息基础。

（4）审查和协调建设项目

线性参照还能简化公用数据库的创建，交通规划员、交通工程师和公共建设工程分析师可使用该数据库提供跨学科决策支持。

2. 交通运输

线性参照是交通运输应用中的重要组成部分，它能有助于以下任务：

（1）路径规划和分析。

对于交通运输需要考虑路径与成本，通过线性参照，为规划优化提供信息或规划方案。

（2）自动车辆定位和追踪。

（3）公交车站和设施清查。

（4）铁路系统设施管理。

（5）轨道、电力、通信和信号维护。

（6）事故报告和分析。

（7）人口统计分析和路径重建。

（8）客流分析和报告。

（9）运输规划和建模。

3. 管线管理应用

在管线行业中，线性参照通常被称为定点。通过定点可以唯一标识管线上的任意点。因此，定点在以下应用中很有用：

（1）采集和存储与管线设施相关的信息。

（2）在线和物理检查历史。

（3）法规遵从信息。

（4）风险评估研究。

（5）工作历史事件。

（6）地理信息，如环境敏感地区、行政边界（例如，州和县）、路权边界和各种类型的交叉点。

11.2 创建路径要素类

路径类是线性参照的基础，包括点要素和线要素，这些要素类可以基于现有的点和线图层建立。必须注意的是：虽然大多数应用都使用测量值表示沿线状要素增大的距离，但测量值是可以沿线要素随意增大、保持不变或减小的。测量值独立于要素类的水平坐标系（如果定义有垂直坐标系，则也独立于垂直坐标系）。即测量值不必与要素类的 x、y、z 坐标的单位相同。例如，在坐标系为通用横轴墨卡托投影以米为单位的要素类中存储的要素可能具有以英尺或英里或时间为单位存储的测量值。

11.2.1 路径要素类

路径要素类是指在单个要素类中存储的具有通用测量系统的路径的集合（例如，某县所有公路的集合）。路径要素类与标准线要素类的区别是，除 x 和 y 坐标外，它还存储 m 坐标 $(x、y、m)$，其中 m 为测量长度。

1. 路径要素几何

路径要素具有随其几何存储的测量系统。每条测量的线段都具有 x、y 和 m（测量）值或 x、y、z 和 m 值。对于测量值未知的特定顶点，其 m 值将记录为 NaN（非数字）。

收集线状要素（如高速公路、城市街道、铁路、河流、管线、供水管网及下水管网）数据的组织通常使用线性参考系统来存储数据。线性参考系统使用现有线要素上的相对位置存储数据。也就是说，位置按已知线状要素及沿此要素的某个位置（或测量值）形式给出。例如，路径 1—10 的 23.2km 处在地理空间内唯——个位置，可用于取代 x，y 坐标。

创建路径要素类时，必须将要素类类型定义为线并指示其将包含 m（测量）值。还需要在要素类中添加路径标识符字段。该字段唯一标识各路径。

在执行线性参照操作时，将选择路径要素类图层中用于提供该唯一标识符的字段。各字段中的值用于定位线要素上的事件。将路径 ID 与要素进行匹配，接下来使用事件表的测量点沿路径要素定位该事件。路径要素几何内容见表 11-1。

表 11-1 路径要素几何

任　务	参　考　主　题
创建新路径要素类	关于创建路径要素类
通过现有线要素创建路径	通过现有线状要素创建路径，关于通过现有线创建路径
校准路径要素测量值	关于通过点校准路径
将路径要素导入到地理数据库	将路径要素迁移到地理数据库

2. 事件表

事件表包含有关可沿路径要素定位的资产、状况和事件的信息。事件表中的各行分别引用一个事件，其位置表示为沿已命名（可识别）线状要素的测量值。有两种类型的事件：点事件和线事件。点事件描述沿路径的离散位置（点），而线事件描述路径的一部分（线）。

点事件位置仅使用一个测量值描述离散位置，如"1−91 上 3.2km"。线事件使用测量始于值和测量止于值描述路径的一部分，例如"1−91 上 2km 至 4km"。

由于有两种类型的路径事件，因此有两种类型的路径事件表：点事件表和线事件表。所有事件表都必须包含路径标识符和包含测量信息的测量位置字段。点事件表使用一个测量字段描述离散位置。线事件表需要两个测量字段（测量始于和测量止于）来描述位置。

11.2.2　建立路径要素

可以使用"线性参照"方法，从现有的线创建路径。一般输入要素类可以是任何受支持的格式，包括 coverage、shapefile、个人地理数据库、文件地理数据库、企业地理数据库和 CAD 数据。

1. 创建路径

可以合并用作输入的线状要素，以创建单条路径。对于各个线要素，必须在具有路径 ID 的源数据集中指定字段。具有相同路径 ID 值的要素将在所创建的路径要素类中合并为多部分直线。

合并输入线状要素时，可采用以下三种方式之一来确定路径测量值：

（1）使用输入要素的几何长度累积测量值。

（2）使用测量字段中存储的值累积测量值。

（3）使用"测量始于字段"和"测量止于字段"中存储的值设置测量值。

对于前两种方法来说，可选择当存在不相交部分时输出路径是否具有连续测量值。此外，对于前两种方法来说，还可通过指定起始测量值的坐标优先级来控制为路径分配测量值的方向。坐标优先级可以是左上、右上、左下或右下。确定以上方法的做法是，在要进行合并以创建一条路径的输入要素周围放置最小边界矩形。输出路径可写入到 shapefile 或地理数据库要素类。

将数据处理为线性参考数据时，可将多组属性与现有线状要素的任意部分相关联，无论其开始或结束位置如何。可以显示、查询、编辑和分析这些属性，而不会影响基础线状要素的几何。

2. 创建路径任务

创建路径需要经过一系列步骤，每个步骤处理不同的数据，完成不同的任务，创建路径的过程见表 11-2。

表 11-2　创建路径步骤

工　具	描　　述
校准路径	使用点重新计算路径测量值
创建路径	根据现有的线创建路径。如果输入线状要素具有相同的标识符，则将它们将合并以创建单条路径
融合路径事件	将冗余信息从事件表中移除，或将包含多个描述性属性的事件表分解为单独的表
沿路径定位要素	计算输入要素（点、线或面）与路径要素的交集，并将路径和测量信息写入新的事件表
创建路径事件图层	使用路径和路径事件创建临时要素图层
叠加路径事件	将两个事件表叠加起来创建一个输出事件表，以表示输入的并集或交集
转换路径事件	此工具用于将事件测量值从一种路径参考转换到另一种路径参考，并将其写入新事件表

3. 校准路径

对于创建的路径，可能与其他路径之间出现不一致现象，需要进行路径校准。可以通过称为校准的过程来调整路径测量值，使其与已知测量位置相一致。校准过程通过读取点要素类中以属性形式存储的测量信息来调整路径测量值。各个点的落点位置处于其校准的特定路径上，或处于路径线的给定公差范围内。可以使用多个点来校准一条路径。

校准过程中，在各校准点与路径的相交位置创建新顶点。这些新顶点上的测量值与以点属性形式存储的测量值相一致。而其他预先存在的路径顶点上的测量值可以内插或外推。

11.3　处理路径事件

与其他地理数据一样，路径要素类以图层的形式显示。除用于执行显示操作的标准工具外，GIS 还提供专门用于符号化和标注路径的工具。

11.3.1　显示路径

路径测量值可通过绘制影线的方式显示。绘制影线时沿路径以用户定义的固定间隔放置影线标记或符号。还可能希望显示路径上的测量异常值。路径测量异常值指的是测量值不符合应用程序标准期望值的路径部分。

1. 影线形式

影线是按一定间隔显示在要素顶部的线或标记符号，其显示间隔以路径测量单位来指定。通过使用影线，可以创建几乎适合于所有使用被测线状要素的应用环境的地图。

以具有测量值的线状要素为基础的图层始终至少有一个影线类别与之相关联。默认影线类别最初包含一个影线定义。可以向该影线类别添加其他影线定义。每个影线定义都有其自己的一组属性。这些属性包括放置影线定义中的影线所依据的影线间隔的倍数、影线的线或标记符号，以及是否标注影线。使用多个影线定义可以设计复杂的影线绘制方案。影线符号如图 11-3 所示。

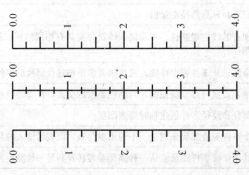

图 11-3　影线符号

绘制影线是标注的一种类型，用于在被测线状要素上每隔固定的距离添加和标注影线标记或符号。可以为基于距离的测量值和非基于距离的测量值绘制影线。基于距离的测量包括千米、英里、英尺和米。非基于距离的测量包括地震炮点数，其测量值通常以基于某标准距离的均匀间隔而增加。

2. 影线绘制

标尺上的所有影线并不完全相同。有的影线较长，有些带有文本，而其他的则没有。在厘米标尺上，每隔 1mm（0.1cm）放置的影线最短。而每隔 5mm（0.5cm）放置的影线略长一些。每隔 10mm（1cm）放置的影线最长。最长的影线通常带有指示测量值的文本。

共有三种影线定义。每个定义的放置位置均为影线间隔的倍数。最长影线的放置位置为每隔 0.1×10 个测量单位。次长影线的放置位置为每隔 0.1×5 个测量单位。而最短影线每隔 0.1×1 个测量单位放置一次，如图 11-4 所示。

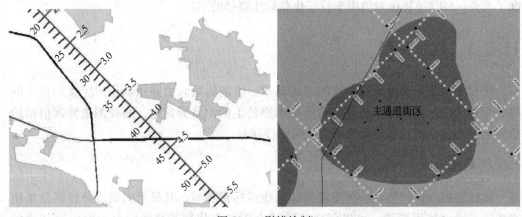

图 11-4　影线绘制

3. 使用要素类

尽管未作要求，但为显示的路径要素类设置路径标识符字段非常有用。路径标识符可唯一标识要素类中的每条路径。设置路径标识符字段可以省去在 GIS 使用许多线性参照和动态分段对话框以及向导时的若干步骤。

11.3.2 查询路径要素

显示和查询路径事件是线性参照的重要组成部分。显示事件的方法是通过称为动态分段（DynSeg）的过程。开发 DynSeg 的目的是使用户可以在地图上直观表示线性参照的要素。例如，公路管理部门可能希望显示与其街道网相关联的事件，比如设置路面质量和事故位置。

DynSeg 过程沿事件的路径参考计算存储在事件表中的事件的地图位置（形状）。此过程结果是称为路径事件源的动态要素类。它在 GIS 中以要素图层的形式显示，并且与其他要素图层一样，可用于显示、查询和分析。

1. 路径要素查询

仅通过观察地图即可获得大量的信息。但是，有时需要了解更多内容。为此，GIS 提供了能够以多种方式查询地图的工具。除标准的地图查询工具之外，还可以沿着路径要素查找和标识路径位置。

2. 要素标注

可以标注影线，也可以不标注。标注后，可以对某些方面施加控制，例如，所使用的文本符号以及文本是否会随着路径方向的改变而自动翻转。默认情况下，与影线相关的文本是影线位置处的路径测量。此文本还可附带前缀和/或后缀值。

如果需要更多高级功能，可通过编写脚本以程序的方式生成影线文本。脚本可以包含这些编程语言支持的任何有效语句。编写脚本时，使用常数值 esri_measure 访问各影线的路径测量点。

11.4 动态分段过程

动态分段是对事件表中所存储事件的地图位置（形状）进行计算的过程。通过动态分段可将多组属性与线状要素的任意部分相关联。

11.4.1 路径事件

路径事件顾名思义就是在路径上发生的事件，从 GIS 数据角度，事件的图形表达为点和线，因此在 GIS 中把以数据表表示的点位数据或线数据称为事件数据，通过特定工具把事件定位成事件图层。

1. 处理路径事件

除了可用于沿路径创建和显示事件数据外，线性参照还提供了用于分析事件数据的工具，执行路径事件分析是线性参照非常强大的功能。通过叠加现有事件表可以发现不同事件间的空间关系。还可以通过融合或串联（聚合）事件表，基于特定的属性来汇总事件数据。串联或融合事件可用于分解带有多个描述性属性的事件表。

还可将路径事件从一种路径参考变换为另一种路径参考。这在支持多个路径参考或者更新事件测量值以反映路径的重新校准或重新对齐时很有用。事件数据的叠加、融合、串联和变换结果将形成新的事件表，如图 11-5 所示。

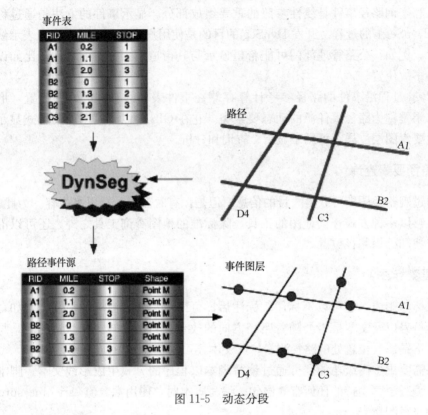

图 11-5　动态分段

2. 编辑路径事件

可以编辑路径事件源。要特别注意只能编辑属性，无法编辑路径事件源的形状，因为它们是由动态分段过程生成的。编辑路径事件时，实际上是编辑基础事件表。因此，可能存在一些由事件表施加的编辑限制。例如，不能对基于分隔的文本文件表创建的路径事件源的属性进行直接编辑。

11.4.2　动态分段高级选项

动态分段是在要素图层基础上进行的一种数据组织方式，通过路径进行事件定位、搜索和关联。

1. 关于添加路径事件

路径位置描述路径的一部分或路径上的单个位置。路径位置存储在表中，这种表被称为路径事件表。路径事件表通常围绕共同的主题进行组织。例如，公路事件表可能包括速度限制、路面重铺年份、目前状况和事故。

有两种类型的路径事件：点和线。点事件出现在路径上的某一确切位置。而线事件则描述路径的一部分。路径事件表至少具有两个字段：路径标识符和一个或两个测量位置字段。路径标识符表明定位路径事件所依据的路径。测量位置是一个或两个用于描述路径上发生事件的位置的值。

计算事件表中存储事件的地图位置这一过程称为动态分段。动态分段过程会生成路径事件源，地图中的图层可以使用此源。

2. 叠加路径事件

以图层形式将事件数据添加到地图后，可以根据要素位置和属性来查询事件数据以解决问题。此外，还可以通过询问一些问题找出新的空间关系，例如，……位于哪？最近的……位于哪？以及什么相交在一起？

叠加事件是创建新事件数据的另一种方式。此过程合并两个输入事件表从而创建一个输出事件表。使用新表能够以传统空间分析技术无法实现的方式对事件数据进行分析。新的事件表可包含输入事件的交集或并集。输入事件的并集会将所有线性事件在其交点处进行分割，并将它们写入新事件表中。输入事件表的交集只将叠置事件写入输出事件表中，如图 11-6 和图 11-7 所示。

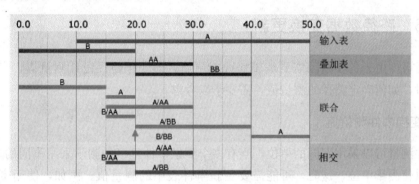

图 11-6　叠加线路径事件

RID	FMP	TMP	CRACK
101	23.5	44.2	50
101	44.2	84.7	30
101	84.7	167.4	80
101	167.4	182.8	95
101	182.8	209.5	45

RID	FMP	TMP	RESURF
101	23.5	44.2	2/5/85
101	44.2	84.7	9/3/87
101	84.7	167.4	4/28/61
101	167.4	182.8	1/21/74

RID	FMP	TMP	CRACK	RESURF
101	3.2	21.1	0	2/5/85
101	23.5	44.2	50	9/3/87
101	44.2	84.7	30	9/3/87
101	84.7	95.5	80	9/3/87
101	21.1	23.5	0	9/3/87
101	95.5	167.4	80	4/28/61
101	167.4	182.8	95	4/28/61
101	182.8	190	45	4/28/61

图 11-7　属性叠加

3. 聚合路径事件

通过串联和融合操作聚合现有事件数据。这些操作有助于保持大型事件表的完整性。如果表中存在相同路径上其指定字段具有相同值的事件，则可以通过串联和融合操作来合并事件记录。结果写入到新的事件表。这两个操作的区别在于：串联操作仅在一个事件的"测量止于"与下一个事件的"测量始于"相匹配时合并事件。而只要存在测量值叠置，融合操作就会合并事件。另一个区别是串联操作适用于线和点事件表，而融合操作仅适用于线事件表。路径聚合示例如图 11-8 所示。

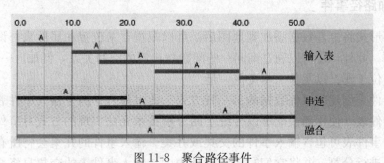

图 11-8　聚合路径事件

11.4.3　路径数据变换更新

路径事件由于各种原因需要编辑修改或更新，即变化路径设计测量值。当存在多个路径时，如何确定路径的测量值，需要予以考虑。

1. 变换事件测量值

事件测量可以采用不同的单位，当有多个测量事件且事件测量采用不同的单位时，需要一致化测量单位，这时，可能需要更新事件表中的测量值。例如，使用事件表引用多个路径参考，各路径参考有其自己的测量单位，重新校准或重新对齐路径时使测量值处于最新状态。

2. 存在多个路径参考时使用

在许多机构中，会使用多个路径参考系来搜集事件数据。例如，可能同时使用参照标记系统和里程标志系统。某些事件数据（例如，事故位置和维护活动）使用参照标记系统进行记录，而其他事件数据（路面状况或资产改造项目）则使用测量值的里程标志系统进行记录。

每年，高速公路管理人员都需要确定高速公路的哪些路段需要重铺路面。利用路面事件表，管理人员就能够确定路面的哪些段已经年久失修。但管理人员不希望没有经过安全分析就对以往曾发生某些类型的事故的高速公路施行重新铺覆。这样做的原因是因为人们可能会在新路面上提高车速，从而导致更高的事故率。

要做出正确的决定，需要合并并分析针对不同路径参考而收集的事件数据。路面指标基于里程标志值，而事故数据则基于参照标记系统。要合并事件数据，必须将路面事件变换至参照标记系统，或者必须将事故事件变换至里程标志系统。

图 11-9 说明了在某些事件使用一种路径参考记录而其他事件使用另一种路径参考记录的情况下，在何处需要变换事件以对其进行分析。

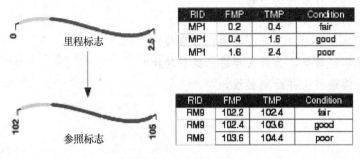

RID	FMP	TMP	Condition
MP1	0.2	0.4	fair
MP1	0.4	1.6	good
MP1	1.6	2.4	poor

RID	FMP	TMP	Condition
RM9	102.2	102.4	fair
RM9	102.4	103.6	good
RM9	103.6	104.4	poor

图 11-9　路径变换

3. 使事件测量值保持最新

测量位置将某一事件与路径上的特定位置相关联。路径的测量值改变时，事件将不再映射到其路径上的相同位置。在某些情况下，可能需要这样。例如，如果沿河流的测量需要校准以与水文测量站处的已知里数匹配，并且通过水文测量站收集鱼类栖息地事件数据的位置，则在路径测量值更改时无需对事件数据进行任何操作。

在其他情况下，必须对映射事件时有关其位置的数据加以维护。例如，如果对高速公路进行重新对齐，则描述道路符号位置的事件测量值必须相应地更新以保持其原始位置。

图 11-10 显示了重新对齐路径如何导致测量值发生变化的示例。此路径上的事件将不再处于相同位置。沿路径定位点事件时，将创建点要素。但在某些应用环境中，路径测量值并不唯一。对于这些应用环境，将点事件视为多点要素可能更合适。

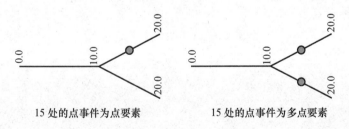

15 处的点事件为点要素　　　　15 处的点事件为多点要素

图 11-10　点要素和多点要素

4. 事件定位角

通常，在沿路径对点事件进行定位时，最好知道放置事件的路径的角度。例如，可能需要旋转用于显示事件的标记符号，以便其朝向路径而不是地图确定的方向。此外，可能还需要旋转点事件的标注。

动态分段过程可计算法向角（直角）或正切角。此外，还可以计算这些角的余角，以便于实现多个目的，例如，对旋转后的标注所在路径的一侧进行控制。

思考题

1. 什么是路径，什么是路径事件，什么是动态分段？
2. 叙述创建路径事件的过程。
3. 如何进行路径查询？
4. 什么是路径校准，为什么要进行路线校准？
5. 什么是路径转换，为什么要进行路径转换？
6. 制作一幅路径图并绘制影线。

12
地理统计

统计针对随机事件。随机事件的个体没有特定规律，但是大量的事件会表现出某些特征，通过统计分析可以提取这些特征。地理统计又称地统计是基于地理空间进行的统计，统计分析地理事物的空间分布规律和特征。地理统计是计量地理学的方法，是采用统计学理论和方法处理地理数据，在 GIS 中，地理统计实现了地理空间的统计，即把空间位置纳入统计。

12.1 地理统计问题

地理统计是统计的一类，用于分析和预测与空间或时空现象相关的值。它将数据的空间（在某些情况下为时态）坐标纳入分析中。最初许多地统计工具作为实用方法进行开发，用于描述空间模式和采样位置的插值。现在这些工具和方法已得到了改进，不仅能够提供插值，还可以衡量所插入的值的不确定性。衡量不确定性对于正确制定决策至关重要，因为其不仅提供插值的信息，还会提供每个位置的可能值（结果）的信息。地统计分析也已从一元演化为多元，并提供了可融入用于补充（尽可能稀疏）主要感兴趣变量的辅助数据集的机制，从而可以构建更准确的插值和不确定性模型。

12.1.1 地理问题的统计特征

数量地理学是应用数学方法研究地理学方法论的学科。是地理学中发展较快的新学科。它运用统计推理、数学分析、数学程序和数学模拟等数学工具，凭计算机技术，分析自然地理和人文地理的各种要素，以获得有关地理现象的科学结论，在地理学的自然与人文的传统领域，不断取得开拓性研究结果。

1. 地理事物的空间随机性

地理事物的最显著特征是空间位置性，而一个区域的多个同类地理事物在空间分布具有空间分布的方向性和空间数量变化性，这些具有随机性的特征。

以图 12-1 来看，新建商品房在城市分布具有随机性，但是从宏观角度，又有一定的空间集中性,看似散乱无章实际有一定的空间分布特征,尤其从商品房的售价方面。对于这种点位的商品房开发点,可以从空间聚类分析其聚集性,但是关于商品房的价格空间分布特征,需要通过统计方法获得。

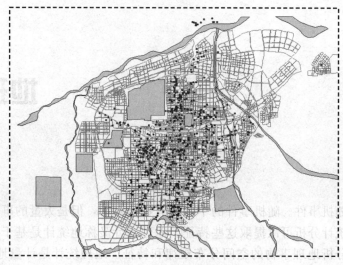

图 12-1　商品房的城市分布

2. 地理空间统计特征

对于统计而言,统计量一般有平均值、中位数、众数、方差等,各个不同的特征量反映样本的某些特征,如对于两个工资样本的统计,平均值反映两个企业的平均工资水平,众数反映大多数职员的工资状况,用这些统计量可以进行样本状况评价和分析。

对于地理空间统计角度,比一般的统计的维度要多,虽然地理空间统计也包括一般的统计特征量,但更重要的是这些特征量反映地理空间分布、结构、变异特征。例如,对于聚类分析,形成对样本的类型划分,而在地理空间角度的空间聚类,还反映了各种分类的地理空间聚集性。

3. 关联统计

在地理空间上,地理关系为统计提供了丰富的统计角度,即统计不仅仅是依据数据本身,还可以按照数据与不同要素之间的关系进行统计,以分析其间的关联性。例如,对于城市新建商品房,统计分布的空间聚集性,还可以分析价格的区域分布状况(表 12-1,图 12-2)。

表 12-1　商品房分布统计

不同环线	住宅数量(个)	所占比例(%)
一环以内	22	3.8
一环至二环	142	22
二环至三环	319	51
三环以外	150	23.2

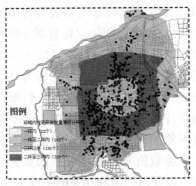

图 12-2　空间关联

12.1.2　地理统计的应用

地理统计主要用于发现地理空间分布特征或规律，作为进行地理空间研究何分析的信息，以了解和认识地理环境，按照地理特点利用和改造环境。

1. 地统计的应用

地统计在科学和工程的许多领域中广泛应用，例如：

（1）采矿行业在项目的若干方面应用地统计。最初需量化矿物资源和评估项目的经济可行性，然后需每天使用可用的更新数据确定哪种材料应输送到工厂以及哪种材料是废弃物。

（2）在环境科学中，地统计用于评估污染级别以判断是否对环境和人身健康构成威胁，以及能否保证修复。

（3）在土壤科学领域中的新应用着重绘制土壤营养水平（氮、磷、钾等）和其他指标（例如导电率），以便研究它们与作物产量的关系和规定田间每个位置的精确化肥用量。

（4）气象应用包括温度、雨量和相关的变量（例如酸雨）的预测。

（5）地统计在公共健康领域也有一些应用，例如，预测环境污染程度及其与癌症发病率的关系。

在所有这些示例中，普遍情形是某些地区中存在的一些感兴趣的现象（某一污染物对土壤、水或者空气的污染情况；要开采地区黄金或者其他金属的含量等）。彻底的考察费用昂贵且耗费时间，所以通常由在不同的位置采样来对现象进行描述。然后，使用地统计对未采样的位置进行预测（以及生成对预测的不确定性的相关度量值）。地统计研究的概化工作流在地统计工作流中有详细描述。

地理学从定性描述到定量分析，是社会经济发展的需要，也是地理学发展的需要。地理统计，研究地表事物的地理特征。但是在 GIS 之前的地理统计，难以具体落实到地理空间。在 GIS 技术支撑下的地理统计，可以是真正的地理意义上的统计。例如，对于污染监测数据，通过地理统计分析，可以了解在地理时空分布、结构、特征和变化。

2. 地统计工作流

地统计过程与几乎所有数据驱动研究相同，第一步是仔细检查数据。这通常从映射数据集、使用可使数据集可能显示的重要特征清晰可见的分类和颜色方案开始，例如，从北向南值的显著增加；非特定排列方式中低值与高值的混合；或者是采样更加密集的区域（优先采样），该区域可能会使决定在数据分析中使用去聚权重。

第二步是构建地地统计模型。根据研究的目的（即模型需要提供的信息类型）和被认为足够重要并需要纳入的数据集要素，这一过程需要几个步骤。在这一阶段，对数据集进行严密探索的期间收集到的信息和对现象的先验知识将决定模型的复杂程度和内插值的准确性，以及不确定性的度量值的准确性。由于检查数据集可以获得大量信息，因此纳入可能拥有的对现象的认知很重要。建模器不能只依赖数据集来显示全部的重要要素，还需要通过调整参数值将那些不显示的要素纳入到模型中，来反映预期结果。模型要尽可能地逼真，以便内插值和相关的不确定性能够精确地表现实际现象。

除了预处理数据，可能还需要在数据集中为空间结构建模，如空间相关性。可以用一些方法显式建模；而其他方法，如"反距离权重"，依赖于假设的空间结构度，这一空间结构度必须由建模器基于对现象的先验知识来提供。

模型的最后一个组成部分是搜索策略。其定义了用来为未采样位置生成值的数据点的数量。也可以定义其空间配置。这两个因素都会影响内插值及其相关的不确定性。对于许多方法来说，搜索椭圆是与椭圆分割成的扇形的数量以及从每个分区中获取的用来进行预测的点的数量一起定义的。

在完成模型定义之后，该模型可以与数据集结合使用来生成感兴趣区域内所有未采样位置的内插值。输出通常是显示正在建模的变量的值的地图。可以在这一步对异常值效果进行研究，因为其可能会更改模型的参数值，从而更改内插地图。根据插值方法，同一个模型也可以用来生成内插值的不确定性的度量值。不是所有的模型都具有这一功能，因此在开始时定义需要的不确定性度量值很重要，这会确定哪一个模型合适。

与所有建模尝试相同，模型的输出应该经过检查，即确保内插值和相关的不确定性的度量值是合理的并与预期相匹配。

构建并调整好模型并检查其输出之后，结果便可以用于风险分析和做出决策（图12-3）。

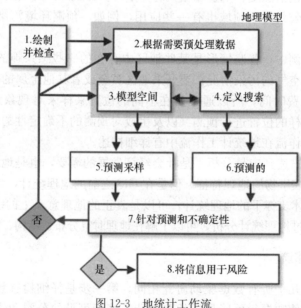

图 12-3　地统计工作流

12.1.3　GIS 下的地统计

在 GIS 技术出现前，地理学利用统计学方法分析地理问题，即计量地理学。计量地理学主要以经济角度如人口等方面的分析，GIS 的地理统计对一般的地理统计进行了发展，把统计映射到了空间，而不仅仅是通常统计的获得个别统计值，GIS 下的地理统计包括聚类、回归、主成分、判别、趋势面等多种功能。

1. 创建正态分布

正态分布是一种基本的分布模型，在 GIS 中使用"高斯地统计模拟"时，首先要创建一个基于标准正态分布（平均值＝0 且方差＝1）绘制的随机分配值的格网。然后，将协方差模型（基于在需要作为模拟的输入的简单克里金图层中指定的半变异函数）应用到栅格。这样可以确保栅格值遵循输入数据集中的空间结构。生成的栅格构成一个非条件实现，而且通过每次使用不同的包含正态分布值的栅格可生成更多的非条件实现。

2. GIS 地统计

GIS 地统计用于通过确定性方法和地统计方法对表面进行建模。它提供的工具与 GIS 建模环境完全集成，GIS 专业人员可使用这些工具生成插值模型，并在将这些工具用于深入分析之前对其质量进行评估。生成的表面（模型输出）随后便可在模型中使用、进行可视化以及供使用其他扩展模块进行分析。

3. GIS 地统计术语

在 GIS 中，地统计有一些专用术语，包括插值、交叉检验、邻域搜索等，这些是地理统计在 GIS 中的专业术语（表 12-2）。

表 12-2　GIS 地统计术语

术　语	描　述
插值	使用已知采样位置处获取的测量值预测（估算）未采样位置处的值的过程。地统计模块提供了多种插值方法，这些方法因生成不同类型的输出（例如，预测值及与之相关的误差［不确定性］）的基本假定、数据要求和能力的不同而有所差异
确定性方法	地统计模块中的确定性方法将根据测量点创建表面，基于相似程度（例如反距离权重法）或平滑程度（例如径向基函数）。不提供对预测不确定性（误差）的度量
地统计方法	地统计模块中的地统计方法基于包含自相关（测量点之间的统计关系）的统计模型。这类方法可以生成预测表面，还提供对与这些预测相关的不确定性（误差）的度量
交叉验证	一种用于评估插值模型的准确程度的技术。地统计模块中的交叉验证会将一个点排除在外，然后使用其余点预测该位置处的值。然后将排除的点重新添加到数据集中，再移除另外一个点。对数据集中所有样本执行此操作，并提供可比较的预测和已知值对以评估模型的性能。结果通常被归纳为"平均"误差和"均方根"误差
验证	与交叉验证类似，但不使用相同的数据集来建立和评估模型，而是使用两个数据集，一个用于建立模型，另一个用于对性能进行独立测试。如果只有一个数据集，则可使用"子集要素"工具将其随机分割为训练子集和测试子集

术　语	描　　述
空间自相关	自然现象通常表示空间自相关，即距离较近的采样值要比距离较远的采样值更相似。插值方法中一些需要空间自相关的显式模型（如克里金法），一些依赖假定的空间自相关度但不提供对其进行测量的方法（如"反距离权重法"），而另一些则不需要数据集中空间自相关的任何概念。请注意，当存在空间自相关时，使用传统的统计方法（依赖于观测值之间的独立性）将不再可靠
搜索邻域	大多数插值方法都使用数据的本地子集进行预测。设想一个移动窗口，只有该窗口内的数据用于在窗口中心位置进行预测。这样做是因为在远离需要进行预测的位置的样本中存在冗余信息，其目的是为了缩短为整个研究区域生成预测值所需的计算时间。对邻域的选择（窗口内的附近样本数量及其空间配置）会影响到预测表面，因此应谨慎选择
半变异函数	描述相隔不同距离的样本之间差异（方差）的函数。通常情况下，半变异函数在差异较小时显示低方差，在间隔距离较大时显示高方差，以表明该数据属于空间自相关。根据样本数据估计的半变异函数称为经验半变异函数。它们通过图形中的一组点来表示。将根据这些点拟合函数，称为半变异函数模型。半变异函数模型是克里金法（一种强大的插值方法，可以为研究区域中的每个位置提供预测值、与预测相关联的误差以及有关可能值分布情况的信息）中的重要组成部分
克里金法	插值方法的集合，依赖空间自相关的半变异函数模型为研究区域中每个位置生成预测值、与预测相关联的误差以及其他有关可能值分布情况的信息（通过分位数及概率图或地统计模拟，后者将为每个位置提供一组可能值）
模拟	在地统计中是指通过生成多个可能版本的预测表面来扩展克里金法的技术（有别于只生成一个表面的克里金法）。预测表面集可提供大量的信息，这些信息可用于描述特定位置处预测值的不确定性、感兴趣区中预测值集的不确定性或可用作第二个模型（物质、经济等）的输入的预测值集，以便评估风险并做出更明智的决策
核	在地统计模块中提供的多个插值方法中均可使用的加权函数。通常情况下，为接近预测位置的采样值分配较高权重，为远离预测位置的采样值分配较低权重
变换	当函数（对数、Box-Cox、反正弦、常态得分）应用到数据时将执行数据变换，以更改数据分布的形状和/或稳定方差（例如，减少均值与方差之间的关系，即数据的变异性随着平均值的增加而增加）
地统计图层	"地统计向导"生成的结果以及地统计模块工具箱中的许多地理处理工具被存储在称为地统计图层的表面中。地统计图层可用于生成结果图、查看和修正插值方法的参数值（通过在"地统计向导"中打开）、创建其他类型的地统计图层（如预测误差图）并将结果导出为栅格或矢量（等值线、填充的等值线和点）格式

12.2　数据检验

　　数据检验一方面在于检查数据的可靠性，另一方面在于探索数据的空间分布特征，作为统计方法和统计模型选择的基础。

12.2.1　模型选择

　　地理统计有许多模型，统计需要把数据按照某种模型来进行组织和分析。在数据检验和探索后，需要选择统计模型。

1. 探索性空间数据分析图

　　使用插值方法之前，应该使用"探索性空间数据分析"浏览数据。以深入了解数据并为插值模型选择最适合的方法和参数。例如，如果使用普通克里金法生成分位数图，应该检查输入数据的分布，因为这种特定方法假定数据呈正态分布。如果数据不呈正态分布，应该在插值模型中包含数据变换。或者使用 ESDA 工具检测数据中的空间趋势，并且可能希望包括某个步骤以将其作为预测过程的一部分来独立进行建模。

（1）直方图，检查数据集的分布和汇总统计数据。

（2）Voronoi 图，直观地检查数据集的空间可变性和稳定性。

（3）正态 QQ 图和常规 QQ 图，评估数据集是否正态分布，并分别研究两个数据集是否具有相似的分布。

（4）趋势分析，查看并检查数据集中的空间趋势。

（5）半变异函数/协方差云，计算数据集中的空间依赖性（半变异函数和协方差）。

（6）交叉协方差云，评估两个数据集间的空间依赖性（协方差）。

2. 构建插值模型过程

地统计分析包括许多用于分析数据及生成多种输出表面的工具。由于调查的原因可能不同，建议分析和映射空间过程中使用地统计工作流中描述的方法：

（1）表示数据，创建图层并显示。

（2）浏览数据，检查数据集的统计属性和空间属性。

（3）选择适当的插值方法，应该根据研究目的、对现象的了解和需要模型提供的内容（作为输出）做出选择。

（4）拟合模型，创建表面。"地统计向导"用于适当模型的定义和优化。

（5）执行诊断，检查结果是否合理（符合预期），并使用交叉验证和验证评估输出表面。这将帮助了解模型预测未采样位置处的值的能力。

"地统计向导"和地统计模块工具箱都提供了许多插值方法。应该始终清楚地了解研究目的以及选择方法时预测值（和其他相关信息）如何帮助做出更正确的决定。

3. 插值方法

地统计是一个方法集，用于估计尚未进行任何采样的位置的值以及评估这些估计的不确定性。这些函数在很多决策过程中至关重要，因为实际操作中不可能对感兴趣区域中的每个位置都进行采样。

但要特别注意，这些方法只是用于构造现实模型（即感兴趣的现象）的一种手段。至于如何构建模型能够满足的特定需要并能够为正确合理制定决策提供必要的信息，由应用者决定。要构建良好的模型，很大程度上取决于对现象的理解、采样数据的获取方式和它所表示的内容，以及希望模型提供的信息。

插值方法有很多。有些方法十分灵活，可适用于采样数据的不同方面。有些方法则具有更大的限制性，要求数据满足特定条件。例如，克里金方法十分灵活，但在克里金系列方法中必须满足不同程度的条件才能使输出有效。地统计分析提供了以下插值方法：

（1）全局多项式。

（2）局部多项式。

（3）反距离权重法。

（4）径向基函数（RBF）插值法。

（5）扩散核。

（6）核平滑。

（7）普通克里金法。

（8）简单克里金法。

（9）泛克里金法。

（10）指示克里金法。

（11）概率克里金法。

（12）析取克里金法。

（13）高斯地统计模拟。

每种方法都有其自己的参数集，从而允许针对特殊数据集和生成的输出的要求对其进行自定义。为了对选择要使用的方法提供一些指导，已根据不同的条件对这些方法进行了分类，如地统计中提供的插值方法分类树中所示。明确定义了插值模型的开发目的且充分检查了采样数据后，这些分类树能够引导选择适当的方法。

4. 熟悉数据的重要性

正如在地统计工作流中所述，创建表面涉及很多阶段。第一个阶段是完整浏览数据并识别要纳入模型的重要要素。必须在过程开始时识别这些要素，因为在构建模型的每个阶段都要做出多个选择并指定多个参数值。在"地统计"向导中，所做的选择会决定在过程的以下步骤中可用的选项，因此在开始构建模型前识别其主要要素是很重要的。"地统计"向导提供可靠的默认值（有一些是专为数据计算的），但其不能够解释研究的背景或创建模型的目的。从对现象的先验知识和数据浏览中获得更深入的了解，据此创建并优化模型来生成更精确的表面，这一点是至关重要的。

以下主题提供有关数据浏览和在构建插值模型时如何使用调查结果的详细信息：

（1）映射数据——涵盖数据浏览中的第一个步骤：使用显示重要要素的分类方案映射数据。

（2）探索性空间数据分析——提供"探索性空间数据分析"（ESDA）工具及其使用概述。

（3）数据分布和变换——涵盖直方图、正态 QQ 图和常规 QQ 图工具，以及数据变换。

（4）查找全局异常值和局部异常值——介绍使用直方图、半变异函数/协方差云以及 Voronoi 图工具识别全局异常值和局部异常值的方法。

（5）趋势分析——检查如何在数据中使用"趋势图"工具识别全局趋势。

（6）检查局部变化——指示如何使用 Voronoi 图工具来显示局部平均值和局部标准差是否在研究区域相对固定（平稳性的可视化）。该工具也提供可用于识别异常值的其他局部因素（包括聚类）。

（7）检查空间自相关——说明半变异函数和协方差以及交叉协方差云的构建方式以及如何使用它们来浏览数据中的空间自相关和空间交叉协方差。

5. 绘制数据

任何分析的第一步都是绘制和检查数据。这可以提供数据集的空间组成部分的第一印象，而且可能给出异常值和错误数据值，全局趋势和其他系数间的空间自相关的主导方向的指示，所有这些在开发正确反映感兴趣的现象的插值模型的过程中都非常重要。

GIS 提供很多方法来可视化数据，可以访问用于高亮显示数据不同方面的很多分类方案和色带，还可以在 3D 空间渲染数据，这在查找局部异常值和全局趋势时非常有用。尽管没有正确的方法来显示数据，图 12-4 显示了相同数据的不同渲染，从中可以看出不同方面的兴趣。

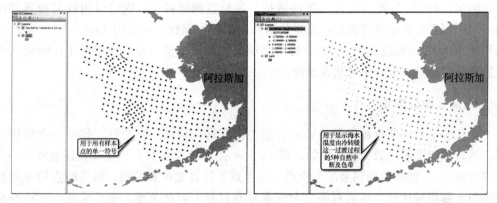

图 12-4　绘制数据以及统计分类（方差）

GIS 提供的数据的初始视图对所有采样点使用相同的符号。此视图提供了样本空间范围和研究区域覆盖范围的信息，并显示是否存在比其他区域采样更多更密的区域（称为优先采样区域）。在某些插值模型中，使用去聚方法来获取对现象具有代表性和不受研究区域的高或低值区域的过采样影响的数据集非常重要。

6. 定量数据探索

绘制数据后，应使用探索性空间数据分析（ESDA）工具来执行数据探索的第二阶段。使用这些工具时，能够以一种比绘制数据更加量化的方式来检查数据，并且还有助于更深入地了解正在研究的现象，以便对插值模型的构建方式做出更加正确的决策。为探索数据而应执行的最常见的任务包括：

（1）检查数据的分布。

（2）查找全局异常值和局部异常值。

（3）查找全局趋势。

（4）检查局部变化。

（5）检查空间自相关。

某些情况下，不需要执行所有这些步骤。例如，如果决定使用不需要衡量空间自相关（GPI、LPI 或 RBF）的插值方法，则不必探索数据的空间自相关。然而，探索空间自相关始终有助于探索数据，因为大量的空间自相关可造成使用不同的插值方法（例如，克里金法），而非最初要使用的插值方法。

12.2.2　交叉验证

统计分析最重要的一点和起点是了解数据的分布特征和规律，在 GIS 中，还要了解地理空间的特征和分布规律，交叉验证来进行数据这方面特征的探索。

1. 交叉验证概念

交叉验证就是对数据进行检查和验证，先移除一个数据位置，然后使用其余位置处的数据预测关联数据。该工具的主要用途是，比较预测值与实测值以获取有关某些模型参数的有用信息。

例如，对于一项统计，有多年的数据，如果数据足够多，则可以用数据预测以往的情况，用实际数据进行检验，观察数据和模型的可靠性。可以用1978～2013年的数据预测2014年的情况并与2014年的实际情况比较，方法可靠，模型可用，则纳入所有数据建立模型，进行未来状况预测。

2. 交叉验证方法

交叉验证使用所有数据对趋势和自相关模型进行估计。它会每次移除一个数据位置，然后预测关联的数据值。例如，图12-5显示了10个数据点。交叉验证会省略一个点（红色点），然后使用剩余的9个点（蓝色点）计算此位置的值。将省略点位置的预测值与实际值相比较。然后对第二个点重复此过程，以此类推。交叉验证会对所有点的测量值和预测值进行比较。在某种意义上，通过使用所有数据估计趋势和自相关模型，交叉验证有点"欺骗性"。完成交叉验证后，一些数据位置可能被作为异常搁置，这时需要重新拟合趋势模型和自相关模型。

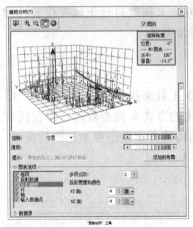
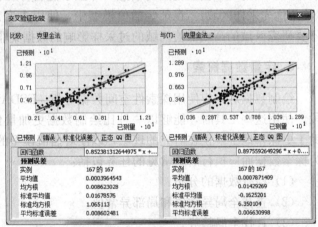

图12-5 数据检验

12.2.3 邻域选择与模拟

针对具体的点位数据，插值需要考虑邻近的数据，邻近数据的散布性，需要通过一定的方法来选择。对于选择的数据，通过模拟来观察其状况和特征。

1. 邻域选择

邻域选择是基于用户定义的邻域创建点图层。对于点位数据，在插值时按照模型需要有一定量的数据，具体的点选择需要遵循一定的准则，如规定距离或规定点数，在此条件下设计算法，如变动圆方法，这种方法就是以插值点为中心，绘制一个圆，圆的半径不定，具体取决于圆内点的个数，即要保证圆内有且仅有一点数量的点（图 12-6）。

2. 模拟

空间统计分析和传统的非空间统计分析的一个重要区别是空间统计分析将空间和空间关系直接整合到了算法中。因此，空间统计中要求在执行分析之前为空间关系的概念化参数选择一个值。常见的概念化包括反距离、行程时间、固定距离、K 最近邻域和邻接。使用的空间关系概念化将取决于要测量的对象。例如，要测量特定种类种子植物的聚类，使用反距离可能最适合。但是，如果要评估某一地区通勤者的地

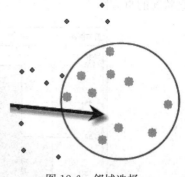

图 12-6　邻域选择

理分布，行程时间和行程成本可能是描述这些空间关系的更好选择。

对于某些分析，空间和时间可能没有更抽象的概念重要，例如熟悉程度（某些事物越熟悉，功能上越接近）或空间交互，例如，两个城市之间的电话要比一个城市附近较小城镇之间的电话多，有些人可能认为这两个城市在功能上更接近。

12.2.4　数据检验示例

本节以一个示例来证明什么是数据检验问题。首先检验数据的统计分布特征。统计有若干可选择的分布特征，如正态分布。

1. 正态分布特征

证态分布是一种比较广泛的概率分布形式。对于一组数据，在直角坐标系中绘制数据点，点集可能呈现某种特征，如接近与一条直线。当然，坐标单位可以选择对数单位，这是统计通常采用的方法，如双对数坐标系统。在双对数坐标形态中，点位的直线分布表明一种分布函数特征。图 12-7 的数据在双对数坐标系中，数据越接近一条直线 说明数据越接近服从正态分布。

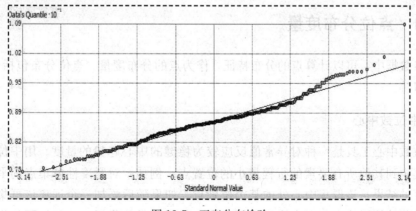

图 12-7　正态分布检验

2. 直方图

直方图可以用来检验数据的分布，反映数据的分布特征及规律，图 12-8 显示了一直状况的直方图。

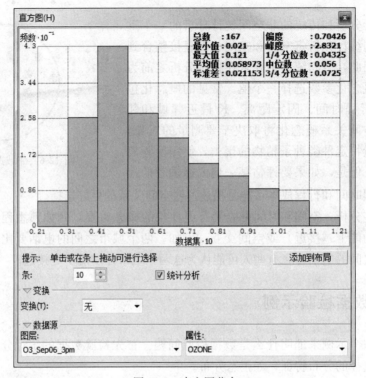

图 12-8　直方图分布

12.3　度量地理分布

在地统计中有许多统计特征反映地理空间分布特征，据此可以用来度量相应事物的到了空间分布状况。

12.3.1　点位分布度量

在点数据中，可以计算点的分布特征，作为点的分布度量。点位分布包括中心数、真心要素等。

1. 中位数中心

中位数中心工具是一种对异常值反应较为稳健的中心趋势的量度。用中位数可标识数据集中到其他所有要素的行程最小的位置点。例如，对紧凑性群集点的平均中心进行计算的结果是该群集中心处的某个位置点。如果随后添加一个远离该群集的新点并重新进行计算平均中心，会注意到结果会向新的异常值靠近。而如果要使用中位数中心工具执行相同的测试，会发现新的异常值对结果位置的影响明显减小。中位数中心工具可指定权重字段。可将权重视为与每个要素关联的行程个数（例如，如果要素的权重为 3.2，则行程数将为 3.2）。加权中位数中心是所有行程的距离之和最小的位置点。

用于计算中位数中心的方法是一个迭代过程，在算法的每个步骤中，都会找到一个候选"中位数中心"(X_t, Y_t)，然后对其进行优化，直到其表示的位置距数据集中的所有要素（或所有加权要素）的"欧式距离"d 最小。

$$D_i = \sqrt{(x_i - X)^2 + (y_i - Y)^2} \tag{12-1}$$

中位数中心的可能应用情况包括，如果需要对于空间异常值反应比较稳健的中心趋势量度，可以使用中位数中心工具。如果不希望少数外围火灾使得结果中心位置远离火灾核心区，可以使用该工具计算火灾区的"中位数中心"。

通常，将平均中心与中位数中心的结果进行比较来查看外围要素对结果的影响是十分有趣的。对于许多应用，与"平均中心"相比，"中位数中心"是一种更为典型的中心趋势量度。

2. 中心要素

中心要素方法用于识别点、线或面输入要素类中处于最中央位置的要素。执行过程中会首先对数据集中每个要素质心与其他各要素质心之间的距离计算并求和。然后，选择与所有其他要素的最小累积距离相关联的要素（如果指定权重，则为加权），并将其复制到一个新创建的输出要素类中（图 12-9）。

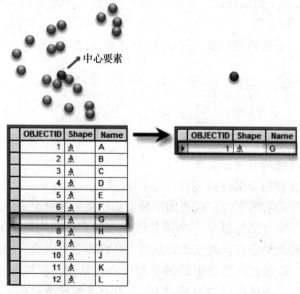

图 12-9　中心要素

例如，如果要构建一个表演艺术中心，可能要计算块组要素类的中心要素（以人口加权），识别地理位置最便利的城镇的部分，并使该人口普查区块成为首选。如果要将所有要素与该中心之间的距离（欧氏距离或曼哈顿距离）设为最小，则中心要素工具对于查找该中心非常有用。

3. 平均中心

平均中心是研究区域中所有要素的平均 x 坐标和 y 坐标。平均中心对于分析追踪分布的变化，以及比较不同类型要素的分布非常有用。

平均中心指散乱点群的几何中心（图 12-10），分别为 x、y 的坐标平均值，具体计算以两个点为例，x 的中心为两点在 x 方向的中点，y 的中心为两点在 y 方向的中点，对于点群，中心按公式（12-2）计算。

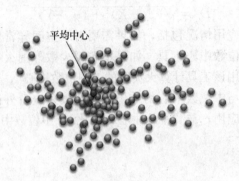

平均中心

图 12-10 平均中心

$$\bar{x} = \frac{\sum_{i=1}^{n} x_i}{n} \qquad \bar{y} = \frac{\sum_{i=1}^{n} y_i}{n} \tag{12-2}$$

式中　x_i，y_i——要素 i 的坐标；

　　　　n——坐标总数。

对于加权中心，添加相应的加权值 w_i 进行计算（12-3）。

$$\overline{x_w} = \frac{\sum_{i=1}^{n} w_i x_i}{\sum_{i=1}^{n} w_i} \qquad \overline{y_w} = \frac{\sum_{i=1}^{n} w_i y_i}{\sum_{i=1}^{n} w_i} \tag{12-3}$$

当各要素存在 z 值，也可以类似计算。

对于分布中心可能的应用方面有：

（1）犯罪分析在对白天事件点与夜间事件点进行对比评估时，可能希望查看盗窃行为的平均中心是否会有所变化。这有助于公安部门更好地分配资源。

（2）野生生物学家可以计算某个公园若干年内的某种动物观测值的平均中心，以了解夏季和冬季该种动物会在何处聚集，从而为公园游客提供更好的信息。

（3）GIS 分析可以通过将紧急电话的平均中心与紧急响应站的位置进行比较来评估服务水平。此外，分析还可以对由超过 65 岁的个人加权所得的平均中心进行评估，从而确定提供老人服务的理想位置。

12.3.2　空间分布特征度量

点位统计的特征数据反映一类分布情况，而集合数据反映另一类分布。从地理空间图形上，椭圆分布以长轴反映空间发展趋势或走向。

1. 空间分布密度

点位分布有集中和分散状况，通过分析空间分布密度，确定分布中心区域。对于居住分布，通过提取数据样本中的居住待售属性字段来生成密度图。如图 12-11 所示，红、橙、黄三个圈层是当前居住分布密度值最高的地段，其主要分布在城市的核心区内，这三类等级区域内的新商品房数量共 477 个占总数的 71%，是某地住宅开发最为活跃的黄金地段，相对也是居住开发饱和密度较高区域，而四、五、六等级圈层内分布密度值低，主要分布在城市的边缘及三环以外的区域内，开发强度弱。三类等级区域内的新商品房数量共 186 个，占总数的 29%、开发强度弱，从而可以得知新商品住宅，住宅开发趋势不断向三环以外的郊区蔓延开来，土地级差地租整体上决定了圈层分异格局。

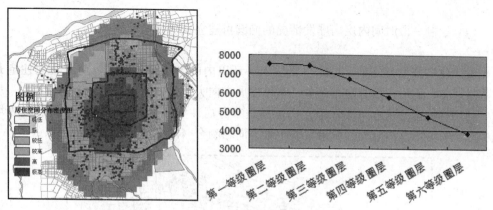

图 12-11　空间分布密度

2. 分布方向

测量一组点或区域的趋势的一种常用方法便是分别计算 x 和 y 方向上的标准距离。这两个测量值可用于定义一个包含所有要素分布的椭圆的轴线。由于该方法是由平均中心作为起点对 x 坐标和 y 坐标的标准差进行计算，从而定义椭圆的轴，因此该椭圆被称为标准差椭圆。利用该椭圆可以查看要素的分布是否是狭长形的，并因此具有特定方向。

正如通过在地图上绘制要素可以感受到要素的方向性一样，计算标准差椭圆则可使这种趋向变得更为明确。可以根据要素的位置点或授予要素关联的某个属性值影响的位置点来计算标准差椭圆。后者称为加权标准差椭圆，如图 12-12 所示。

方向分布（标准差椭圆）可能的应用：

（1）在地图上标示一组犯罪行为的分布趋势可以确定与特定物理要素（一系列酒吧或餐馆、某条特定街道等）的关系；

（2）在地图上标示地下水井样本的特定污染可以指示毒素的扩散方式，这在部署减灾策略时非常有用；

（3）对各个种族或民族椭圆的大小、形状和重叠部分进行比较可以提供与种族隔离或民族隔离相关的深入信息；

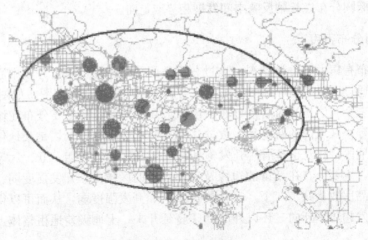

图 12-12　分布方向

（4）绘制一段时间内疾病爆发情况的椭圆可建立疾病传播的模型。

对于住宅开发，分布重心的主要位于一环以内的老城区范围内，南北方向住宅开发数量居多，而沿东西方向相对少，整体发展方向大体是朝西南及东北方向发展。

利用均值中心与方向性分布分析工具是来分居住空间分布特征，红色的点代表均值中心，与城市总体规划的城市发展主轴方向相吻合（图 12-13）。

图 12-13　分布方向

3. 标准距离

度量分布的紧密度可以提供一个表示要素相对于中心的分散程度的值。该值表示距离，因此，可通过绘制一个半径等于标准距离值的圆在地图上体现一组要素的紧密度。标准距离工具用于创建圆面（图 12-14）。

（1）可以利用两种或多种分布的值对分布进行比较。例如，犯罪分析家可以对袭击行为和汽车偷窃行为的紧密度进行比较。了解不同犯罪类型的分布情况可能有助于警察制定出应对犯罪行为的策略。如果特定区域内的犯罪行为分布很紧凑，那么在该区域中心附近配置一辆警车也许就足够了。但如果分布较分散，则可能需要几辆警车同时巡查该区域，才能更有效地对犯罪行为做出响应。

图 12-14　标准距离

（2）还可以对同一类型要素在不同时间段内的分布情况进行比较。例如，犯罪分析可以对白天盗窃行为和夜间盗窃行为进行比较，以了解白天与夜间相比，盗窃行为是更加分散还是更加紧凑。

（3）将要素分布与静态要素进行比较。例如，可以针对某个区域内各响应消防站在几个月内接到的紧急电话的分布情况进行度量和比较，以了解哪些消防站响应的区域较广。

4. 线性方向平均值

一组线要素的趋势可通过计算这些线的平均角度进行度量。用于计算该趋势的统计量称为方向平均值。尽管统计量本身被称为方向平均值，但它实际上用于测量方向或方位。

许多线状要素指向某一方向（它们都具有一个起点和一个终点）。这类线通常可表示移动对象（例如飓风）的路径。而其他线状要素（例如断层线）则没有起点和终点。这些要素则被认为具有方位而不具有方向。例如，断层线可能具有西北-东南方位。线性方向平均值工具可用于计算一组线的平均方向或平均方位（图 12-15）。

（1）比较两组或多组线。例如，研究河谷中麋鹿和驼鹿迁移状况的野生生物学家可计算这两个物种迁徙路径的方向趋势。

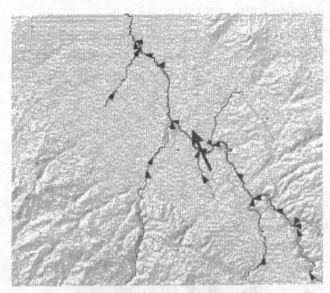

图 12-15　线形平均值

（2）比较不同时期的要素。例如，鸟类学家可以逐月计算猎鹰迁徙的趋势。方向平均值可汇总多个个体的飞行路径并对每日的迁移进行平滑处理。这样便可以很容易地了解鸟类在哪个月行进得最快，以及迁徙在何时结束。

（3）评估森林中的伐木状况以了解风型和风向。

（4）分析可以指示冰川移动方式的冰擦痕。

（5）标识汽车失窃及追回被盗车辆的大体方向。

12.3.3　空间分异特征

地理事物的重要空间特征是分布和变化，在研究分布的同质性的基础上，了解分布变异情况，更助于得客观事物的认识和把握。

1. 空间分异问题

分异指变异，从自然地理角度来看，环境除具有整体性外，与之相对应的是地域性，即地域分异规律。所谓地域分异，是指自然地理环境各组成要素或自然综合体沿地表按确方向有规律地发生分化所引起的差异。支配这种分化现象的客观规律也就称为地域分异规律。

2. 空间分异示例

在对现城区新建住房价格分形基础上，归纳出居住空间的分异特征如下：

以图 12-16 来看，图中红色标记的为高档价位的住宅，主要分布在一级居住核心内，现出多中心分布特征，空间上分布聚集性强，地理优势更多迎合高收入阶层的住宅购房需求。

图中蓝色，以高等级价位为等值中心逐渐向外扩散的圈层式分布特征，在西二环、经济开发区张家堡、长安区郭杜居住核心、新家庙居住核心及长安区居住核心逐渐形成了新的聚集增值点，并不断向东北、西北区域逐渐扩散开来，分布面积比较广聚集形态以多样化。

从图 12-16 可以明显的看出住宅在城区中心的分布的数量已经明显减少，而逐渐沿东西南北主干道路呈现镟状分不开了，相对低廉的住宅价格及生活成本更大程度的迎合了中低收入阶层的市场。

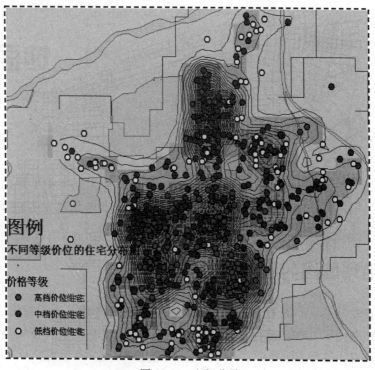

图 12-16　空间分异

思考题

1. GIS 中地理统计的特征是什么？
2. 为什么要进行数据检验？
3. 如何度量地理中心？
4. 点位分布度量有哪些？
5. 列出地统计可以解决的一些问题。

13
地图制图

模拟地图是地理信息的一个重要应用方法，因此，经常需要把地理信息以地图形式制作输出。制图是 GIS 的一项基本功能。基于计算机技术的信息表达方式，在 GIS 中制图的概念比通常的概念有拓展，包括显示制图、分析制图、输出制图。

13.1　地理制图问题

计算机自动制图是 GIS 技术的基本功能。通过制图把数字地图制作成模拟地图，满足通常的地图使用。地图制图包括制作模拟地图和电子地图。计算机制图与通常的制图有相同之点，也有不同之点。

13.1.1　GIS 制图特征

在 GIS 中，地图制图与传统制图有所不同，和一般的地图制图软件功能也不同，其最大的特点是依地理信息为基础，在信息查询、分析的基础上制作地图。

1. 素图

地图的一个重要特征是用符号表达地物类型，作为地图读图的基础，未符号化之前的地图可以称为素图，这是地图数据输入的数字化过程中形成的地图。在数字化过程中，为了提高工效，一般用简单图形进行地物图形输入，如简单的点、线、面，不进行符号设置。

数字化素图虽然没有符号化，但是由于有丰富的属性信息，因此在一般的应用中没有障碍，对于要素可以通过信息查询获取属性，因此对于地图的基本应用，如查询和分析，可以使用素图。

由此，地图制图目的是为人的地图观察提供便于识别的分类信息，这样在 GIS 中，地图制图分为显示性的制图和绘制输出方式的制图，二者共同点是对要素进行分类和设置符号，此外还有一些不同点，如输出范围，分辨率等。

2. 符号图

为了美观，更重要的是为了显示的地图在观察时能够从符号上直观的识别和分辨地物，对地物图形用符号化表示，如三角形、圆形等符号表示点图形，用粗细不同、颜色不同、线型不同（点画线、细实线等）符号表示线图层，用颜色、图案、纹理等填充多边形（图 13-1）。

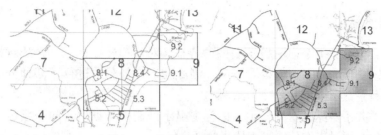

图 13-1　符号化之前和之后的地图

3. 字段制图

在 GIS 中，地图制作主要是设置符号。GIS 符号设置依据属性。由此，一个属性表若有多个属性，就可以制作多幅专题图。以行政区划多边形图为例，若有面积、人口、产值、劳动力四个字段，则单个字段制图可以生成四个专题图，而面积与人口组合可以制作人均土地面积图，面积和产值制作面积产值图等。根据组合数学，字段组合可以制作多幅图。这样，信息的重复利用率和应用效率得以提高。

13.1.2　显示制图

使用制图表达可将符号信息与要素几何存储在要素类中，从而对要素的外观进行自定义。通过这一附加控制，满足苛刻制图规范的要求或仅改进要素的显示效果。制图表达是一种要素类属性，存储在地理数据库的系统表以及要素类自身中。要素类可拥有多个与之关联的制图表达，这样，在不同的地图产品中，同一数据图层能够以不同的方式显示。

1. 什么是显示制图

地理信息在计算机中有属性表进行图元信息的多元记录，可以通过查询获得，在 GIS 中，地图的屏幕显示为了为观察提供直观图形，需要把地图符号化，这个过程为显示制图。

由于有地理信息计算的全面支持，显示制图与输出制图有一些差别，主要是按照某一个或几个字段来对图元设置符号，这种符号设置显然把一些未出现在制图符号中的信息不能表现出来，但是有属性表和查询等功能的支持，信息仍然能够完整应用。作为输出制图，制图结果的信息就只有制图表达的信息，其他信息丢失，因此显示制图具有另外的应用特征。表现为用输出制图方式在从显示角度没有必要，也造成信息损失。

2. 显示制图特点

显示制图有一些与输出制图不同的特点，首先，为了给观察提供信息，通过颜色、纹理、线型来区别不同的图元类别，这种符号设置针对少数属性。其次，制图表达不需要图例，因为有其他方法可以获得图元信息。其实，显示制图也有简单的图例，图例在目录栏显示，不像输出制图，图例放在图面上某个位置。

3. 栅格数据的视分类

以栅格数据的分类来说明显示制图的特征。对于栅格数据尤其是连续栅格，由于栅格数据的多值性，难以按值设置符号，因此在形态加载中进行了某种分类来设置符号。所以在目录显示中是一种分类图例。

这种分类并不实际改变栅格值，因为在显示的栅格数据中，同一颜色下的栅格看不出差别，但是通过查询仍能显示原来的栅格值。

4. 制图表达

图 13-2 是一个简单示例，显示了制图表达对于制图中要素几何显示的改善作用。比较一下使用常规符号系统绘制的线要素与使用制图表达符号系统绘制的线要素。红色圆圈高亮显示的区域表明制图表达符号系统对线连接处进行了清晰的绘制。

图 13-2　制图中的问题

制图表达还可用于自定义要素类中单个要素的显示。单个要素自定义称为覆盖。例如，可使用虚线笔划制图表达规则对线要素进行符号化。然后，可针对单个要素覆盖此规则的属性（如笔划的粗细或颜色），此规则的结构不会被更改（图 13-3）。

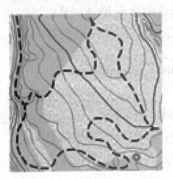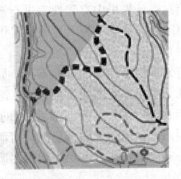

图 13-3　分辨不同的要素类型

制图表达用于以一种灵活的、基于规则的结构对数据进行符号化，该结构与数据一同存储在地理数据库中。要素类可同时支持多个要素类制图表达，因此，可在不存储数据副本的情况下从单个数据库中获取多个地图产品。单个要素的制图表达（称为要素制图表达）可在必要时进行修改，以永久性地覆盖制图表达规则，该制图表达规则同样在地理数据库中进行存储和维护。制图表达在提供基于规则的符号系统的组织结构的同时，还保留了很大的灵活性，可自定义各要素的绘制方法。

5. 符号

符号以图形方式对地图中的地理要素、标注和注记进行描述、分类或排列，以找出并显示定性关系和定量关系。根据符号绘制的几何类型，可将其分为四类：标记、线、填充和文本。符号通常用于在图层级别应用于要素组，但布局中的图形和文本也可使用符号进行绘制。可创建符号并直接将其应用于要素和图形，还可将多种符号组合到一起进行存储、管理和共享，这些组合到一起的符号统称为样式。

6. 样式

样式是一种容器，用于对地图上出现的可重复使用的事物进行存放。可提供样式来存储、组织和共享符号及其他地图组成部分。通过确保一致性，符号可提高相关地图产品或组织的标准化程度。

7. 页面布局

页面布局（通常简称为布局）是在虚拟页面上组织的地图元素的集合，旨在用于地图打印。常见的地图元素包括一个或多个数据框（每个数据框都含有一组有序的地图图层）、比例尺、指北针、地图标题、描述性文本和图例。为提供地理参考，还可以添加格网或经纬网等。

13.2　制图样式与符号

符号图层是制图表达规则的基本结构单元，它可以是以下三种类型中的任意一种：标记、线或填充。一个制图表达规则必须至少具有一个符号图层，但也可使用多个符号图层来支持复杂绘制。几何效果是制图表达规则的可选组成部分。在绘制要素几何时，几何效果会进行动态修改以获得所需外观，但不会影响要素本身的相关形状。这意味着，在不影响现有空间关系的情况下可获得复杂的数据视图。可在制图表达规则中将几何效果仅应用于一个符号图层，也可以全局方式将其应用于所有符号图层。几何效果按顺序运行，因此一个几何效果的动态结果将成为下一个几何效果的输入。

13.2.1　制图样式

样式是符号、颜色、地图元素及其他图形元素组成的集合，有助于一组用户创建和共享协调一致的制图。样式是一个包含所有此类元素的库，可在一组用户之间实现对这些元素的共享。

1. 地图制图样式

地图制图的符号选择来自于样式库，样式库由软件系统提供，应用可以制作自己的样式，并把样式加入到样式库。样式库的样式有标注、比例尺、边框及各种符号，如图 13-4 所示。

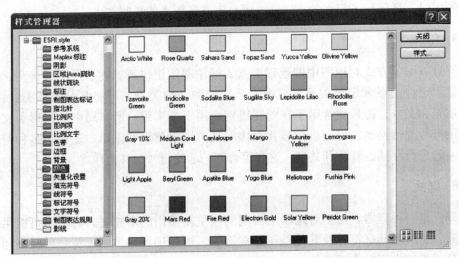

图 13-4 制图样式

地图制图样式经常具有一些特殊风格，我国的地图制图样式有自己的一套标准与形态，在应用非国产的 GIS 软件中，提供的样式经常与我国制图习惯不同，国产 GIS 软件有一套标准的制图样式。

2. 制图模板

地图制图在某种意义上是一种艺术，其中涉及版面布局和制图要素安排等，这些布局对于具体制图应用而言，不仅耗时费力，而且容易丢三落四，为此，GIS 中对于地图制图提供了一些参考模板，作为制图辅助。

地图模板是可用于创建新文档的地图文档。模板可能包含底图图层，也可能是各种常用的页面布局。地图模板使得在一系列地图上重新使用或标准化布局变得十分容易。使用模板可以节省时间，因为不必手动重新生成地图的公共部分。像地图和图层一样，模板可以在组织内共享以提高工作效率并将组织生成的地图标准化。

地图制图模板主要是按照绘制纸张设置的纸张放置方式，有横向的、竖向的等，形象的角度有景观型（横向）和肖像型（竖向）。模板还包括标题、插图、图例、比例尺等。在应用时，选择一种模板，然后进行一些修改，如修改标题，改变图例，变动插图位置等。

13.2.2 制图符号

制图符号按照要素类型和制图要求分为几种类型，有色彩、图案、纹理，还有标记、文字以及一些抽象图形。

1. 按要素类型划分的符号

地图制图要素分为点、线、面、文字注记等，相应的有对应的符号分类。其中标记符号是用于在地图中描绘点的点符号，常在线样式中使用，可以是一些简单象形的图形，如图 13-5 所示。

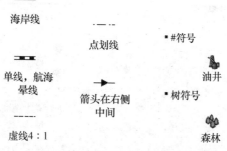

图 13-5　标记符号和线符号

线符号用于绘制线要素和面边界以及渲染其他地图线。填充符号用于填充面和其他实体地图元素，这类符号又分为色彩、纹理、图案等类型，如图 13-6 所示。

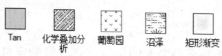

图 13-6　填充符号

文字作为图元的注记，而注记可以有多种形式和类型，这就形成文本符号体系。文本符号包括字体、字号、颜色和其他属性。它们将用于要素标注、注记和其他地图文本，如图 13-7 所示。

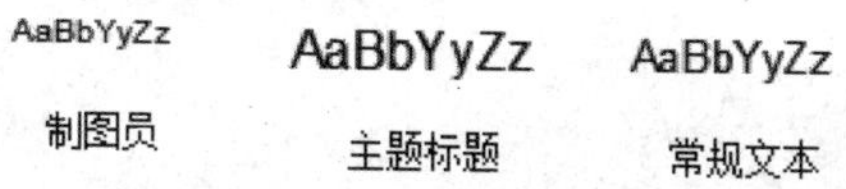

AaBbYyZz　　　AaBbYyZz　　　AaBbYyZz

制图员　　　　　　主题标题　　　　　常规文本

图 13-7　文本符号

2. 分级符号

分级符号渲染器是用于表示定量信息的常见渲染器类型之一。使用分级符号渲染器可将字段的定量值分组为已排序类。在一个类中，所有要素都使用相同的符号进行绘制。系统会按从小到大的顺序为每个类分配分级符号，如图 13-8 所示。

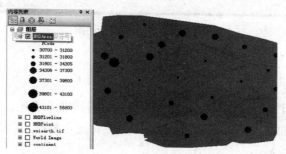

图 13-8　分级符号制图

3. 比例符号

比例符号渲染器用于将字段的定量值表示为一系列的分级符号大小。不对数据进行分类。而是根据属性值调整每个符号的大小来描绘属性。图例可显示一系列针对一组值以从小到大顺序排列的分级符号，如图 13-9 所示。

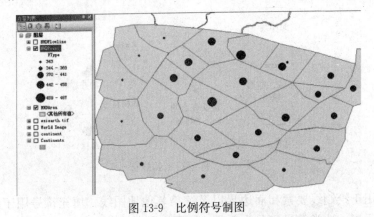

图 13-9　比例符号制图

4. 点密度

"点密度"渲染器用于基于每个面的字段值将字段的定量值表示为一系列图案填充。不对数据进行分类。而是会基于字段值用点来填充各个面。每个点都代表一个特定值，例如，在图 13-10 的点密度图中，一个点代表 50 000 人。

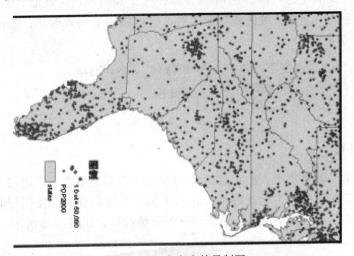

图 13-10　点密度符号制图

5. 饼图

如果要说明各个部分在整体之间比例关系，则饼图非常有用。如果类别不是很多，则可以使用饼图来加以说明。图 13-11 显示了各县特定年龄段人口的相对构成情况。年轻人的年龄类以绿色显示。

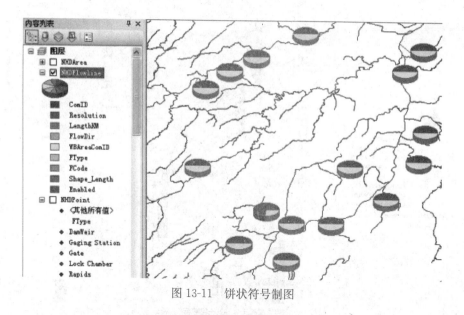

图 13-11   饼状符号制图

如果绘图要素不超过 30 个，则所生成图表的效果最佳。否则，地图上的图案将难以识别。通常图表中应使用为数不多的几个类别。

6. 柱状图

条形图和柱形图（又称柱状图）能够以一种醒目的方式来显示大量的定量字段。通常，当图层中含有大量需要进行比较的相关数值属性时，可绘制包含条形图和柱形图的图层。条形图/柱形图可用于显示相对量而不是比例或百分比。

图 13-12 示例使用条形图和柱形图来按年龄显示每个县的人口分布。

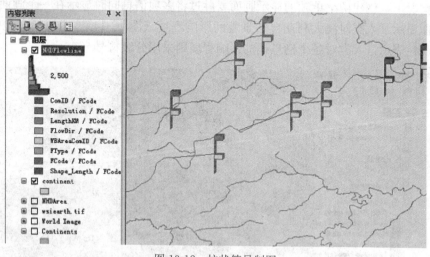

图 13-12   柱状符号制图

7. 使用堆叠图

堆叠图可显示不同类别的数量，例如查看按年龄类别划分的人口数。每个要素均使用一个图表进行注记，图表可显示各个类别的数量，如图 13-13 所示。

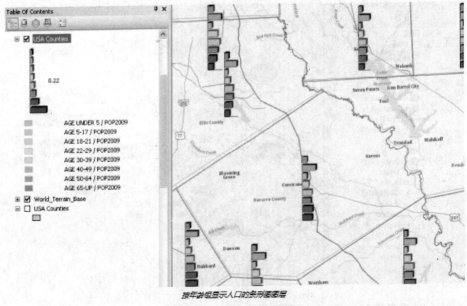

图 13-13　堆积符号制图

8. 绘制按类别显示数量的要素

可以使用一个按类别映射的字段和一个数量字段来显示图层。例如，通过一个表示道路类型的属性和另一个表示交通流量的属性来显示道路网络。其中，线的颜色用于表示道路类型，而线的宽度用于表示各条道路上的交通流量。

以此方式对数据进行符号化可以显示更多信息。但是，这也会使地图更难以理解。大多数情况下，创建两个单独的显示画面要胜过将多项信息同时显示在一个画面中。

地图显示了人类对澳大利亚自然景观的影响程度（图 13-14）。主要栖息地类型以单独的颜色表示，人类对各个栖息地的影响程度则采用分级符号来表示。

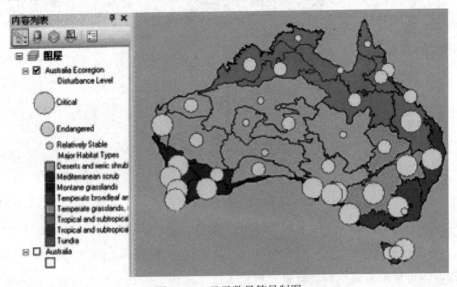

图 13-14　显示数量符号制图

9. 新建符号

使用制图表达可将符号信息与要素几何存储在要素类中，从而允许用户对要素的外观进行自定义。通过这一附加控制，用户可满足制图规范的要求或仅改进要素的显示效果。可通过在目录窗口或其他方式访问要素类属性来创建和管理制图表达。也可通过转换符号化的要素图层在要素类上创建制图表达。

13.3 页面布局

页面布局（通常简称为布局）是在虚拟页面上组织的地图元素的集合，旨在用于地图打印。常见的地图元素包括一个或多个数据框（每个数据框都含有一组有序的地图图层）、比例尺、指北针、地图标题、描述性文本和图例。为提供地理参考，还可以添加格网或经纬网。

虽然可以电子形式导出和使用页面布局，但页面布局主要用于打印。

13.3.1 页面布局基本词汇

页面布局是地图制图的一个主要组成部分，页面布局也是一个复杂系统，虽然制图页面以模板形式提供这些内容，但是在实际制图中需要进行一些调整。

1. 设计布局考虑的问题

页面布局首先需要根据具体情况进行设计，这些情况包括地图类别，对于独立的地图，采用一般的页面设计方法，对于系列地图，如果地图中包含多个页面，应考虑使用数据驱动页面；其次要考虑打印地图的所需大小，将用于设置布局的页面大小；还要页面的打印方向，即纵向或横向；地图中所含数据框的数量以及地图中是否包含其他地图元素，如标题、指北针和图例也作为考虑的问题。

另外，地图是否包含对数据的地理视图进行补充说明的图形或报告，地图上比例的显示方式，页面中各地图元素的组织方式等都在设计时要充分顾及，如图 13-15 所示。

2. 数据驱动页面

使用图层中的要素范围动态更新页面上的数据框范围，从而能够进行单个布局打印、输出或预览多个页面。

地图制图中，通常要制作多幅图，都位于一个区域，图廓、布局基本相同，图名、图例不同，分别制作效率不高，且很多重复。通过数据驱动页面，在范围设定后，多幅图可以使用一个框架，分别使用不同的图名和图例。

通过"数据驱动页面"可以基于单个地图文档方便快捷地创建一系列布局页面。要素图层或索引图层基于图层中的各个索引要素将地图分割为多个部分，然后为每个索引要素生成一个相应的页面。如图 13-16 所示。

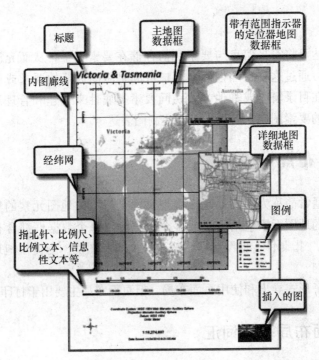

图 13-15　页面布局

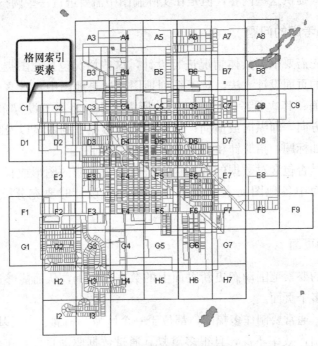

图 13-16　数据驱动系列图幅

3. 数据框

数据框是包含一个或多个数据图层的地图元素，用于定义地理范围、坐标系或其他显示属性，也是对输出制图的一种范围约束和装饰，在现代制图中，有时不需要图框，使页面能够充分表达信息。对于 GIS 制图，可以通过图框显现或隐藏来实现这个要求。

4. 数据视图

对于地图的通用显示，可用于浏览、显示和查询地理数据。数据视图显示数据框的内容。在数据视图中不显示页面布局上出现的其他元素，例如标题、指北针和比例尺。

5. 详细地图

使用第二个数据框显示的附加地图，可按更大的比例描绘已放大的特定地理分区，从而能够比主地图显示更多的信息。又称为插图。

6. 动态文本

放在地图布局上的文本，进行地图的一种附加文字说明。可根据地图文档、数据框或数据驱动页面等的当前属性动态变化。

7. 经纬网

地图上由经度线和纬度线组成的网络，或者将地图上的坐标与地球上的真实位置联系起来的图表。

8. 格网

在制图中，由叠加在地图上的平行线和垂直线组成的网络，通常是投影后的直角坐标网。这些格网通常按其表示的地图投影或坐标系来命名，例如通用横轴墨卡托格网。

9. 索引图层

定义一组数据驱动页面的范围的图层。

10. 插图

使用第二个数据框显示的附加地图，可按更大的比例描绘已放大的特定地理分区，从而能够比主地图显示更多的信息。也称为详细地图。

11. 布局

页面上的元素排列。地图布局可包括标题、图例、指北针、比例尺和地理数据。

12. 布局视图

一种用于显示虚拟页面的显示。在布局视图上，针对打印放置和排列地理数据和地图元素（如标题、图例和比例尺）。

13. 定位器地图

一种补充参考地图或附加的数据框，通过显示比详细地图更大的可辨认区域或范围，为地图浏览者提供空间环境。又称为鹰眼图。

14. 地图元素

在数字制图中，地图或页面布局中可清楚辨认的图形或对象。例如，地图元素可为标题、比例尺、图例或其他地图整饰要素。地图区域本身可视为地图元素，地图中的一个对象也可称为地图元素，如道路图层或学校符号。

15. 地图整饰要素

可帮助地图浏览者解释地图的任何支持对象或元素。典型的地图整饰要素元素包括标题、图例、指北针、比例尺、边框、源信息和其他文本，以及插图。

16. 地图模板

见 13.2.1 中 2. 制图模板。

13.3.2　地图元素

典型的地图整饰要素的元素包括标题、图例、指北针、比例尺、边框、源信息和其他文本及插图。一些地图元素与数据框中的数据相关。地图元素添加到地图时，其大小不一定会满足的需要。可通过选择地图元素并拖动选择控点更改其大小。拖动控点远离元素会增加元素大小，而朝向元素拖动控点会减小大小。将元素置于地图上之后，只能更改其大小、位置和边框。例如，如果在比例尺的初始配置对话框中单击属性，则不会显示大小和位置选项卡或框架选项卡。

1. 指北针

指北针指示地图方向。指北针元素保持与数据框的连接。旋转数据框时，指北针元素也随之旋转。指北针属性包括样式、大小、颜色和角度。

以磅表示指北针的大小。可选择以下选项之一来控制指北针的对齐：

（1）数据框旋转——指北针的角度显示为数据框的旋转角度。

（2）正北——指北针的角度指向测地北方或北极方向。正北计算基于坐标系，使用数据框的中心点。

使用校准角度手动设置旋转角度：$0°\sim360°$顺时针旋转，$0°\sim-360°$逆时针旋转。可输入小数。这是用户定义的角度。例如，通过输入磁北偏离真北的角度，可用于显示磁偏角。

计算的角度显示指北针的旋转角度。该角度将利用计算所得的偏离正北的角度或数据框旋转的角度自动计算。

2. 图示比例尺

比例尺可对地图上的元素大小和元素间的距离进行直观指示。比例尺是分割为多个部分的直线或条，并用地面长度进行标注，标注单位通常为地图单位的倍数，如 m 或 km。如果增大或减小地图，比例尺可保持正确。

在地图上插入新比例尺时，默认为在数据框属性对话框中的常规选项卡上指定的显示单位。向地图添加比例尺时，分格数和大小可能不满足的需要。例如，可能要显示四个分格而不是三个，或者要每个分格表示 100m 而不是 200m。可能还需要更改比例尺显示的单位或调整这些单位的表示方式。可通过比例尺属性对话框调整比例尺的多种特征。

通过选择以下选项之一，可以控制调整比例尺大小或地图比例变化时的比例尺行为：

（1）调整宽度——保持分割值和分割数；地图比例发生变化时调整比例尺宽度。

（2）调整分割值——保持分割数，同时尝试通过调整分割值来保持比例尺宽度。

（3）调整分割数——保持分割值，同时尝试通过调整分割数来保持比例尺宽度。

添加比例尺时，数字标注和刻度可能不满足的需要。例如，可能要标注比例尺的端点而非分格，或者，可能要使比例尺的主要分格处的刻度大于次要分格处的刻度。

默认情况下，比例尺上的单位标注与比例尺单位相同。有时可能要更改比例尺的标注，例如，从千米更改为 km。此时，在标注文本框中键入新的比例尺标注即可。要控制标注与比例尺之间的距离，在间距文本框中输入一个值。此值可以是垂直距离，也可以是水平距离，具体取决于单位标注位置。正间距向右或向上移动标注；负间距向左或向下移动标注。

3. 数字比例尺

可以用数字比例尺表示地图的比例。数字比例尺用以指示地图和地图上元素的比例。用以告知地图浏览者一个地图单位表示的地面单位数，例如 1cm 等于 100000m。

数字比例尺也可以是与单位无关的单纯的比率，如 1：24000。这表示地图上的一个单位等于地面上 24000 个相同单位。单纯的数字比例尺的优点是地图浏览者可以用所需的任何单位解释它。

数字比例尺的一个缺点是，如果以另一比例（增大或减小）复制地图的打印副本，比例尺会出错。图示比例尺不受此限制。许多地图同时具有数字比例尺和图示比例尺以指示地图比例。

4. 图例

借助图例，浏览地图者可以了解用于表示地图要素的符号的含义。图例由地图上的符号示例组成，这些示例附带的标注中包含了说明文字。将一个符号应用到图层中的要素时，会在图例中用图层的名称标注图层。使用多个符号表示一个图层中的要素时，用于对要素进行分类的字段将成为图例中的标题，并用字段值标注每个类别。

图例具有用于显示地图符号示例的图面。默认情况下，图例图面是与地图符号匹配的点、直线或矩形。可以自定义图例图面，例如，使用其他形状的图面表示区域，或用曲折的线而不是直线绘制河流。

如果具有多个数据框，插入图例会为所选数据框添加图例。每个图例对应一个数据框，但也可以将多个图例安排在一起作为复杂地图的一个图例。

通过图例属性对话框的项目选项卡，可以更改多个图例项使用的文本符号。也可以更改图例中所有项的文本符号，或仅更改在列表中选择的项目符号。可选择要应用文本符号的图例项部分。如果希望将描述显示为多行，可以在图例对话框的描述文本框中插入换行符。

5. 图例中的透明度

如果在地图中有具有透明度的图层，GIS 会在图例中模拟透明颜色。数据框中的图层设置为透明时，内容列表和布局视图中的图例自动使用更淡的颜色以反映透明度。

6. 框架

某些地图元素（包括比例尺、比例文本、指北针、图例和数据框）可能具有框架。可通过框架为元素选择边框、背景和下拉阴影。可以使用框架将地图元素设置为与其他元素分开或与地图的背景分开。也可以使用框架将地图元素直观地链接到地图的其他部分（通过将类似框架用于相关元素）。

7. 动态文本

动态文本是指放置在地图布局中且随地图文档、数据框和数据驱动页面的当前属性而动态变化的文本。为诸如以下内容创建动态文本：

（1）用户名。

（2）保存地图文档的日期。

（3）地图文档的文件路径。

（4）一系列"数据驱动页面"中自动更新的每个页面的页码和名称。

当插入一段动态文本时，会自动显示其每个属性的当前值。当更新属性时，动态文本也将自动更新。与 HTML 的工作原理类似，动态文本也使用标记。这使可以在单个文本元素中同时包含动态文本和静态文本，并可通过应用可用格式化设置选项自定义文本显示效果。

13.3.3 地图册

规划成果图经常是系列图，这些图形成地图册。GIS 提供了创建地图册（打印或 Adobe pdf 格式）所需的所有工具。地图册是一同打印或导出的一组页面。其中许多页面都包含地图，而其他页面可包含文本、表格信息、内容列表或标题页及其他内容。

1. 地图册生成流程

地图册地图图层的共同特征是具有相同的空间范围甚至相同的边界，对每种图层制图，其图面结构和布局基本不变，所变之点为图名、图例等。在地图册制图中，用不同的地图图层和插图进行替换即可。

例如，对于地形图、坡度分级图、土地利用现状图等，在一个区域具有相同的空间位置，页面布局也不变，就可以以图 13-17 流程生成地图册。

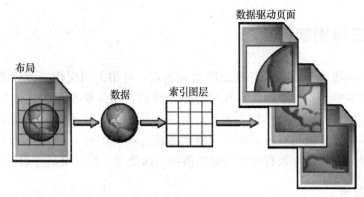

图 13-17　地图册生成流程示意图

2. 地图册制作方式

对于系列地图，当然可以通过手动打印标题页，然后打印一些地图页面及其他要包含在编译文档中的内容，这样能够以一种最简单方式创建地图册。但如果软件可自动执行此过程，该过程将变得更加合理和高效。对于最为简单的情况，GIS 可通过数据驱动页面提供该功能；针对更加复杂的情况，GIS 可通过程序脚本脚本提供该功能。另外，数据驱动页面不仅效率高，而且制作的地图册统一、规范，这是手动难以达到的。

简单参考系列地图册是一组每个页面的布局均相同的地图页面。简单参考系列地图册缺少标题页、总览图、辅助页面和其他特有的页面布局。可以在使用"数据驱动页面"对其进行快速定义，并通过导出地图对话框将其快速导出，而无需配置专门的导出脚本。地图册以及内容构成件如图 13-18 所示。

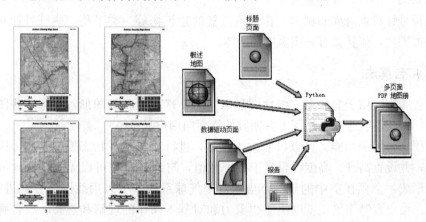

图 13-18　地图册以及内容构成

地图册制作完成后，可以以 pdf 格式导出为文件，再进行浏览或打印。

13.4　三维地图制作

三维地图制图主要以在三维界面显示为目的进行的制图。三维制图可以制作逼真的景观形态，作为虚拟现实的一种表达，也可以制作动画等。

13.4.1　三维图制作原理

三维地图制图的本质是以三维地形面为基础，对相关图层作三维设置，再设置符号，成为三维观察形态的地图。客观世界是三维的，用三维模型表达地理事物，不但能够提供逼真的对客观事物的形态观察，并且能够提供二维平面不能提供的信息。因此，三维制作是计算机仿真技术的一个重要方面。在 GIS 中，三维形态不但有良好的三维视觉效果，并且还保留有完整的属性信息，这是与一般三维制作的区别。

1. 三维符号

三维制图使用三维（3D）符号。3D 符号是具有扩展属性的 2D 符号。这些属性对 2D 符号进行了增强，因此可在三维应用程序中以 3D 形式查看这些符号。使用 3D 符号使文档更具真实感或帮助以 3D 形式描绘 2D 地图符号。使用 3D 符号可创建典型地理世界、专用地理世界或 3D 地图。

2D 符号具有 x 和 y 方向的尺寸，而 3D 符号具有 z 方向尺寸的附加属性。因此，2D 点符号与 3D 球体符号类似，方形 2D 符号与立方形 3D 符号类似，而 2D 线符号与管状 3D 符号类似。

三维制作中，有些对象是规则的规范的，如建筑物、树木等。为了简化制作，把这些可以作为模型，形成三维符号体系。

三维符号体系类型有点符号、线符号和多边形符号。在计算机图形技术的支持下，三维符号可以十分逼真。对于建筑物，不但可以用线、体构造形态，还可以用纹理进行表面修饰，丰富三维视觉效果。

点符号针对点对象如树木、作为点位置的建筑物等一类事物。线符号针对线状地理对象如围栏，体状如有一定宽度的墙体。

2. 广告牌法

广告牌方法用于显示与三维地图显示中的要素相关联的图形，它将这些图形以二维符号的形式垂直张贴在地图上并使其始终面向用户显示。

利用广告牌法功能，可以以要素为基础，进行真实景观状态模拟，如可以设置点为球形，并设置高度。高度设置基于一个数值，与地形高程可以无关，因此可以以点的球形形成一个飘在空中的气球，当然对于气球系线，可以用线图层方式进行设置。这里，三维设置制作景观就取决于想象力和对基本操作的理解和熟悉。广告牌法和三维地形示例如图 13-19 所示。

3. 三维数据

三维显示以三维数据为基础。对于矢量数据，数据图形在平面坐标基础上，还应有表示第三维的数据，一般是 z 值。z 值可以是在数据坐标中，也可以存在于数据表中，一般作为一个属性字段。

图形的第三维值一般指地形高程，也可以是非高程的其他属性如降雨量、温度、污染轻度等，总之，只要第三维是数值，都可以用来制作三维，至于三维形态的解释

图 13-19　广告牌法和三维地形

就是具体的专业问题。

　　GIS 的另一数据类型是栅格数据，栅格数据本身具备三维特征，以栅格位置作为平面位置，以栅格值为第三维值。

13.4.2　三维设置

　　在 GIS 三维环境提供了三维制作环境和功能。三维设置包括高程设置和夸张，要素拉伸，三维符号选择和设置等。

1. 地形设置

　　地形数据具有三维特征，在三维环境中，需要通过设置来实现三维显示形态，而其他的非地形图层没有高程信息，在三维显示中需要借助地形高程来实现三维化显示。需要强调的是，三维显示中需要第三维坐标信息，这个信息可以是图形本身具备的，也可以是属性记录内容。同时，非地形图层的第三维信息也可以用来进行三维显示，如坡度、污染强度等，但是若要从地形三维角度表达图层信息，则需要一地形高程为基础。

2. 基底设置

　　在应用中，对于非地形的栅格或矢量数据，无论是否有第三维信息，可以以地形作为显示基础。例如，把坡度图、遥感图像进行地形设置，形成地形化的图层显示特征（图 13-20）。每个叠加图层将指定独立于其他图层的高程数据源。

　　高程源图层用于为其他图层提供基本高度。高程数据源的示例包括单波段 DEM 栅格、TIN 和 terrain 数据集。

　　叠加图层可将其他图层用作高程源。对图层进行叠加以在 3D 表面上显示。例如，可在山顶上叠加航空照片及其关联的要素。

3. 拉伸

　　除过以地形为三维设置基础外，还可以对一些要素进行拉伸。所谓拉伸就是设置该要素的三维伸展形态，例如，把地面上的一个点在高度方向伸长，可以成为一条竖

图 13-20　图像三维显示

线，若设置尺寸，可以成为一根立柱，而把点赋以圆球符号再提高到一定的离地高度，就可以看作是一只飘在空中的气球。

　　浮动图层用于显示未放置在高程表面上的栅格或要素。浮动图层的示例包括地下或地上公用设施、飞机和云彩。浮动图层可以独立于任何表面进行绘制，并可从常量值或表达式中获取高度信息，或使用存储在要素图层几何内的 z 值。几何中没有 z 值的浮动图层最初以零高度值进行显示。

4. 图像三维设置

　　图像作为三维数据，其栅格值是地物特征值，而作为三维显示，需要的是地形数据。在 GIS 中，可以为图像选择三维地形高程数据形成三维景观。因此，对于图像三维显示，需要选择相应的地形面数据作为高程依据（图 13-21）。

图 13-21　图像拉伸

13.4.3　三维动画

　　动画是对一个对象（如一个图层）或一组对象（如多个图层）的属性变化的可视

化展现。通过对动作进行存储，并在需要时重新播放。动画使文档变得生动起来。借助动画，可以对视角的变化、文档属性的变更和地理移动进行可视化处理。使用动画可以了解数据随时间而变化的情况，并可自动完成只能通过视觉动态效果查看的点的运动演示。

1. 关键帧捕捉

动画是一系列静止画面的快速转换在视觉感知中形成的动态变化场景，在动画制作中，选择一些典型的静止画面作为场景节点，这些静止画面称为关键帧，动画放映过程通过程序控制，因此，动画制作的关键是选择关键帧。关键帧采用相机捕获功能获取。

在 GIS 的三维显示环境中，如果要以动画形式呈现对象属性，则必须创建动画轨迹并将其绑定到对象。轨迹由一组关键帧构成。关键帧是动画的基本结构单元。各关键帧即是对象属性（例如应用到图层的透明度值或照相机角度）在动画中某个位置的快照。在一个轨迹中需要两个或更多关键帧，以创建出能够显示变化的动画。

可以使用"创建动画关键帧"为以下轨迹创建关键帧：

（1）照相机轨迹，其中的照相机视角在表面上方移动。

（2）地图视图轨迹，其中的视图在 2D 空间上方移动。

（3）图层轨迹，其中的图层可见性或透明度在每个关键帧中发生变化。

（4）时间轨迹，在其中根据关键帧之间的时间间隔设置，更新显示时间以显示启用时间的数据的各个时间戳。

（5）场景轨迹，其中场景的背景或垂直夸大值在每个关键帧中发生变化。

2. 线路动画轨迹

除可以使用"创建动画关键帧"对话框之外，还可以使用"动画"工具条中的其他选项创建关键帧。对于"照相机"轨迹，可以执行以下操作：

（1）使用"捕获视图"工具捕获视图。

（2）使用"动画控制"对话框中的"记录"工具来记录操作。

（3）使用"根据路径创建飞行动画"工具根据路径创建照相机飞行动画。

对于图层轨迹，可以执行以下操作：

（1）使用"沿路径移动图层"工具沿路径移动图层。

（2）使用"创建组动画"工具创建组动画。

使用"动画管理器"对轨迹和关键帧进行编辑，并安排动画中的轨迹之间的交互方式。

3. 保存、导出及共享动画

动画可以保存在应用程序文档中，例如地图文档；可以保存为独立的动画文档；或导出到"音频视频交错格式"或电影文件中。可以通过交换应用程序文档、互换动画文件或分发视频文件的方式共享动画。将共享的文档和动画配合使用，以便演示某个特定点。可以将独立的文档动画文件用作模板，以供他人在此基础上构建动画，或将其用作通用动画，以便与各种数据配合使用。共享图片清晰、内容详尽的动画的 .avi 或 .mov 文件，以便在需要快速演示只能通过动态方式显示的问题时，面向各种类型的目标人群播放这些动画。

13.4.4　三维显示

三维显示有静态的和动态的，静态的由交互工具控制，包括缩放，平移，旋转，动态的由飞鸟观察等方式。

1. 鸟飞显示

对于三维图形的观察，可以进行放大、缩小、平移、旋转等方式，这种方式具有飞鸟观察的类似特征，由此定义为鸟飞观察。鸟飞（鹰眼）观察是模仿鸟在空中飞行时对地面的观察，对于鸟飞观察，用光标控制飞鸟位置。三维显示状况如图 13-22 所示。

图 13-22　三维显示

2. 导航

导航就是提供鼠标对三维地图选择观察的一种操作方式，这是一种交互观察方式，通过工具进行缩放、平移等观察。

3. 中心观察点

对于一些特殊点位的观察，可以设定观察点，场景自动以其为中心展示三维场景。

4. 红蓝眼镜

一般的三维显示是在二维平面模拟三维，真三维是通过某些方法和手段，提供拟真三维场景，3D 电影是一种真三维，在 GIS 中，对三维提供了一种拟真观察。其中红蓝眼镜就是一种真三维观察方式。

红蓝眼镜是一种滤光装置，在三维制作中，分别用红色和蓝色制作三维的两个场景，这两个场景依据观察原理，有一定的场景重叠，提供红蓝眼镜，对观察的一只眼镜过滤红光，另一只过滤蓝光，形成两只眼镜观察场景的不同角度，在视觉直觉中合成三维立体景观。

5. 立体像对

人的视觉立体观察是左右眼观察不同的场景，通过意识合成形成三维直觉的结果，立体像对就是提供这种场景（图 13-23）。

图 13-23　像对方式立体观察

13.5　时态数据制图

时态数据是表示某个时间点的状态的数据，如 1990 年一个城市的土地利用模式或 2009 年 7 月 1 日某一区域的总降雨量。通过收集时态数据可分析天气模式和其他环境变量、监视交通状况、研究人口统计趋势等。可从许多来源获取时态数据，从手动输入的数据到使用观测传感器收集或模拟模型生成的数据，均可作为来源。

13.5.1　存储时态数据

在 GIS 中，可以使用各种不同格式（如要素类、镶嵌数据集、栅格目录等）来存储和管理时态数据。选择哪种格式取决于时态数据的属性以及希望如何显示时态数据。

1. 关于时态图

时态图是以时态数据为基础制作的图层，这些图层反映事件的时间和空间变化形态和过程，长期的如地质变化、中短期的如城市扩张过程和大气环流变化等，图 13-24 是一些关于时态的事例。

对于时态数据，通过不同的数据格式来存储时态数据，表现不同的状态或过程。

（1）移动要素——显示海洋哺乳动物或其他生物的点位置，以便了解它们的运动模式。

（2）更改要素的大小或形状——了解每个城市的人口增长或了解宗地边界的变化。

（3）更改要素的颜色——根据图层符号系统的颜色变化，了解疾病致死率的增长方式。

（4）数据检查变化——观测海洋温度变化或观测天气模式。

（5）图表中随时间变化的图——检查不同地点的臭氧含量或水压变化。

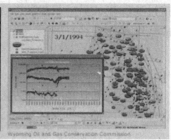

图 13-24　时态图层

2. 存储时间值

数据的时间值可用固定或不固定的时间间隔内的某个采样时间点来表示。这些时间值存储在单独的属性字段中，并可用于在时间线上的某些特定时间点来显示时态数据。例如，在固定间隔内的不同时间点上采集流量数据。闪电或地震数据取决于特定的闪电风暴或地震发生的时间，因此以不固定的间隔进行采集。

时间值还能代表一段持续时间，例如当某个特定事件在一段时间内持续发生时。在这种情况下，时间值将存储在两个字段中，一个字段代表事件的开始时间，一个字段代表事件的结束时间。例如，表示火范围的面要素具有开始和结束时间，分别取决于火势的开始时间和结束时间。这些时间值可以存储在日期字段、字符串字段或数值字段中。

3. 要素图层

对于要素图层，可用下述两种方式随时间推移显示要素：

（1）每个要素的形状和位置保持不变，但属性值可随时间推移而发生变化。

（2）每个要素的形状和位置随时间的推移而发生变化。

形状或位置会随时间推移而发生变化的要素必须存储为独立的要素。例如，对于随时间推移而可视化的飓风轨迹，如果用点要素来表示飓风在特定时间所处的位置，则必须将点要素存储为单独的要素。

形状或位置不发生变化的要素也可以在表中表示为独立的要素。例如，每个城市的人口值。每个城市可由多个要素表示。表示同一城市的每个要素包含相同位置在每个日期的不同人口值。但是，如果同一个静态要素对应于多个时间戳，则可使用一对多连接，也就是将空间信息存储在基表中，而将重复信息存储在单独的表中。

如果每个要素的形状都会随时间变化，则在表中以单独的要素来表示这些要素，例如，火势蔓延。每种火势均由属性表中的多个要素表示。每个要素均具有不同的日期。

4. 镶嵌数据集

镶嵌数据集可用于存储表示随时间推移而发生的变化的栅格。例如，镶嵌数据集可包含表示土地利用随时间变化的航空影像，可随时间推移而进行可视化。与要素图层相同，需要在镶嵌数据集的属性表中包含一个时间字段，用来指示每个栅格的有效时间。与要素图层类似，可在镶嵌数据集图层属性对话框的时间选项卡中启用时间。

5. 栅格目录图层

栅格目录可用于存储表示随时间推移而发生的变化的栅格。例如，表示海洋温度随时间变化的栅格可存储在栅格目录中。与要素图层相同，需要在栅格目录属性表中包含一个时间字段，用来指示每个栅格的有效时间。

将栅格目录以图层形式添加到应用程序时，如果栅格目录中存在九个以上的栅格，则该图层将以用来表示每个栅格边界的线框来进行绘制。无需在栅格目录图层属性对话框的显示选项卡中更改此默认设置，因为只要使用时间滑块，就会看到目录中每一行的实际数据都形象地显示进展情况。

6. 表

通过对图表进行可视化，可以显示随时间推移存储在表中的数据的变化。支持的表包括 dBASE 表；个人地理数据库、文件地理数据库和 ArcSDE 地理数据库中的地理数据库表等。

要在图表中可视化的表至少需要包含以下两个字段：包含时间值的字段，以及其值要作为生成动画时的依据的字段（例如，温度）。如果图表中包含多个要随时间可视化的实体（例如，多个气象站），则可将图表中的 ID 值与随时间可视化的值一同绘制。

7. 包含流量数据的网络数据集图层

通过扩展模块，可使用历史流量信息来构建在网络元素上行驶的动态成本模型。这样，预期的行驶时间和到达时间将更加可靠；由于路线基于历史行驶时间，因此路线可能是更快的路线。

默认情况下，在网络数据集图层上配置的历史流量数据是启用时间的数据，并且可用于通过时间滑块观察行驶时间的变化。

8. 视频图层

扩展模块用于可视化视频图层。视频图层可用于显示具有地理位置的视频。此类视频的一些示例如交通摄像头、大范围天气数据、显示冲浪条件的网络摄像头、随时间变化的 GIS 分析结果以及来自航空照相机的信息。此类内容可在所处的相应地理环境中显示为视频图层。

像很多其他 GIS 数据源一样，视频图层通常也具有时态分量。即，视频在时间上具有位置和范围。可以在"图层属性"对话框的"时间"选项卡上定义视频图层的时间属性，包括视频的开始时间、持续时间以及时区等信息。这样便可为差异非常大的视频源定义时间，例如，实时监控摄像头视频，持续一整天的延时天气模式视频，甚至持续数千年的模拟地质视频。

13.5.2 时态制图

虽然把时态制图列在 GIS 制图内容，但时态制图的本质是表现事件的时空变化过程。当然这个制作也属于制图，但不强调界面布局和绘制输出。

1. 时态数据

通常，时态数据存储在属性表或独立表的列或字段中。例如，人口普查数据使时间显示在各列中。可以重新格式化将时间存储在独立列中的表，以显示数据随时间发生的变化。

通常使时间显示在属性表的各列中，例如，每个县在 1990、1991、1992 年的医疗成本等，见表 13-1。

表 13-1　时间序列的一般属性表达

OBJECTID*	Shape*	Shape_Length	Shape_Area	STATE_NAME	Y1980	Y1981	Y1982	Y1983
1	面	17.237647	12.897167	Alabama	106	105	115	129
2	面	407.571028	277.524118	Alaska	20	22	22	25
3	面	23.257265	28.859093	Arizona	0	0	0	0
4	面	20.877157	13.517466	Arkansas	109	115	111	117
5	面	42.260167	41.533613	California	539	706	697	707
6	面	22.025629	28.0416	Colorado	101	113	122	136
7	面	5.722455	1.392525	Connecticut	180	215	245	274

要显示此数据随时间发生的变化，必须重新格式化该表。"转置字段"工具可用于将字段重新格式化为行格式，见表 13-2。

表 13-2　重新格式化将时间存储在独立列中的表

OBJECTID*	SHAPE*	SHAPE_Length	SHAPE_Area	Name	Time_	Expense
1	面	17.237645	12.897165	Alabama	1980	106
2	面	407.57095	277.52409	Alaska	1980	20
3	面	23.257266	28.859101	Arizona	1980	0
4	面	20.877127	13.517461	Arkansas	1980	109
5	面	42.260156	41.533616	California	1980	539
6	面	22.025622	28.041602	Colorado	1980	101

为了更好地管理数据以及避免数据冗余，通常都将时态数据存储在不同的表中。这尤其适合地理位置不随时间发生变化的数据。例如，可将在不同时间采集的溪流数据存储在不同的表中，其中一个表包含流量计的地理位置，而另一个表包含不同时间的流量计记录的排水量值，见表 13-3。

表 13-3　流量计位置与排水量

泵站类

OBJECTID*	SHAPE*	StationID
1	点	43
2	点	55
3	点	21
4	点	15
5	点	30

临时表

OBJECTID*	StationID	Date_1	Temp
1	43	1/1/2000	50
2	43	1/1/2001	53
3	43	1/1/2002	49
4	43	1/1/2003	58
5	43	1/1/2004	55
6	55	1/1/2000	65
7	55	1/1/2001	70
8	55	1/1/2002	72
9	55	1/1/2003	69
10	55	1/1/2004	75
11	21	1/1/2000	40
12	21	1/1/2001	42
13	21	1/1/2002	45
14	21	1/1/2003	41
15	21	1/1/2004	43
16	15	1/1/2000	80
17	15	1/1/2001	82
18	15	1/1/2002	80
19	15	1/1/2003	85

2. 对数据启用时间

添加时态数据集后，必须先设置其时间属性，才能在 GIS 中使用时间滑块来显示随时间变化的数据。通过在图层属性对话框中的时间选项卡上选中在此图层中启用时间，即可在该图层中启用时间属性。

通过时间偏移要素，可使用相对于实际记录数据的时间值偏移的时间值，来显示已启用时间的数据集中的数据。对数据应用时间偏移不会影响存储在其源数据中的日期和时间信息。它仅影响时间滑块显示数据的方式，从而使数据在显示时就好像发生在另一个时间一样。

假设有两个时间段的数据需要并排比较。把两组数据视为同时发生并进行回放的做法就十分有用。这样有助于发现数据集的相似规律或不同之处。例如，要比较连续两年的飓风季节，可以向来自第一个飓风季节的数据应用一年的时间偏移。然后同时回放两个飓风季节的数据，就如同它们是在同一年发生的一样。这样可以找出两年间飓风所发生的时间和地点规律（图 13-25）。

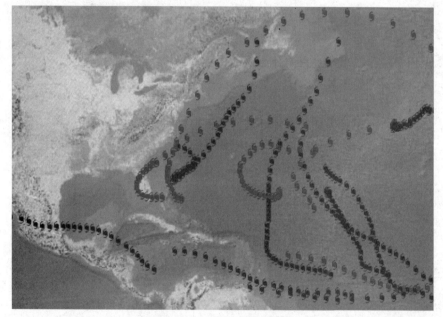

图 13-25　飓风移动线路

3. 在图表中显示时态数据

基于数据（图层或表）创建图表后，只要对数据启用时间，便可显示图表或基础数据随时间产生的变化。

有许多图表类型（例如，条形图、折线图、面积图以及散点图）都可用于显示时态数据。使用哪种图表类型取决于具体的数据以及想要如何显示随时间变化的数据。

图 13-26 为用表数据制作的柱状图。

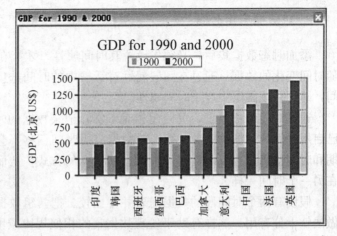

国家	GDP_1990	GDP_2000
巴西	463	602
加拿大	537	717
中国	412	1079
法国	1092	1310
印度	272	465
意大利	907	1075
墨西哥	413	581
韩国	288	512
西班牙	437	562
英国	1136	1442

图 13-26 用表数据制作的柱状图

思考题

1. 地图制图的基本要素和内容有哪些?

2. 什么是页面布局?

3. 地图册制作原理和过程是什么?

4. 三维符号有哪些类型?

5. 三维显示的方式有哪些?

6. 三维制作的图层要素和各种要素的三维设置方法有哪些?

7. 时态数据的表达方法和应用方式有哪些?

14

地理信息模型

解决特定的专业问题，需要特定的数据和对数据的特定处理方法。把这些数据及其处理组织成为一个专题数据处理序列的操作过程，称为模型。地理信息模型用于扩展 GIS 应用和提高 GIS 功能。对于应用 GIS，模型构建成为专题应用的基本需要。

14.1 地理信息模型问题

在 GIS 中，一个数据图层可以做不同的处理，横向的可以通过不同的处理生成不同的结果，纵向的对于一个处理结果再处理。如 DEM 可以进行地形分析、水文分析，对于坡度分析还需要分级。对于水文分析，需要的数据处理序列还要添加相应的专业方法，这些通过模型来解决。

14.1.1 什么是地理信息模型

地理信息分析经常涉及多个要素以及对要素的处理方法，采用模型方法，一方面可以弥补 GIS 技术直接提供的功能的不足，另一方面提高解决问题的能力和效率。

1. 模型

模型是对于现实世界的事物、现象、过程或系统的简化描述，或其部分属性的模仿。在一般的意义下是指模仿实物或设计中的构造物的形状制成的雏型，其大小可以分为缩小型、实物型和放大型。

环境状况受自然地理条件、社会经济条件和人类活动过程影响，因此可以建立环境与这些条件之间的关系，这就构成一种模型。从数学角度，各种数学公式可以看做一种模型，因此，从数学角度，模型就是函数与关联因子之间的关系。这是一般的模型概念。在这里，一般并不涉及数据处理的具体过程。

2. 地理信息模型

地理信息模型是一种数据处理操作模型，主要由输入数据，数据处理方法和工具构成。在 GIS 中，地理信息模型有两种，一种是一般意义上的模型，如最小二乘法、引力模型等，另有一种是数据操作模型，即对于特定的数据，通过特定的操作处理序列，得到某种专业应用结果。

3. 数据处理模型

对于一个具体的应用，涉及一系列数据处理过程，对这些数据处理过程进行组织，形成一种特定应用的数据处理方法和过程。应用 GIS，经常涉及多步分析或数据处理，如水文汇流量需要在流向进行的基础上进行，而流向图通过 DEM 生成，DEM 通过高程点、等高线等数据生成。

对于水文计算，必须有流向图。流向图用于进行汇水量、流域划分等。但是对于项目设计，却不是需要的。对于很多具体应用，经常有很多中间生成数据，通过模型，可以不存储这些中间数据。

4. 地理信息模型原理

GIS 提供的是单纯的数据处理工具，而专业问题则常常涉及较为复杂的数据处理过程。在 GIS 中，模型构建有一个环境，把数据拖入，把数据处理工具拖入，通过数据与工具连接和设定参数，就可以形成一个特定问题的数据处理模型。这种模型可以在模型界面运行，也可以作为工具条。

14.1.2 地理信息专题模型

当模型作为工具时，可以在 GIS 环境中运行，对于 python 程序，既可以在 GIS 环境这运行，也可以脱离 GIS 环境在 python 环境运行。以 ArcGIS 为例，为 python 提供了 arcpy 模块，可以不启动 ArcGIS 来运行。

1. 通用软件与专用软件

GIS 软件是一种专业工具软件，一般的 GIS 软件是通用型的，通用型即是用来处理一般问题，而在实际应用中，经常面临专业问题，需要更加专业的功能。地理信息模型是协调通用性和专业性的一种方法和手段。

以 ArcGIS 为例，该软件提供许多信息处理和分析工具，如地形坡度分析、太阳辐射分析等，其中有些功能还具有一定的专业深度，如水文分析提供的流向分析、汇流量分析等。但是这些远远不能达到和满足专业的具体需要，以水文专业分析为例，要进行河道断面湿周计算，要进行河道水力坡度计算，甚至要按照专门的贝努利方程进行水文计算，对于交通管理和研究，有一些专门的理论、方法。显然通用软件不能充分满足专题信息处理要求。

专用软件有一些解决专业问题的特定模型，这是通用软件所不具备的，但是某些情况下，可以在通用软件基础上，开发专业问题解决方法。

2. 工具与数据

GIS 中提供了多条数据处理方法，同时还提供了相应的工具条生成的技术和方法。

一种方法是通过模型构建器，通过可视化方法生成模型；另一种方法是用编程方式，GIS 中可以应用 python 进行模型开发。实际上，在 ArcGIS 中，工具的这一部分就是 python 脚本形式，因此，开发的模型可以作为应用工具嵌入工具集，形成专业工具。

14.2　空间问题建模

客观世界是一个极为复杂的体系，其构成要素相互作用相互影响，要了解和认识之，需要进行抽象和简化。模型就是简化的一种方式和表达。通过模型，来认识了解客观世界的结构、特征，通过模型来描述客观世界的过程，进而进行预测发展和变化。在 GIS 中，模型有两种主要类型，一种是制图表达模型，用来表示地表上的对象，另一种是过程模型，用来模拟地表上的过程。

14.2.1　表达模型和过程模型

在 GIS 中通过一组数据图层来创建制图表达模型。对于空间分析，这些数据图层包括栅格数据或要素数据。栅格图层由矩形网格或格网表示，每个图层中的每个位置都由一个具有数据的格网单元表示。各个图层的单元堆叠在彼此上方，以描述每个位置的多个属性。

1. 地理信息模型类型

一般来说，模型是现实的表达。由于真实世界固有的复杂性以及其中的交互作用，模型被创建为一种简化的、易于管理的现实视图。模型帮助了解、描述和预测真实世界中事物的运作。

主要有两类模型，一类是表达模型，用以表示地表上的对象；另一种是过程模型，用来模拟地表上的过程。

2. 表示模型

表达模型试图描述地表上的各种对象。例如，建筑物、河流或森林。在 GIS 中通过一组数据图层来创建表示模型。这些数据图层是栅格数据或要素数据。如图 14-1 所示。

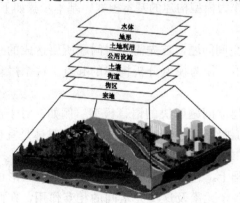

图 14-1　表示模型由数据图层构成

3. 过程模型

过程模型试图对制图表达模型中描述的各个对象之间的交互进行描述。使用空间分析对这些关系进行建模。交互作用有多种不同的类型，空间分析提供了大量可描述这些类型的工具。过程建模有时被称为制图建模。过程模型可用于描述过程，但通常用于预测采取某项行动时将发生的事情。

每个空间分析工具都可以被看做一个过程模型。一些过程模型很简单，而一些则较为复杂。使用地图代数或模型构建器添加逻辑和合并多个过程模型可进一步增加复杂性。

最基本的空间分析操作之一是将两个栅格相加，如图 14-2 所示。

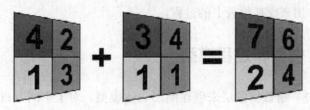

图 14-2　过程模型示例

过程模型应尽可能简单地捕获必需的实际情况以解决问题。可能只需要一步操作或一种工具，但对于复杂模型，有时可能需要数百步操作或数百种工具。

过程模型有多种类型，可解决各种各样的问题，这些类型包括：

（1）适宜性建模——哪里是用于某种用途（如新学校、垃圾填埋场或公园）的最佳位置？

（2）距离建模——哪里是最近的某个受保护濒危物种的栖息地？

（3）水文建模——水从地表向哪个方向流动？

（4）地表建模——区域各个位置的污染等级是多少？

14.2.2　模型构建的一般过程

通常模型构建有一个基本过程，这个过程解释对具体问题进行分析，然后与数据与数据处理建立关联，作为模型构建的基本模式。基本步骤如下：

步骤 1：陈述问题

要用 GIS 解决地理空间问题，首先需要对问题所要达成的总体目标做出明确的陈述。通过陈述使问题明了，作为模型分析构建的起点。这个过程相当于系统分析的信息需求分析过程。

问题陈述可以视为建立问题解决的语言模型。例如，对于退耕还林，问题的陈述就是：把坡度大于 25° 的耕作地块退出，还为林草地，具体是宜林则林、宜草则草。

步骤 2：分解问题

在理解总体目标基础上，还须对问题做进一步的分解，形成一些具体目标以及识别实现具体目标所需的各个元素及这些元素间的相互作用，在此基础上形成制图表达模型。

步骤 3：浏览输入数据

当把问题分解后，需要了解地表上各个对象的空间属性和特性属性以及它们之间的关系（制图表达模型）。了解这些关系就需要浏览数据。GIS 中提供了多种用来浏览数据的工具和机制。其中包括：映射定量数据、图形、报表和"空间分析"工具条。

步骤 4：执行分析

在此阶段，需要确定用于构建总体模型的工具。GIS 空间分析提供了多种可实现此目的的工具。

例如，在发现驼鹿的示例中，可能需要确定一些必需的工具来执行以下操作：选择某些植被类型并确定其加权值、建立房屋和道路的缓冲区，并正确地确定其全部加权值。

步骤 5：验证模型结果

这个阶段需要检查字段中的模型结果。按照对运行结果的分析，针对性的确定更改某些参数以获得更好的结果。

如果创建了多个模型，需确定应使用哪个模型。需要识别最好的模型，这种模型的依据就是是否有一个结果明显好于其他结果，并能够满足的既定目标。

步骤 6：实现结果

一旦在概念上解决了的空间问题，并验证了来自某个最理想模型的结果能够满足的初始预期，接下来就可以实现结果了。例如，当游览驼鹿最有可能出现的位置时，确实看到驼鹿了吗？

很多时候，会存在一些冲突的具体目标和评估标准，在就结果达成一致前，需要先解决这些冲突内容。

14.3　模型构建器

ArcGIS 提供模型构建的环境，称为"模型构建器"，它的工具箱提供了一系列可对模型构建提供支持的工具，但这种工具仅限在"模型构建器"（而非 Python 脚本）中使用。

14.3.1　使用模型构建器

在"模型构建器"中，可以使用工具箱中的迭代器实现整个模型或仅个别过程的迭代。迭代是指重复某个过程，有时又称为循环。在大多数编程语言中，迭代是一个重要的概念。进行迭代时，同一个过程将反复执行并且每次迭代所使用的数据并不相同。

1. 模型构建器

模型构建器是一个用来创建、编辑和管理模型的应用程序。模型是将一系列地理处理工具联接在一起的工作流，它将其中一个工具的输出作为另一个工具的输入。也可以将模型构建器看成是用于构建工作流的可视化编程语言。

2. 数据选择

模型本质是对数据进行的处理，因此在模型构建中，需要指定数据。可以从界面加载的数据中拖入，也可以在数据文件中进行数据选取。

对于确定的数据选择，模型的通用性要差，因为每次运行针对选定的数据或者在模型构建器中重新选择数据。这相当于一定程度的模型重建。为此，系统提供了运行时选择数据的机制，使模型运行更加灵活。

3. 工具选择

在数据选择的基础上就是选择工具。工具可以是工具箱中存在的工具，也可以是用户建立的工具。其实对于模型，从工具角度，本身可以作为一个工具条。而专门的工具条开发需要用到脚本语言。实际上，系统工具箱的一些工具条就是用脚本开发的。

工具选取通过从工具箱拖入方式。对于工具进行的数据处理，伴随一个输出结果，因此在拖入的工具条中链接一个输出数据框。

4. 模型构建器提供的语法

可视化编程方便但功能并不简单，一些编程的语句也可以通过选择和设置加入，例如，对于分支、判断和循环，都可以在模型构建其中实现。除迭代器外，"模型构建器"中还包含一组名为"仅模型工具"的支持工具。

迭代和循环工具的使用方法，如图 14-3 所示，其中 For 迭代器对从 500 到 2000 的值执行迭代，增量为 500。For 的输出用作缓冲工具中缓冲距离的参数，并以行内变量替换的形式用于输出名称。

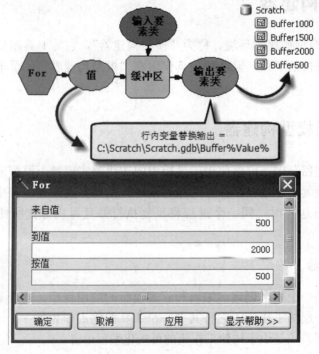

图 14-3　选择模型参数

5. 模型编译运行

可视化编程实质分为前台和后端，前台提供简单直观的图形操作，由于只能是规范的动作，因此对于模型构建的动作，模型构建器转换为程序语句在后台记录成为程序。由于模型构建过程可能出现预想不到的错误，造成模型不能运行。因此，对于构建的模型，还需进行错误检测，为了提高模型运行效率，还要对模型进行编译。

14.3.2　模型构建器和地理处理

地理处理是对地图数据进行的处理，由于地理处理的专业性和专题性，处理过程可能需要构建模型。模型是一种编程方式。

1. 地理处理

地理处理是 GIS 的一个程序化数据处理模块。地理处理适用于各类使用 GIS 使用者。无论是一位初学者或是专家，地理处理都将成为日常使用 GIS 的重要组成部分。

地理处理的基本目的在于能够自动执行 GIS 任务以及执行空间分析和建模任务。几乎 GIS 的所有使用情况都会涉及重复的工作，因此需要创建可自动执行、记录及共享多步骤过程（即工作流）的方法。地理处理通过提供一组丰富的工具和机制来实现工作流的自动化操作，这些工具和机制能够使用模型和脚本将一系列的工具和一组按顺序的操作结合在一起。

执行自动操作的任务可以是普通任务，例如，将大量数据从一种格式转换为另一种格式。或者也可以是很有创造性的任务，这些任务使用一序列操作来对复杂的空间关系进行建模和分析，例如，通过交通网计算最佳路径、预测火势路径、分析和寻找犯罪地点的模式、预测哪些地区容易发生山体滑坡或预测暴雨事件造成的洪水影响。

地理处理以数据变换的框架为基础。典型的地理处理工具在数据集（如要素类、栅格或表）中执行操作，并最终生成一个新数据集。每个地理处理工具都用于对地理数据执行一种非常重要的小操作，例如将数据集从一个地图投影中投影到另一个地图投影中、向表中添加字段或在要素周围创建缓冲区。

2. 地理处理的模型化

在地理处理框架中，通过模型构建器可将地理处理语言中的各个要素（工具）按顺序连接在一起从而轻松快捷地将想法转变为软件。意识到模型属于软件这一点非常重要，因为它们可以指示计算机执行某些任务。其编程语言是可视化的（如在模型构建器中所见），而不像传统编程语言那样是基于文本的。

这里最需要注意的是：模型是工具。它们的行为同系统中其他工具一模一样。可在对话框窗口或 Python 窗口中执行它们。由于模型是工具，因此模型可以嵌套使用。

模型的复杂程度可自行决定。模型中可使用任何系统工具或自定义工具，也可以使用已经写入的其他模型（因为模型即为工具）。还可以通过使用循环和条件来控制模型的逻辑流。

模型完全可以既极其简单又非常高效。可以创建一个模型，使其包含一个单个工具但仅嵌入该工具的某些参数。例如，缓冲区工具共包含六个参数，但清楚，对于当前的这组任务，这些参数中的三个参数将始终不变。为了避免每次执行缓冲区工具时都填写这些参数，可以快速创建一个模型并设置这三个参数，然后将此模型保存为"我的缓冲区"工具，这样一来，仅使用此工具的对话框即可，无需使用缓冲区对话框。使用了"我的缓冲区"工具几次之后便可能需要将其删除，但由于该工具创建方便快捷并能提高效率，因此值得一试。

3. Python 语言

Python 是一种功能强大、跨平台的开源编程语言，它功能强大且简单易学。因而得到了广泛应用和支持。ArcGIS 将其作为支撑语言，可以在软件中直接运行，也可以在 python 环境中运行，处理 GIS 数据。

Python 被视为可供地理处理用户选择的脚本语言并得以不断发展。每个版本都进一步增强了 Python 体验，从而为提供更多的功能以及更丰富、更友好的 Python 体验。

ESRI 已将 Python 完全纳入 ArcGIS 中，并将其视为可满足应用需求的语言。Python的部分优势是：

（1）易于学习，非常适合初学者，也特别适合专家使用。

（2）可伸缩程度高，适于大型项目或小型的一次性程序（称为脚本）。

（3）可移植，跨平台。

（4）可嵌入（使 ArcGIS 可脚本化）。

（5）稳定成熟。

（6）用户规模大。

4. 脚本编程

还可使用脚本语言来创建新的实用软件。使用脚本语言的程序即是脚本。在软件编程领域中，语言可基本分为两类：系统语言和脚本语言。系统语言是诸如 C＋＋和 . NET 一类的语言，用于通过计算机的低级图元和原始资源从头开始创建应用程序。脚本语言（例如 Python 和 Perl）用于将多个应用程序组合到一起，该语言使用计算机内置的高级功能并且回避了系统语言编程程序必须处理的具体细节。与系统语言相比，脚本语言更加易学易用，对编程有基本的了解便足以很好地使用它们。

在地理处理框架中，脚本与模型相类似，因为它们都可用来创建新工具。模型是使用可视化编程语言创建的；而脚本是使用基于文本的语言和文本编辑器创建的。

和模型一样，脚本也是工具。可使用分布向导来将脚本引入至自定义工具箱中，然后该脚本就会成为可在模型或其他脚本中使用的另一个工具。系统工具中有多个都是脚本。从技术角度而言，可以编写一个脚本但不将其引入工具箱；此时，该脚本便不属于工具，而仅是磁盘上的一个独立脚本。

14.4 模型示例

地理信息模型不仅是信息处理的一种组织方式，同时作为一种专业应用开发的技术。对于一般的 GIS 软件，不提供多少专业问题解决工具和方法，而通过模型构建，可以形成用户的专业工具集。本节列示一些地理信息模型示例。

14.4.1　视觉景观安全格局

视觉景观安全是城乡规划的一项内容。这项规划就是在规划范围内的某些点位或区域进行空间景观观察，确定可见范围和不可见范围，对于可见范围进行建设会影响视觉景观。由于视觉感受的距离问题，把开始范围按距离划分为不同的安全等级区域，形成视觉安全景观格局识别与划分问题。

1. 视觉景观

研究生态安全格局的最重要的生态学理论支持是景观生态学，而将现代景观生态学理论创造性地与现代城乡规划、城市设计理论与实践相结合，则是生态安全格局的难点，也是生态规划的要点所在。

生态安全格局的研究离不开景观生态学的学术成果。长期以来传统的生态学缺乏把空间格局、生态学过程和尺度结合起来进行研究的思路和内容，而这一点正为景观生态学所擅长。欧洲的景观生态学理论强调土地和景观规划、管理等诸多内容，而北美的生态学理论则强调空间格局、过程、与尺度的研究，它们的结合形成了现代景观生态学鲜明的可应用价值，从而为我国的生态规划提供了重要理论与实践依据。

视觉景观是关于对景观进行观察方面的一个主题。对于视觉景观安全，直观上可以这样理解，在一个拟定的开发建设区域，需要保持一些特定点位或区域的视觉景观，由于地形的起伏，形成在观察点观察的区域范围的可见与不可见状况。对于看见区域的开发建设会影响自然景观，据此需要分析视觉安全格局。

2. 观测点

视点、视域分析多用于景观规划中，景观的视线分析是景观规划设计中的重要内容。在景观规划中，经常需要判断从某观景点能否看到另一景点，中间有没有遮挡，被什么遮挡，而在三维地表面的基础上，利用 GIS 的"创建通视线"工具，沿着观景点和景点绘一条代表视线的直线，快速地计算出沿着这条视线，哪些地表面能被看到，哪些不能被看到。

对于视觉景观，则需要分析视域，即在观测点上观测的可见或不可见区域。

3. 视觉安全格局

把视觉景观安全规划作为一个规划主题，应用系统分析的结构化方法，首先确定这项规划的成果产出要求为：规划区域的视觉景观安全等级分区图以及有关的统计信息。产出成果需要有基本的信息输入，对输入信息进行加工，生成视觉景观安全格局规划图。

从 GIS 的信息处理功能方面，视觉景观安全的地理信息分解是：需要的数据包括区域观察点（点图）或观察范围（多边形图），三维地形面，视觉安全的等级距离。数据处理的方法包括视域分析和缓冲分析。数据处理的流程是：用三维地形面和特定观察点或范围作为输入数据，进行视域分析，形成视域图，分别规划范围的可见区域与不可见区域；再用视域图和视觉安全指标进行缓冲分析，形成观察范围不同距离的可见区域，即视觉安全分区图，作为视觉景观安全等级分区，分区类型分别为高危险区，中危险区，低危险区。

4. 视觉安全模型

视觉景观安全等级分区地理信息，包括分区图和属性数据，属性数据可以用于统计，如分安全的等级的地块数量、面积。视觉景观安全规划的 GIS 数据处理流程如图 14-4 所示，这个流程实际是一种可视化模型。

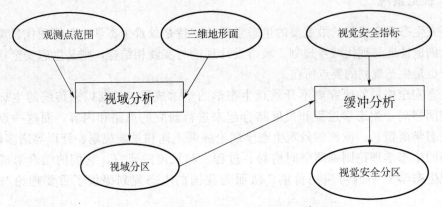

图 14-4　视觉景观安全规划地理信息处理流程

这个数据处理流程建立在数据和数据处理功能的基础上，其中 GIS 软件提供了视域分析功能和缓冲分析功能。

如果从最基本的数据处理角度，三维地形面是用地形高程数据（高程点、等高线）生成的，这个过程可以加入到流程图 14-4 中，就构成了从最基本数据到规划成果的数据生成流程。

14.4.2　可见区与安全等级

景观规划时需要分析人在一定的活动范围内可以看到的视域边界的范围，及在视域范围内各个区域被看到的频率，从而确定出重点景观。形成景观重点区域，或者保护区域。还可以限制活动区域，避免不良景观。

1. 安全等级指标

对于视觉景观，根据人眼的视觉生理构造：在距离 450m 处，是能看清人活动的极限距离，在此距离之外观察文物保护建筑，能使游客产生一种开阔的感觉；在距离 1200m 处，是人能够辨别景物形象的临界值，在此距离以外观察文物保护建筑，能使游客产生一种广袤的感觉。基于此，将视觉景观范围划分为高、中、低生态安全格局，其中高生态安全格局为文物保护单位紫线范围外拓 1200m，中生态安全格局为文物保护单位紫线范围外拓 450m，低生态安全格局为文物保护单位紫线范围 390m。

2. 安全等级划分

通过 GIS 技术中的视点分析功能得到三个观察点的可见区域范围，通过对保护范围、空间感知安全格局及观察可见区域三个因子的分析、叠加、生成历史文化景观安全格局。对于数据处理，通过图 14-4 的模型运行，直接生成结果，如图 14-5 所示。

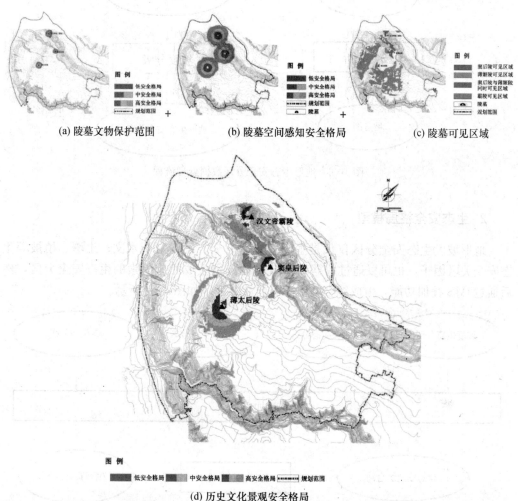

(a) 陵墓文物保护范围　　　　(b) 陵墓空间感知安全格局　　　　(c) 陵墓可见区域

(d) 历史文化景观安全格局

图 14-5　某区域历史文化景观安全格局

14.4.3　生态安全格局

生态安全格局指区域生态安全状况。影响生态安全的因子有地形、土壤、植被、水文等。从地形上，地形坡度陡的区域是生态脆弱区。在规划中需要确定和识别生态安全地块和划分安全等级，用于区域开发决策和生态保护。

1. 地形生态安全分区

以地形坡度的生态安全分析为例，GIS 的数据处理流程是：以三维地形面为输入数据，通过坡度分析生成坡度图；再以坡度图和生态安全的坡度分级指标进行地形生态安全等级划分，生成地形生态安全分区。地形生态安全格局的 GIS 数据处理流程如图 14-6 所示。

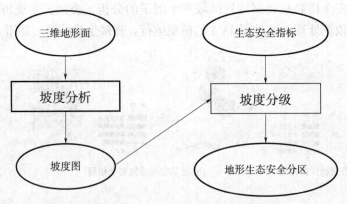

图 14-6　地形生态安全分区数据处理流程

2. 生态安全格局模型

地形坡度生态安全分区仅仅是生态安全的一个方面，对于水文、土壤、植被等生态安全关联因子，也可以通过数据和 GIS 功能分别生成相应因素的生态安全分区，然后通过 GIS 叠加功能，生成综合的生态脆弱性分区，如图 14-7 所示。

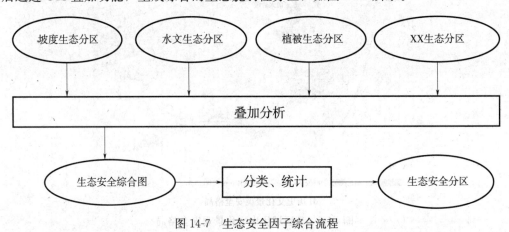

图 14-7　生态安全因子综合流程

城乡规划的地理信息数据处理流程，可以作为用 GIS 进行数据处理的操作过程指导。对于复杂的规划问题，地理信息模型可能很复杂，按照流程进行数据处理，才能有序、无遗，才能生成需要的结果。

3. 河流生态区域保护

河流是重要的生态区域，是与河流有关的动物依存区域。依据动物的活动范围需要，对于修建的道路宽度进行一定控制，使其不成为动物区块范围活动的阻碍。为此，确定河流两侧绿带宽度 30m，能使河流生态系统不受伐木的影响，并能保护鱼类、哺乳动物、爬行和两栖类动物；河流两侧绿带宽度 200m，保护鸟类种群；河流两侧绿带宽度 1200m，能够创造自然化的，物种丰富的景观结构；利用 GIS 技术中的缓冲分析形成河流廊道保护分析图，能够更有效，更科学，更准确的显示河流廊道生态系统保护范围（图 14-8）。

图 14-8　河流廊道保护分析图

4. 水土保持安全格局

根据耕地对土地坡度的适应性评价，高生态安全格局设置为地表坡度 15°以上的区域不作为耕地，中生态安全格局设置为地表坡度 25°以上的区域不作为耕地，低生态安全格局设置为地表坡度 25°以上的区域作为耕地。农田、果园和林地对坡度的适宜性逐渐升高，植被覆盖坡度适宜性分析为农业与林业土地利用提供理性依据。根据以上分析，形成植被坡度适宜性生态安全格局，最后将地表径流分析图进行合理划分形成高中低地表径流生态安全格局，其中高、中、低生态安全格局指标分别为 200m，60m，23m，使其与耕地保护生态安全格局两个生态因子叠加，生成水土保持安全格局。

对于模型构建，在 GIS 中，模型都可以形成工具，建立专业模型，需要注意的是，模型不能太复杂，否则会导致灵活性不够，应用价值不高。例如，一个模型包括从高程点、等高线、境界等各种因素生成 ANUDEM，然后再进行地形分析、水文分析、景观分析等，但是对于一些应用，不需要的结果也被纳入，并且系统运行效率降低。

思考题

1. 什么是地理信息模型？
2. 空间问题建模的基本步骤有哪些？
3. 对地理信息模型的应用意义的认识。
4. 视觉安全格局的要素和分析方法有哪些？
5. 建立城乡规划的一个地理信息模型。

15
应用案例

通过前面的学习，已经掌握了关于 GIS 的一些方法和技术。GIS 的应用方面比较广泛，本章介绍一些案例，每个案例从方法论方面，介绍一些解决问题的独特思路，包括如何把一个抽象问题进行解析，如何进行数据的处理等。

15.1　退耕还林规划

水土流失造成了生态环境恶化，陡坡耕地加剧了坡面水土流失，为了保护和改善生态环境出发，国家实行退耕还林，要求将易造成水土流失的坡耕地有计划，有步骤地停止耕种，进行植树造林或种草，恢复植被，保护和恢复生态环境。退耕还林工程建设包括两个方面的内容：一是坡耕地退耕还林；二是宜林荒山荒地造林。本例着重研究专题的解析。

15.1.1　技术解析

GIS 分析基于数据和数据处理，数据需要适合 GIS 要求，数据处理有专门的工具。对于退耕还林规划，首先需要进行问题分析和解析，确定数据和数据处理工具。

1. 主题解析

对于专业问题，一般是从简单的论述进行数据分析和操作设计。应用 GIS，需要把问题分解为数据和数据处理方法。对于退耕还林，这个分解过程是把语言模型解析为概念模型。

退耕还林语言模型表述是，把陡坡耕地退耕还林还草，保护水土资源。这是政策的表达，落实到具体情况，需要指标化，指标化就是概念模型，退耕还林的具体要求是：把地形坡度大于 25° 的耕作地块退耕还林草，对荒山荒地进行植树造林种草。

2. 数据和方法

通过指标解析，可以转化为 GIS 问题。用 GIS 进行退耕还林规划工作，需要地形坡度图和土地利用现状图。通常坡度图和土地利用图是独立的图层，应用 GIS 技术，需要把两个图层叠加起来，在叠加图上识别具有坡度大于 25°和用地类型为耕地的地块以及荒地地块。

解析数据和方法如下：

条件：坡度＞25°，耕地。

数据：DEM，土地利用现状图。

其中，DEM 可以通过等高线或高程点生成，土地利用图也可以通过遥感图像解译获得。

15.1.2 数据处理

对于退耕还林，一般并没有直接的坡度图，能够获得的可用数据为地形图。对于模拟地图，可以通过扫描矢量化，获得等高线和/或高程点数据，对于电子数据如 cad 数据，可以提取等高线、高程点等。

1. 坡度分级

在 GIS 中，用等高线、高程点数据生成 DEM，用 DEM 生成地形坡度图。生成的地形坡度图是连续栅格，需要进行坡度分级。对于坡耕地，把地形坡度分类为＜25°和＞25°两类。作为退耕还林的坡度依据。

2. 叠加分析

对于土地利用图，若为矢量，还需要把坡度图矢量化。利用 GIS 的栅格矢量化转换功能，把坡度图转换为矢量图，然后进行坡度矢量图与用地图叠加，综合成具有坡度和用地类型的图层，并进行类型的重新划分和识别，即叠加过程按照坡度和用地类型两个指标重新进行地块划分，使生成的地块每一块只有一个确定的坡度类型和用地类型。

3. 识别和统计

对于退耕还林的坡耕地，仅需找出大于 25°的耕地地块，在综合图的属性表中，利用如下查询表达式，可以标志出需要退耕还林的地块：

$$\{坡度＞25°and\ 用地类型\ ==\ 耕地\}$$

具体的操作是新建一个制图字段，把退耕还林地块标记为 1，余标记为 0。对于荒山荒地，在用地类型图中直接提取就可以。对于确定的退耕还林地块，进行面积计算，作为退耕种苗费用计算和粮食补贴的依据。

15.1.3 退耕还林规划的延伸分析

用 GIS 进行退耕还林规划，在基本数据分析处理的基础上，还可以提供更多的信息，包括任务村户分配，项目管理等。

1. 任务的村户分配

在规划的同时，若能获得行政区划图，土地承包户信息，则可以进行退耕还林计划制定。具体就是通过村镇界限图层与退耕还林图叠加，识别出每一个村镇的退耕还林地块，同时进行任务和费用统计。

2. 还林草类型建议

由于林草有对生长环境的特殊要求，如喜阴和喜阳种类以及在地貌的不同部位的种植密度甚至种植技术要求。因此，因地制宜需要考虑环境问题。用 GIS 技术，在 DEM 数据基础上，可以通过坡向分析，生成坡向图，按照阴坡阳坡划分坡向类型，选择植被种类。通过地貌类型分析，可以确定种植要求。如水保林和薪炭林的种植密度就有区别。

3. 规划系统作为管理信息系统

用 GIS 进行退耕还林规划，不但可以提供地图和表格数据，还可以提供计算机数据，在退耕还林项目实施中，可以通过信息系统方式进行项目管理，如进度追踪，责任落实查询等。

15.2　优化选址

选址问题是城乡规划的一个重要方面，选址考虑各种因素、因素间相互关系和协调、各种效益。优化选址能够发挥选址的最大效益，协调各种矛盾。

15.2.1　优化选址问题

城乡规划中许多方面涉及选址问题，如学校选址、商场选址、车站选址等。选址牵涉多种限制和规定以及效益要求，其中许多条件是地理空间的，通过优化选址，使在各种限制条件下，满足各种规定以及效益最大化。

1. 选址问题

从 GIS 角度，选址条件因建设对象而异，不同的建设对象，要求不同，选址条件也不同。对于商场，需要考虑交通便利，在一定距离内覆盖范围人数多，更进一步的是覆盖范围人群的社会经济条件好，商品消费能力强。对于学校，需要与居民居住小区在一定的距离范围内，并且入学学生规模达到某种要求等。另外，对于学校选址，也有不同的条件要求，如对于学校选址，需要考虑用地性质，与城市设施、交通的方便性等。

不同的选址，要求和限制条件不同，根据具体问题，确定选址条件。对于空间问题，尤其要考虑空间条件。从 GIS 角度，不同的选址问题涉及不同的数据，数据处理方法和过程也不同。

2. 选址条件分析

选址问题千差万别，核心是地理空间问题，需要考虑空间条件，这些条件主要有距离，如规划学校离居民地、现有学校的距离；交通，需要交通便利；此外还有人口分布状况等。甚至作为城市设施的医院、商店也可以作为考虑条件。

用地条件需要考虑用地限制和用地要求。前者如不能选择农耕地、林地，后者如地块面积不能小于一定规模。其外还有地质、地形等因素等。

15.2.2　学校选址空间分析

按照条件，新校址应当在人口密集的区域，并且具有一定数量的人口，同时应当离现有学校有一定距离等。据此，利用人口空间分布模型，把分小区调查的人口分布到区域空间，对于离现有学校距离，用现有学校的给定距离作缓冲，形成现有学校的生源吸纳空间，则新建学校应当在现有学校吸纳范围外。

1. 数据派生

数据派生就是对某种数据经过处理，生成应用需要的另一种数据内容，例如从地形高程数据集中派生出"坡度"，从居民地、道路数据派生出距离图，从学校数据集中派生出"距现有学校的距离"图数据。

对于山地地形区域，需要寻找地形相对平坦的区域来建造学校，这就需要将坡度列入考虑范围之内；要查找远离现有学校的位置，必须先计算到学校的"欧氏"（直线）距离。

2. 选址结果与评价

选址结果为空间地块以及待选地块的属性，在此基础上，对选定地址进行评价。评价与选址的区别是针对不同的因素。例如可以考虑交通便利性。这是优化选址的深化，也是辅助决策。图 15-1 是一个优化选中案例。

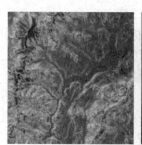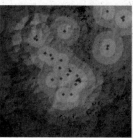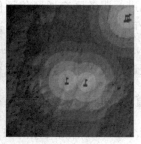

图 15-1　优化选址的地形，人口和现有学校距离分析

3. 优化选址问题的扩展

从具体选址中，考虑不同的要素，导致更确切的选择，例如可以考虑噪音影响、地形条件、建设难度、未来发展前景等。

城乡规划有许多规定指标，如人口数量达到某种规定数量的社区，需要有一所规模为多少人的小学，其外有文化娱乐设施（影剧院、歌厅）、医疗服务设施、治安设施等。在城乡规划中，可以按照相应的指标，进行城市设施状况分析，确定是否需要增加设施，增加多少，增加到什么部位，这是城市总体规划需要的信息。

目前规划采用统计计算方式。而这种分析评价的地理空间信息尤为重要。

15.2.3 交通区位评价

区位分析与评价在规划中是一个定性的、凭经验和知识来评定的，在 GIS 中，可以进行定量化描述。从交通的区位概念上，交通区位的优劣可以表述为交通流能力，这一点可以归结为区域交通密度，对于陆路交通，可以归结为道路密度。在 GIS 中，可以借此进行交通区位分析。

1. 道路密度

以一个城市区域范围的超市选址为例。超市有一定的服务范围，从网络分析角度，可以以服务距离为基础，确定服务区。以服务区为依据，提取内部道路，然后进行道路长度统计，以道路长度与服务区面积之比为服务区道路密度。显然可以认为，区域道路密度大的，交通方便，可提供的物流强度大，因此交通区位优越。

借此，可以在城市超市选址中，选取多个地点，进行交通区位分析，作为交通区位优劣的判断指标。

2. 标准道路密度

道路有等级之分，不同等级的道路，其物流强度有别。条件优越的高等级道路比条件差的低等级道路的交通状况要好。因此，单纯用道路长度计算交通区位仍有缺陷。近一步，可以用标准道路指标计算道路密度。具体可以按照物流能力，确定道路的标准系数，比如，以一级道路为标准，高速路的标准系数大于 1，二级道路的标准系数小于 1 等。这样形成一个区域标准道路度量值，这样的交通区位相应可称为标准交通区位，借此进行服务区交通区位评价。

对于可以比较的多个区位，道路密度的交通区位与标准交通区位会有不同的排序，即道路密度交通区位排序较高的区域，在标准交通区位指标排序中就可能发生变化。用标准交通区位比用道路密度似乎更合理，更能反映区域交通状态。

3. 道路分布均匀性

标准交通区位不能充分反映区域交通空间分布状况。例如，在某个区域，道路集中在某一部位，显然，这样空间分布不均匀的交通状况与均匀分布的交通状况，其交通覆盖服务状况不同。因此，在交通区位分析中，还需要考虑道路在区域的空间分布状况。

道路的区域交通分布可以用空间聚类方式进行分析。对于聚类分析结果，可以作为一个权重值，进行标准区位指标修正。

4. 改善交通区位

对于涉及交通方面的选址问题，交通只是考虑因素的一个方面，对于依据其他要素选定的一个位置，可能比其他区域的交通区位值低。这时，仍然可以在交通规划中，通过计算分析，确定增加道路，提高区域交通密度，作为交通规划的参考。

对于交通区位分析，运用 GIS 技术实现了地理空间化和定量化。另外，这种方法可以作为区位交通评价方法，对于交通规划从道路密度、等级和空间分布状况提供指导。

15.3　太阳辐射

太阳辐射是地面动植物的基本能量来源，太阳辐射强度决定着地面植物生长、气候、环境条件。对于太阳辐射或光照状况的计算，是许多规划问题的基本要求。

15.3.1　太阳辐射建模

太阳辐射与地形、云、空气湿度等状况有着密切关系，通过建立包含这些因素影响的太阳辐射模型，能够计算出到达地面的太阳辐射能量。

1. 太阳辐射问题

从太阳接收到的入射太阳辐射（日照）是推动地球上各种物理过程和生物过程的主要能量来源。了解它对景观尺度的重要性是理解各种自然过程和人类活动的关键。

在景观尺度上，地形是决定日照的空间变化性的一个重要因素。不同位置在高程、方向（坡度和坡向）及地形要素投射的阴影等方面存在的差别，会对接收到的日照量产生影响。这种差异还将随一天和一年中时间的不同而发生变化，从而导致小气候的不同，其中包括空气和土壤温度状况、蒸发量、积雪融化模式、土壤湿度以及可用于光合作用的光等因素。

GIS 技术提供了太阳辐射分析工具，可以针对特定时间段计算太阳对某地理区域的影响，并进行制图和分析。计算考虑大气效应、地点的纬度和高程、陡度（坡度）和罗盘方向（方位）、太阳角度的日变化和季节性变化以及周围地形投射的阴影所带来的影响。生成的输出结果可以轻松地与其他 GIS 数据集成，从而有助于为物理过程和生物过程建模。太阳辐射包括的内容如图 15-2 所示。

入射太阳辐射（日照）源自太阳，穿过大气层时会发生改变，又将由于地形和表面要素进一步改变，最后在地球表面被拦截成直射部分、散射部分和反射部分。拦截的直接辐射是源自阳光的畅通无阻的直光线；散射辐射则被

图 15-2　太阳辐射原理

大气中的云和尘埃等成分分散；反射辐射经过表面要素的反射。直接、散射和反射辐射的总和称为太阳辐射总量或整体日辐射量。

通常，直接辐射是辐射总量中最多的部分，而散射辐射则排在第二位。反射辐射通常仅构成辐射总量中很小的一部分，除了周围表面反射能力极强（如积雪）的位置。GIS中的太阳辐射工具在计算辐射总量时将反射辐射排除在外。因此，辐射总量将计算为直接辐射和散射辐射的总和。

2. 太阳辐射模型因子

太阳辐射工具可对某些点位置或整个地理区域执行计算。该操作包括以下四个步骤：

（1）根据地形计算仰视半球视域。

（2）在直射太阳图上叠加视域以便判断直接辐射。

（3）在散射星空图上叠加视域以便判断散射辐射。

（4）对每个感兴趣的位置都重复上述过程便可生成日照图。

由于辐射会受到地形和表面要素的极大影响，因此需要在DEM中为每个位置生成一个仰视半球视域，这是该计算算法的一个重要组成部分。半球视域与仰视半球（鱼眼镜头）相片类似，后者从地面仰望整片天空，就像在天文馆中看到的景象一样。可见天空的大小在决定某位置的日照方面起重要作用。例如，位于开阔地带的传感器就比位于幽深峡谷中的传感器接收到的日照多

入射太阳辐射（日照）源自太阳，穿过大气层时会发生改变，又将由于地形和表面要素进一步改变，最后在地球表面被拦截成直射部分、散射部分和反射部分。

15.3.2 太阳辐射的视域计算

视域是从某特定位置查看天空时，对整个可见或被遮挡天空的栅格制图表达。要计算视域，可先围绕感兴趣的位置在指定数量的方向上进行搜索，然后确定天空遮挡的最大角度或视角。对于所有其他未经搜索的方向，会内插视角值。随后视角将转换到半球坐标系中，从而将方向三维半球表示为一个二维的栅格图像。为视域中的每个栅格像元都指定一个可以表示天空方向是可见还是被遮挡的值。输出像元位置（行和列）分别与方向半球的天顶角 θ（与垂直向上的方向所成的角度）和方位角 α（与北所成的角度）对应。

1. 太阳图

图15.3描绘的是为DEM的某个像元计算视域。沿指定数量的方向计算视角并将其用于创建天空的半球制图表达。生成的视域可描绘出天空方向是可见（显示为白色）还是被遮挡（显示为灰色）。为说明这一理论，视域将与半球相片叠加显示。

来自每个天空方向的直接太阳辐射可通过太阳图计算得出，该太阳图与视域应位于同一半球投影中。太阳图这种栅格制图表达可表示出太阳轨迹，即太阳随一天中的不同时刻以及一年中的不同日期不断变化的明显位置。这类似于仰头观察一段时间内太阳在天空中的位置移动。太阳图由离散的太阳图扇区组成，这些扇区根据一天之中

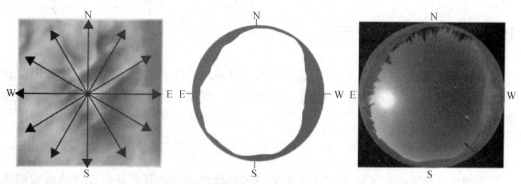

图 15-3　水平角度、生成的视域和映射到天空视图中的视域的插图

（小时）和一年之中（日或月）特定时间间隔处太阳的位置定义。太阳轨迹的计算基于研究区域的纬度和定义各太阳图扇区的时间配置。对于每个太阳图扇区，都会指定唯一标识值及其质心的天顶角和方位角。分别计算每个扇区的太阳辐射，并且计算直接辐射时，视域将叠加在太阳图上。

2. 太阳图计算

图 15-4 是一张北纬 45°的太阳图，计算日期为冬至日（12 月 21 日）到夏至日（6 月 21 日）。每个太阳扇区（彩色框）表示太阳的位置，所用时间间隔为 1/2 小时（一天之中）和月（一年之中）。应当注意的是，该图像与仰视视域位于同一半球投影中。通过一年之中不同日期及一天之中不同时间太阳在天空中的移动情况来表示太阳位置。

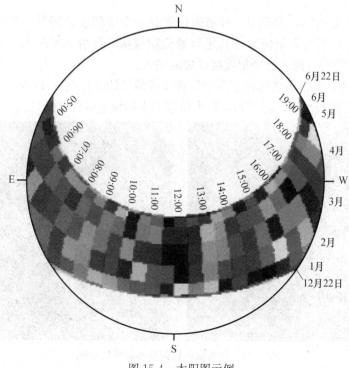

图 15-4　太阳图示例

15.3.3 太阳辐射应用

入射太阳辐射（日照）是地球的物理和生物系统的原动力。了解特定地理位置的日照量对各种领域中的应用（如农业、资源管理、气象，土木工程和生态研究）都很有帮助。

1. 太阳辐射地形分配

万物生长靠太阳，了解某一区域在某一时间段内接受的日照量有助于新滑雪场选址，还有助于为需要特殊小气候条件以达到最佳生长状态的特种作物选择最佳种植位置。此外，经证实，日照地图对于预测森林火灾的动向并确定最佳灭火方法具有非常重要的作用。而对于土木工程和城市规划而言，日照可作为用于选址的适宜性模型的重要输入。

太阳辐射到达地面，受云量影响，受所处地面纬度位置影响，同时还受地形坡度坡向影响。其实纬度和坡度、坡向的影响具有一致性。例如，在某纬度点，南坡5°接受的太阳辐射量相当于纬度南移5°，北坡当于纬度北移相应量，这就造成了辐射量在地面的二次分配情况。

2. 种植园选址

对于一些经济作物，生长期间必须保证足够的辐射量，才能有较好的收获。由于太阳辐射的地形作用，对于葡萄园或樱桃园，要求在作物生长期（4～10月）接受最大量的日照。

基于地形对太阳辐射的分配，种植园位置是一个空间选址问题。对于太阳辐射因素下的空间选址，通过太阳辐射计算进行地面赋值状况评价。实际上，太阳辐射计算在 DEM 基础上进行，因此已经把坡度、坡向纳入。

在图 15-5 中，共沿山坡选择了四个位置（带编号的红色点），以表示可设立葡萄园的地点。要使产量最大化，必须确定哪个位置的太阳辐射量可以满足。

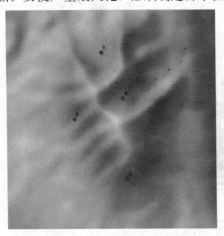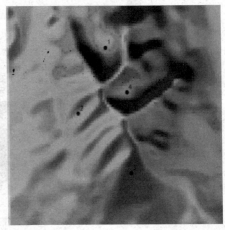

图 15-5　地面太阳辐射分布与种植分析

太阳辐射用于计算太阳辐射到地面的能量，对于种植业规划，通过太阳辐射计算，能够进行种植用地分析和地块辐射状况的种植评价。例如，对于农作物生长期间的能量需求，经过太阳辐射计算来进行分析和判断。对于现有种植空间分布状况的辐射不足地区，在规划中作为需要进行种植调整和用地用途调整，对于设计种植区域，确定适宜种植的地块。

思考题

1. 如何把退耕还林分析结果用于退耕还林项目管理？
2. 绘制两种优化选址的数据处理流程图。
3. 太阳辐射计算结果如何用于特征种植规划和对现有这种状况评价？

GIS 在应用中，还有一些其他方面的需要，包括地理信息分析的理论问题，GIS 的重要应用以及系统定制等。

16.1 地理信息分析

通过前面章节的学习，对于 GIS 的基本概念、理论甚至操作都有了一定程度的了解，认识到 GIS 应用的核心和特征功能是信息分析，接下来的问题就是分析什么？如何分析？怎样着手？从何着手等一系列问题。这些问题实际涉及专业应用问题和地理问题。本节从地理空间角度来介绍关于地理分析问题。

分析从地理事物的特征和规律着手，这也是科学研究的基本理念：研究分析，了解规律。对于一件事物，如果掌握了其规律，就可以运用这个规律解决实际问题。然而，规律的发现并不容易，需要大量的观察、积累和分析，由此，研究特点、特征是研究的重要方面。大量事物有其自身特征，通过研究、分析、了解特征，进而了解规律。

16.1.1 时间分布特征分析

时间分布特征与空间分布特征密切关联，时间维加入分析，可以了解地理事物的空间发展演变过程。

1. 时间分布特征

地理事物空间分布的时间变迁，也是一个重要的地理特征，这种特征表明了地理事物的时空发展、变迁和演化。对于地理事物，时间特征的研究从如下几个方面：

（1）空间范围的扩大或缩小

空间范围的扩大和缩小是一个时间过程，这种变化意味着有某些内在的原因在推动或引导着，这些内在原因正是一个地理特征，了解认识这个原因，就可以通过促进或抑制来控制事物的发展状态和方向。

（2）空间位置的迁移

空间位置迁移表明有一种动力机制在起作用，这也是一个地理特征研究点。据考古研究，流经西安的渭河在200多年的时间里，从南向北推移了有4km之多，这显然有某种内在的动力机制在起作用，了解掌握这种动力机制，对于城市规划和建设、防灾、历史变迁状况等都有参考价值和指导作用，或者避免现在的建设在未来受河道迁移影响，或者控制河道迁移。

（3）时间关联因素

时间关联因素指引起空间变化过程参与的因素。河流有下切与左右摆动，这是河流发育过程的反映。在地质、地貌研究中，正是通过堆积层的组织结构来分析地质、地貌过程和演变，即把时间演变从空间角度揭示。

2. 时间特征分析方法

时间特征的分析方法并不独特，需要有几个时间段的某种地理事物的分布状况图，如城市变迁状况，水系变化情况，然后采用邻近度分析或叠加分析，计算变化量、变化的分布特征。通过叠加或邻近分析，确定变化量或变化尺度，然后进行统计和地理空间分布分析，这种空间分析方法加上时间的作用和影响。

在陕北古寨堡分析中，研究不同时期古寨堡的空间分布变化，反映不同时期的防御重点区域。研究发现，在长城缓冲区内54个遗址点中，明代遗址点有36个，占总数的67%。且除3个点在长城的北部外，其他的遗址点均在长城南部，这反映了明代的军事防御重点（图16-1）。

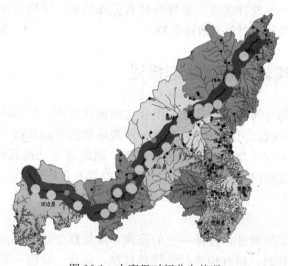

图 16-1　古寨堡时间分布状况

地理事物时间特征可以归结为时段变化，随时间的变化，地理事物的形态、结构、分布都会发生变化，这个变化可通过多年变化，年度变化等来反映。

16.1.2　组织结构特征

地理事物也有其"环境"，以河流而言，通过黄土高原的黄河泥沙含量大，在降雨充沛的南方地区的河流流量大。这就是地理事物要素空间组织结构特征。

1. 关于组织结构

在生态方面有一个重要的问题就是生态入侵，从外部来的物种，常常对本地物种形成重大影响甚至破坏，我国在上世纪 70 年代作为饲料引入的水葫芦，已经成为我国许多江河尤其是长江一段的灾害，而侵入美国密西西比河的亚洲鲤，也成为当地的一种灾害。亚洲鲤在我国并没有形成灾害，我国还希望能有更多的生产量，但是在外地就成为爆发性繁殖、导致当地鱼类灭绝的重大灾害，其原因在于亚洲鲤的生态结构。在我国，有对其制约的生物体系，而在外，没有这种生物组织体系。

在地理空间方面，地理事物也会形成一种空间组织体系。山坡下的河流、半坡的村庄、村庄周围的农田、山腰的果林，山上的森林，这是山区的一种通常的组织结构。对于大熊猫栖息地，一定有箭竹林分布，形成一种组织结构。而草原上天空有猎鹰，地上有狐狸、狼，还有野兔、鼠类等，并且从数量上，狐狸、狼远远少于野兔、鼠类的数量，这就是地理事物的一种组织结构特征。地理事物的空间组织结构关联大量事物的空间分布特征。

2. 空间组织结构分析

对于聚散形态的分析方法，可以用到组织结构的分析方面。在平原农村，村庄和农田相间，这是不同用地类型的组织结构，也是景观生态的学称为的格局。对于地理事物的空间组织结构一般通过邻近分析和空间聚类分析实现。

地理分析的核心是地理特征，地理特征有分布特征、结构特征等，这些是地理事物分析的目标，而分析的对象是地理事物。

16.1.3 地理实体的景观生态描述

对于地理事物的空间分析，需要采用合适的描述方式，在 GIS 中，用点、线、面来表述地理实体的形状，用地图图层来表示地理事物的空间状况，本质上，这是一种几何表示，不具备地理事物实体研究分析基础，因此需要从地理角度进行专业描述。景观生态学提供了这种描述的方法，为地理分析提供专业基础。

1. 斑块

地理实体有一定的测度，占据一定的范围，从景观生态学观点，称为斑块。斑块是指不同于周围背景的、相对均质的非线性区域，斑块—廊道—基质模式是构成并用来描述景观空间格局的基本模式，它使得对景观结构、功能和动态的表达更为具体，同时还有利于考虑景观结构与功能之间的相互关系。

人类活动的影响越来越广泛，主要包括五个方面：

（1）改变景观中植物优势度和多样性，特别是森林优势树种。

（2）扩大或 缩小一些动植物物种的分布区 。

（3）为外来物种提供入侵的机会。

（4）改变土壤营养状况 。

（5）定居和土地利用改变景观镶嵌格局。

2. 基质廊道

斑块是在外观上不同于周围环境的非线性地表区域。其主要成因机制或起源包括干扰、环境异质性和人类种植，与之相对应的可以分为干扰斑块、残存斑块、环境资源斑块和引进斑块等几个类型。度量斑块的指标有：

斑块：斑块大小、块块形状、内缘比，斑块数量和构型。

廊道：是指不同于两侧基质的狭长地带，它既可以呈隔离的条状，如公路、河道；也可以说与周围基质呈过渡性连续分布，如某些更新过程中的带状采伐迹地。也可以将其看作线状或带状的斑块，同时也是联系各斑块的桥梁。

长度：宽度在 10~20m 的斑块可以看做是廊道，它起着分割和联系斑块的作用。

基质：是景观中面积最大、连接性最好的景观要素类型，基质的判定标准有三个：

（1）相对面积：当景观的某一要素所占的面积比其他要素大得多时，这种要素类型就可能是基质，它控制着景观中主要的流。

（2）连接度：如果景观中的某一要素（通常为线状或带状要素）连接得较为完好，并环绕所有其他现存景观要素时，可以认为是基质。

（3）动态控制：如果景观中的某一要素对景观动态控制程度较其他要素类型大，也可以认为是基质。

3. 斑块功能

斑块具有不同的形状，形状与功能之间有密切的联系，因此形状分析是景观分析的一个重要方面。对于斑块，不同的形状，面积-周长比不同，周长作为边缘的描述，是不同斑块之间的交界，不同的斑块之间有干扰。周长越长，相互之间的影响干扰越大。

面积表达了斑块的另一个功能方面，面积越大，斑块的自我恢复能力越强。用面积和周长的指数可以表达斑块功能。

4. 斑块分析

斑块形状不仅是一种形态描述，还具有生态学意义。斑块形状的重要性与斑块的尺度一样，但对于斑块形状的生态意义至今了解的还不多。在景观生态描述中，有一种表述面积和周长的关系，即以斑块周长与把斑块面积化为圆时的周长之比：

$$D = \frac{L}{2\sqrt{\pi A}} \tag{16-1}$$

式中　D——斑块发育程度；

　　　L——斑块边长；

　　　A——斑块面积。

从公式（16-1）可知，若斑块呈圆形，则 D 为 1，是最小值，狭长的斑块，D 值增加。

斑块的边际或边缘效应。斑块形状在决定景观斑块的性质方面，重要的是其边际效应。边缘效应是指斑块边缘部分由于受外围影响而表现出与斑块中心部分不同的生态学特征的现象。许多研究表明，斑块的周界部分通常具有较高的物种丰富度和初级生产力，是生境斑块是否具有较稳定的内部环境条件。

景观斑块分析有一系列公式，这些公式的参数基于对斑块的一些测量特征，见表 16-1。这种测量可在 GIS 中实现。

表 16-1　景观斑块的一些可测量特征

特　征	描　　述
斑块大小分布	某种斑块类型的大小分布特征（如对数分布、均匀分布）
边界形态	边界的宽度、长度、连续性和曲折性（分维数）
周长与面积比	斑块的边界长度与其面积比值反映斑块的形状
斑块的走向	斑块相对于具方向性的过程（水流、生物运动）的空间位置
基底	与斑块直接联系在一起的下垫面或景观中的主要组成类型
对比度	通过某一边界时相邻斑块之间的差别程度
连接度	斑块间通过廊道、网络而联结在一起的程度
均匀度	景观镶嵌体中不同斑块类型在其数目或面积方面的均匀度
丰富度	某一地区内斑块类型的数目
斑块类型分布	斑块类型在空间上的分布格局
可预测性	有时也称空间相关性，即某一生态学特征在其邻近空间上表现出的相关程度

16.1.4　地理事物空间分布与变化特征

地理事物的分布特征和变化特征可以有具体的研究内容，这些内容按照地理数据的形态分为点、线、面类型。以下指出一些思路方法。

1. 面状分布特点

客观世界的实体都是三维的，在研究应用分析中为便利起见，进行客观实体的图形抽象，其中对于占据一定区域范围的实体描述为多边形。对于多边形地理实体，可以从如下角度展开分析。

（1）分布的区域位置

分布的区域位置可参照前述地理空间分布特征的位置特征。

（2）分布的形状轮廓

多边形有不同的形状，用景观生态学的术语称为斑块。斑块的形状对于斑块的生态特征有重要影响。对于面积相同、形状不同的斑块，其生态功能、抗干扰能力、对相邻斑块的影响也不同。

（3）分布的面积

面积可以从斑块的大小以及一种类型斑块面积占比例情况表示。在 GIS 中，可以通过面积统计进行分析比较。

（4）分布的空间格局

空间分布格局指斑块的空间分布以及不同斑块的空间关联情况。

（5）其他特殊分布

其他特殊的分布如前面介绍的要素相关性。这些可以通过 GIS 的空间自相关方法进行分析。

2. 面状分布变化

变化是研究分析的重要特征，变化是事物现象的直接反映，背后是引起变化的驱动机制，这些机制是各种相关因子的性能、作用甚至是联合影响的结果。

（1）分布位置变化

分布位置的变化通过不同时段的位置比较体现和发现。这种变化表明一种移动，分析着重变化的方向，空间迁移的速度。这种位置的时间移动是某种力学机制作用的结果。渭河的历史北移，其移动的动力是什么？这个从现象（移动）着手，分析背后的推动力，对于移动的认识了解更深刻，也可以作为河流移动控制的着手点，这个控制可以是阻止移动或促进移动，具体按照环境、生态、自然、社会经济发展需要。

（2）分布轮廓变化

分布轮廓变化表面事物的空间扩展或收缩。这种扩展收缩有其内部控制机制。从景观生态学角度，斑块物质、能量、信息交换通过边界进行，斑块的干扰也是从边界开始。

（3）分布面积变化

分布面积变化是上述变化的一种附加特征。轮廓变化必然引起面积变化，空间迁移也可能引起面积变化。面积变化说明斑块的结构变化，会对后续发展产生影响。

（4）分布空间格局变化

在事物学调查中，有一种林下幼苗种类数量调查。一般认为，幼苗数量多的种类将会成为未来的优势种。

分布空间格局变化包括这类变化、面积变化以及收缩扩展，这是从不同角度研究时空结构和变化。

（5）变率

变率即变化率，可以用发生变化的面积与原先的面积计算百分比，计算变化情况。

（6）其他

3. 线状分布与变化

对于线状地物的分布与变化简要从几个方面着手，包括分布趋势，分布趋势的表达有延伸方向、增减方向；分布范围、长度、占据的空间分量；分布疏密度；分布凸变，指形状弯曲状况；极值，指闭合性以及其他。

对于垂直与剖面状况有：最值点和转折点；变化趋势，即升降、陡缓、波段变化等。

16.1.5 对人地关系的认识

人地关系是一种复杂关系，对人地关系的认识、理解和正确把握，是人地关系的核心问题，也是地理分析的任务所在。人类的高智能使人类对自然的干预影响越来越强，反过来自然的反馈也越强，建立正确的人地关系，可以使人和环境和谐。

1. 万物皆备于我

对于人类而言，对于环境的认识、理解和应用，以自身为利的角度来考虑的，由此，对环境的保护也是从人类的可持续发展来考虑的，即人类对环境的保护不是为了环境本身，也不是为了其他的生物，只是为了人类自己。

2. 人不能滥用环境

虽然环境服务于人类，但人类不能滥用环境，因为对环境的改变，会引起环境反馈，反过来影响人类自身。

3. 人对环境的直接影响

人为活动影响景观发育的五大方面：
(1) 改变了景观中植物的优势度和多样性，特别是森林优势树种。
(2) 扩大或缩小了一些动植物种的分布区。
(3) 人类活动对景观结构改变的同时，也为杂草（外来物种）入侵提供了机会。
(4) 改变了土壤的营养状况。
(5) 人类定居和土地利用改变了景观镶嵌格局。

4. 人的间接影响

围湖造田，耕地增加，人们获得了更多的收入，但是，湖泊面积的减少，使区域生态应变能力降低，反过来又对人类生活造成影响。在长期的对自然环境认识中，人们才认识到保护生态环境的重要性。

人地关系中，地指环境，包括环境状况和条件，是人类赖以生存的基础。从某种意义上，地的行为是被动的，但是其作用和影响不可低估。

5. 地的反馈作用

地的反馈作用并不是一种有意志的行为，而是自然过程的一种"本能"，防洪固堤，洪水难泄，必将越涨越高，当高过堤岸，就会溃堤淹地。而如都江堰的"低筑堤、深淘谷"的对策，使洪灾不再，化害为利。

6. 天人可以合一

基于自然的"本能"，只要人类能够合理的利用、改造和保护自然，人与自然可以和平相处。

16.2　GIS 与智慧城市

在信息化技术充分发展后，信息应用就成为重点。智慧城市应运而生。智慧城市是在信息技术支持下，进行城市的智慧化管理的技术体系。

16.2.1 城市管理信息系统

信息技术发展后,尤其是 GIS 技术的发展,促进了城市管理的技术化和信息化,各种城市信息管理形态应运而生,形成城市信息化管理的开端。

1. 各种专业管理信息系统

在城市有各种各样的专业管理信息系统,以城市设施管理为例,有燃气管网管理信息系统,有给水管理信息系统,有排水管理信息系统等。这些管理信息系统在城市管理中起到一定的作用。

2. 城市综合管理信息系统

城市的各个专业管理信息系统对于城市管理而言并不充分。举例来说,当发生燃气泄漏事件后,应急抢险涉及多个部门和机构,从城市设施管理而言,事故点危险区内是否有易燃易爆化学品生产厂或存储仓库,是否有地下电力线路等。这些信息对于应急抢险和采取措施极为重要。但是,燃气管理信息系统、电力管理信息系统等分立的信息系统对此无能为力,即不能提供需要的信息,这就提出了建立城市管理信息系统的必要性问题。

城市管理信息系统是一个庞杂的体系,在建设方面面临很多问题,如部门利益形成的数据提供,庞杂系统与各专业系统的关系,系统的运行管理问题。由此,城市管理信息系统退化为应急管理方面,把城市应急事件的数据集成到系统,建立应急处置模型,作为应急处置的信息基础。

尽管如此,还没有多少城市建立起这样的系统,因此城市管理信息系统多以信息的获取和查询为主。

16.2.2 物联网

在互联网成功的基础上,信息技术向物联网方向发展。家里的计算机、电视、手机都可以通过网络连接,获取信息。看电影、收集资料等。

1. 设备联网

电子设备如洗衣机、电冰箱、空调,甚至微波炉等,也可以连到网上。物联网是新一代信息技术的重要组成部分。顾名思义,物联网就是物物相连的互联网。这有两层意思:其一,物联网的核心和基础仍然是互联网,是在互联网基础上的延伸和扩展的网络。其二,其用户端延伸和扩展到了任何物品与物品之间,进行信息交换和通信也就是物物信息。

2. 物联网功效

物联网通过智能感知、识别技术与普适计算、广泛应用于网络的融合中,也因此被称为继计算机、互联网之后世界信息产业发展的第三次浪潮。物联网是互联网的应用拓展，与其说物联网是网络，不如说物联网是业务和应用。因此应用创新是物联网发展的核心，以用户体验为核心的创新是物联网发展的灵魂。

家电上网，提高智能化，使人从繁杂的事务中解脱。以冰箱上网为例，比如设定存储肉蛋数量，当存储量很少时，可以向你的手机发购置短信，甚至，可以根据设定直接向购物商店发出求购信息。

16.2.3 具有智慧的城市

城市人口剧增，交通拥堵，产业耗能较高，环境污染严重，食品监管不力，信息孤岛问题突出。

1. 智慧城市解读

对智慧城市概念的解读也经常各有侧重，有的观点认为关键在于技术应用，有的观点认为关键在于网络建设，有的观点认为关键在人的参与，有的观点认为关键在于智慧效果。

一些城市信息化建设的先行城市则强调以人为本和可持续创新。总之，智慧不仅仅是智能，智慧城市绝不仅仅是智能城市的另外一个说法，或者说是信息技术的智能化应用，还包括人的智慧参与、以人为本、可持续发展等内。

2. 从打的软件理解智慧问题

打车软件是一种智能手机应用，并立即和抢单司机直接沟通，大大提高了打车效率。如今各种手机应用软件正实现着对传统服务业和原有消费行为的颠覆。其与地理空间问题相关的方面是，用户发出打的需求，信息传到网络，网络依据定位用户位置，系统根据用户位置，在一定范围内搜索运营车辆，并向其发出打的请求，接到打的需求的，车辆应约并提交申请，软件依据用户和车辆信息，确定车辆，软件信息反馈，车辆与用户联系。显然，这里用到 GIS 技术（图 16-2）。

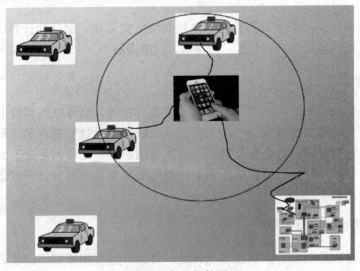

图 16-2 打的软件原理

3. 信息化为核心

智慧城市建设必然以信息技术应用为主线。智慧城市可以被认为是城市信息化的高级阶段，必然涉及信息技术的创新应用，而信息技术是以物联网、云计算、移动互联和大数据等新兴热点技术为核心和代表。

智慧城市是城市发展的新兴模式。智慧城市的服务对象面向城市主体——政府、企业和个人，它的结果是城市生产、生活方式的变革、提升和完善，终极表现为人类拥有更美好的城市生活。

4. 智慧城市技术

智慧城市的技术体系涉及云计算，超级计算，生物芯片和网络器官，存储技术以及大数据技术。

16.3　用 GIS 技术解决专业问题的思路

虽说 GIS 是强大的技术工具，在应用中能够发挥重要的作用。但是由于功能越强大技术就越复杂，学习掌握就需要花费更大的功夫，无形中就引起一种技术恐惧症，产生对好的技术"敬而远之"的心理。理解数据处理机制和 GIS 数据处理过程，对于了解和应用专门技术很有用处。

16.3.1　理解计算机数据处理机制

GIS 数据处理机制与一般的数据处理机制，与计算机数据处理运算没有区别，区别在于使用的是复杂数据，在计算机以及 GIS 中，已经把复杂数据的处理程序化。

1. 计算机数据处理的基本模式

计算机数据处理的基本模式，与一般的数学或者算术处理模式没有差别，核心是一种运算。对于算术运算一般是两个数之间的运算，包括加减乘除。例如，一个具体运算：

$$2+3=5$$

这个运算式包括两个数字和一个运算符，通过运算然后得出结果。

这种算式可以抽象为：

$$A+B=C$$

更一般的运算模式可以表述为：数字经过运算，获得结果。

计算机技术下，运算模式更加广泛和灵活，对于数字，不仅可以进行四则运算，还可以进行一元的函数运算，如计算三角函数值

$$Y=\tan\ (a)$$

更广泛的运算还可以是关系的，如大于（＞）、小于（＜）、等于（＝）、不等于（≠或＜＞）等以及逻辑运算的并、交、与、或等，同时，运算还可以扩展到文字、图像、地图等。

简要归纳，计算机的一般运算模式是：对输入数据采用一定的运算，生成输出数据，这是计算机数据处理的基本模式，在 GIS 中，就是地图代数。

2. GIS 中的数据处理

对于 GIS 数据处理，也遵从这一模式，所不同的是，运算参与的数据是图层，如等高线图层、区域范围图层等，而运算是工具条，如地形转栅格工具条，运算结果是另外的图层，如栅格地形面、水系等。总结起来，便是图 16-3 所示的数据处理模式。

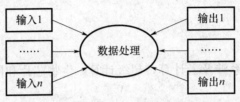

图 16-3　数据处理基本模式

对于具体的应用，一般软件提供工具箱，选择一个工具箱，当予选择了一种数据处理方式，在数据处理对话框，提供输入数据选择和输出数据命名，就是上述数据处理模式的具体体现。

16.3.2　专业问题的数据处理解析

应用 GIS 技术解决专业问题，首先需要把专业问题分解为可以适合 GIS 数据处理问题，即需要什么数据，数据如何处理，结果如何表达。例如，对于地形坡度分析，需要地形 DEM 数据，GIS 工具提供坡度分析工具，数据处理结果为坡度图。而对于 DEM 的生成，需要的是地形高程数据，工具是插值；对生成的坡度图作为数据，利用另外的工具处理，有可以生成另外的结果，比如坡度变率图。

把专业问题解析为适应 GIS 处理的数据与工具。具体方法是，以成果为着手点，对于 GIS 而言，成果以地图为核心。分析图层要素、通常的解决方法，然后分解为图形要素，数据处理工具。最后是具体按设计的方法进行数据处理，获得结果。

参 考 文 献

[1] 许五弟. 地理信息系统构建和应用 [M]. 北京：中国建材工业出版社，2005.

[2] 牟乃夏，刘文宝，等，ArcGIS10 地理信息系统教程——从初学到精通 [M]，北京：测绘出版社，2012.

[3] 许五弟，周庆华，周在辉. 基于 GIS 的分形测度和可视化模型 [J]，西安建筑科技大学学报（自然科学版），2012，6.

[4] 陈平. 网格化城市管理新模式 [M]. 北京：北京大学出版社，2006.

[5] 夏慧君，许五弟，任云英. 基于 GIS 的榆林市历史文化遗址空间分布特征研究 [J]. 长江理工大学学报（自然科学版），2010，7（1）.

[6] 牛秀梅. 延安新区城市规划设计中 GIS 技术应用研究 [D]. 硕士论文，2012.

[7] 宋岚. 基于 GIS 的西安城区居住空间分异特征研究 [D]. 硕士论文，2011.

[8] 尚琴. 景观生态规划中 GIS 技术的应用——以白鹿原为例 [D]. 硕士论文，2013.

[9] 周在辉. 基于 Anudem 建立精确三维地形方法研究 [J]. 建筑与文化，2014，6.

[10] 王元卓，靳小龙，程学旗. 网络大数据：现状与展望 [J]. 计算机学报，2013，36（6）.

[11] 孟小峰，慈祥. 大数据管理：概念、技术与挑战 [J]. 计算机研究与发展，2013，50（1）.

[12] Pang-Ning Tan, MichaelSteinbach, Vipin Kumar 著，范明，范宏建，等译. 数据挖掘导论 [M]. 北京：人民邮电出版社，2015.

[13] 巫细波，杨再高. 智慧城市理念与未来城市发展 [J]. 城市发展研究，2010，17（11）.

[14] 宋刚，邬伦. 创新 2.0 视野下的智慧城市 [J]. 城市发展研究，2012，19（9）.

[15] 李德仁，邵振峰，杨小敏. 从数字城市到智慧城市的理论与实践 [J]. 地理空间信息，2011（6）.

[16] 史文勇，李琦. 数字城市：智能城市的初级阶段 [J]. 地学前缘，2006，13（3）.

[17] 邓仕虎，杨勤科. DEM 采样间隔对地形描述精度的影响研究 [J]. 地理与地理信息科学，2010，26（2）.

[18] 陈志远，赵思健. 为地理数据库设计有效性规则 [J]. 计算机工程与应用，2003（28）.

[19] 李德仁，等. 从数字地球到智慧地球 [J]. 武汉大学学报（信息科学版），2010，35（2）.

[20] 戴天宇，吴栋，颜辉. 经济统计数据的经济地图分析方法 [J]. 统计与决策，2006（6）.

[21] 杜霞. 空间统计数据的地图表示研究 [J]. 高师理科学刊.2003（03）.

[22] 刘慧敏，邓敏，等. 地图信息度量方法及其应用分析 [J]. 地理与地理信息科学，2012，28（6）.

[23] 杜世宏，秦其明，王桥. 空间关系及其应用 [J]. 地学前缘.2006（03）.

[24] 陈述彭，鲁学军，周成虎. 地理信息系统导论 [M]. 北京：科学出版社，1999.

[25] 王宇翔，张燕，杨崇俊. 地图数据库研究 [J]. 地理科学进展，2011（10）.

[26] 杜金凤. GIS 与空间数据库技术 [J]. 中国地名.2009（12）.

[27] 毋河海. 作为空间信息系统核心的地图数据库系统 [J]. 武汉测绘科技大学学报，1986（01）.

[28] 吕永来，李晓莉. 基于 CityEngine CGA 的三维建筑建模研究 [J]. 2013，36（2）.

[29] 王家耀. 信息化时代的地图学 [J]. 测绘工程，2000，9（2）.

[30] 许捍卫，范小虎，任家勇，等. 基于 SketchUp 和 ArcGIS 的城市三维可视化研究 [J]. 测绘通报，2010（3）.

[31] 张晖，刘超，李妍，等．基于 CityEngine 的建筑物三维建模技术研究［J］．测绘通报，2014 (11).

[32] （葡）Luis Torgo 著，李洪成，陈道轮，吴立明译．数据挖掘与 R 语言［M］．北京：机械工业出版社，2014.

[33] 王珊，萨师煊．数据库系统概论［M］．北京：高等教育出版社，2007.

[34] 陆嘉恒．大数据挑战，NoSQL 数据库技术［M］．北京：电子工业出版社，2013.

[35] 王小兵，孙久运．地理信息系统综述［J］．地理空间信息，2012，10 (1).

[36] 汤国安，赵牡丹，杨昕，等．地理信息系统（第二版）［M］．北京：科学出版社，2010.

[37] 张军海，李仁杰，傅学庆，等．地理信息系统原理与实践［M］．北京：科学出版社，2009.

[38] 吴正升，郭健，刘松林．GIS 中矢量时空数据组织策略［J］．测绘工程，2010，19 (2).

[39] 李清泉，李必军．物联网应用在 GIS 中需要解决的若干技术问题［J］．地理信息世界，2010 (5).

[40] 刘刚，周炳俊，安铭刚，等．时态 GIS 理论及其数据模型初探［J］．北京测绘．2007 (04).

[41] 刘颂．基于遥感影像的三维地形景观模拟技术初探［J］．系统仿真技术，2005 (02).

[42] 张继明，钟美．地理数据库的建立流程与方法分析［J］．地理空间信息，2004，02 (5).

[43] 李国标，庄雅平，王珏华．面向对象的 GIS 数据模型——地理数据库［J］．测绘通报，2001 (06).

[44] 罗智勇，刘湘南．基于 Geodatabase 模型的空间数据库设计方法［J］．地球信息科学，2014，6 (4).

[45] 宋杨，万幼川．一种新型空间数据模型 Geodatabase［J］．测绘通报，2004 (11).

[46] 张佐帮，尚颖娟．基于 Geodatabase 的面向对象空间数据库设计［J］．地理空间信息，2005 (02).

[47] 胡金星，潘懋，王勇，等．空间数据库研究［J］．计算机工程与应用，2002 (03).

[48] 范大昭，雷蓉，张永生．从地理数据库中探测奇异值［J］．测绘科学，2004 (5).

[49] 李德仁，等．论空间数据挖掘和知识发现的理论与方法［J］．武汉大学学报（信息科学版），2002 (3).

[50] 冯翠芹，赵军．GIS 在现代景观生态研究中的应用［J］．安徽农业科学，2007，35 (19).

[51] 李德仁，龚建雅，邵振峰．从数字地球到智慧地球［J］．武汉大学学报（信息科学版），2010，35 (2).

[52] 郭仁忠．空间分析［M］．武汉：武汉测绘科技大学出版社，1997.

[53] 张培斯，左小清．空间数据库中查询处理的探讨［J］．地理空间信息，2006 (6).

[54] 李海峰．GIS 空间数据库浅析［J］．电脑知识与技术，2009 (17).

[55] 韩强，陈天滋．UML 在关系型 GIS 空间数据库设计中的应用与研究［J］．江苏大学学报（自然科学版）2002，23 (1).

中国建材工业出版社
China Building Materials Press

我 们 提 供

图书出版、图书广告宣传、企业/个人定向出版、设计业务、企业内刊等外包、
代选代购图书、团体用书、会议、培训，其他深度合作等优质高效服务。

编辑部	宣传推广	出版咨询	图书销售	设计业务
010-88364778	010-68361706	010-68343948	010-88386906	010-68361706

邮箱：jccbs-zbs@163.com　　　网址：www.jccbs.com.cn

发展出版传媒　　服务经济建设
传播科技进步　　满足社会需求